岩土工程新技术及工程应用丛书

根固桩与扩体桩

周同和　张　浩　郜新军　郭院成　著

中国建筑工业出版社

图书在版编目（CIP）数据

根固桩与扩体桩／周同和等著. — 北京：中国建筑工业出版社，2022.9

（岩土工程新技术及工程应用丛书）

ISBN 978-7-112-27802-2

Ⅰ.①根… Ⅱ.①周… Ⅲ.①混凝土桩–研究 Ⅳ.①TU473.1

中国版本图书馆 CIP 数据核字（2022）第 159944 号

根固桩与扩体桩，是针对常规预制桩和灌注桩工程实践中存在的问题，通过深入系统的理论研究和工程应用，形成的成套创新技术。本书全面阐述了根固、扩体技术的理论基础与发展，介绍了根固混凝土灌注桩、根固混凝土预制桩、根固混凝土扩体桩、下部扩体抗拔桩等新型桩的承载机理、设计方法、施工工艺及工程应用实例等，并对扩体桩的水平承载性能、扩体材料创新发展进行了探索研究。

本书适合岩土工程勘察、设计、施工技术人员和桩基工程理论研究与技术研发人员使用，以及高等院校相关专业师生阅读参考。

责任编辑：辛海丽

责任校对：芦欣甜

岩土工程新技术及工程应用丛书

根固桩与扩体桩

周同和　张　浩　郜新军　郭院成　著

*

中国建筑工业出版社出版、发行(北京海淀三里河路 9 号)

各地新华书店、建筑书店经销

北京鸿文瀚海文化传媒有限公司制版

北京圣夫亚美印刷有限公司印刷

*

开本：787 毫米×1092 毫米　1/16　印张：19¼　字数：462 千字

2022 年 9 月第一版　　2022 年 9 月第一次印刷

定价：**68.00** 元

ISBN 978-7-112-27802-2

（39583）

前　　言

面向国家基础设施和建设工程节能减排重大需求，郑州大学岩土工程研究团队经过十余年的探索研究，首创根固桩和扩体桩技术并构建了相应的理论体系。该技术突破了传统灌注桩能耗高、泥浆排放量大，预制桩施工工艺落后、穿越硬土层难等技术发展瓶颈，与传统灌注桩和预制桩相比，技术先进、质量可靠，综合造价降低 20%～30%，资源消耗降低 40%～60%，减少碳排放量 30%以上。近年来，研究成果在全国 23 个省（市、自治区）得到快速推广应用，产生直接经济效益超过 116 亿元，累计减少碳排放量 312 万吨。系列成果先后荣获 2019—2020 年中国建筑学会科技进步奖一等奖，2021 年建华工程奖一等奖，2021 年河南省科技进步奖一等奖。多项技术指标达到国际领先水平，成果填补了多项国内空白，大幅提升了我国桩工技术现代化水平。

根固桩，指对桩端一定范围土体，通过搅拌注浆加固或灌浆置换，以扩大桩端面积、增强桩端阻力形成的桩。根固，把根固好乃"根深蒂固"，是谓深根固柢之意。

扩体桩，是指在桩身（芯桩）外围设置一定强度的细石混凝土、水泥砂浆混合料、水泥土等包裹体，在预制桩与桩周土体之间形成半刚性过渡体。一方面可使桩侧阻力表现为粘结强度或土的抗剪强度；另一方面增加了桩的侧阻面积，使预制桩桩身强度、土的支承力得到充分发挥，形成较为科学的荷载传递机制，大大改善了桩的工作性能。广义概念的扩体桩，可包括钢套管、混凝土套管内浇筑含钢筋笼的混凝土桩（港珠澳大桥某段采用），以及在混凝土桩内植入型钢或钢管桩形成的复合桩，也可包括在水泥土桩内设置挤扩成型的现浇混凝土桩或扩底混凝土桩，以及在挤扩成型的现浇混凝土桩内设置预制管桩形成的所谓复合桩。当在全桩长或桩的下部设置扩体时，扩体桩可视为根固桩的一种形式。由此，本书定义的根固桩包括根固混凝土灌注桩、根固预制桩。

根固预制桩，包括桩底注浆预制桩、下部扩体桩、全长扩体桩。通过根固与扩体技术，改善桩土界面受力条件，利用不同材料组合形成的桩身力学性能优势，最大限度地提高预制桩的竖向承载力和水平承载力。同时，该技术解决了传统预制桩的诸多质量问题，如遇到深厚杂填土、硬土层等施工困难，压桩阻力大幅度降低，最大程度地减少桩身损伤，提高了预制桩施工技术的可靠性和工程耐久性，拓展了预制桩的应用领域和适用范围。近年来，出现了在桩底设置注浆装置、随预制桩打入设计标高后进行桩底后注浆的技术，其主要作用机理是通过灌注水泥浆，达到加固桩端持力层、改善桩侧界面强度的作用，理应属于根固混凝土预制桩的技术范畴。根固混凝土预制桩不包括通常意义上的引孔但不灌浆打入的预制桩。

根固混凝土灌注桩，充分利用了桩端阻力与桩侧阻力相互作用的理论，其特征是采用特定方法仅在桩底注浆。灌注桩桩底注浆除对桩底沉渣进行加固，提高桩端土层压缩模量外，可有效阻止超长桩桩侧阻力发生软化现象。桩底注浆对整个桩长范围内的桩侧阻力特别是桩端高侧阻区域（2~7倍直径范围）桩侧阻力的发挥都将产生有利影响。桩端注浆提高整个桩长的桩侧阻力，这一结论同样适用于抗拔桩。大量现场试验研究表明，以桩底二次高压注浆技术为特征的"根固混凝土灌注桩"，在不发生浆液流失条件下与传统桩侧、桩底复式注浆相比，承载力高、离散性小，并可节省大量注浆管材。

根固混凝土桩具有施工速度快、泥浆排放少、工艺简便、可靠性好的优点，可大幅度降低桩基工程造价、节约自然资源，减少碳排放，市场前景十分广阔。书中内容基本反映了国内桩底注浆混凝土灌注桩、根固预制桩、扩体桩的可靠工艺、技术和先进科研成果，推荐的承载力设计计算方法、施工工艺和质量控制要点，可用于指导根固桩和扩体桩的设计与施工。鉴于根固桩工艺工法的日新月异，对符合本书根固桩和扩体桩适用条件和技术特征的技术，书中的设计理论和方法可参照使用，但应重视工艺性试验。

需要指出，现行行业标准《劲性复合桩技术规程》JGJ/T 327—2014、《水泥土复合管桩基础技术规程》JGJ/T 330—2014 中的劲性复合桩、水泥土复合管桩，具有扩体桩的特征，但包裹材料为就地搅拌或高压旋喷水泥土，水泥土强度要求较低。而根固混凝土桩中扩体多为细石混凝土、水泥砂浆混合料、预拌水泥土，要求的强度较高，并以均匀性、可控性好为特征，且多为工厂化配置。施工方法以全置换灌浆为主，少数采用半置换的取土高压旋喷注浆施工。

需要提醒，书中涉及的专利包括：管桩挤扩混凝土劲性复合桩及其施工方法（专利号：ZL201610163410.7）；一种抗拔复合管桩（专利号：ZL201820323823.1）；一种管内灌浆挤扩根固桩的施工方法（专利申请号：CN202010123208.8）；一种长螺旋喷射扩大头桩（专利号：ZL202023228958.6）；一种长螺旋钻孔压灌混凝土扩底桩的施工方法（专利号：ZL202010378295.1）；一种下部扩大直径段复合基桩（专利号：ZL201520851596.6）；一种可承压拉拔双向受力的组合截面桩（专利号：ZL202020881373.5）；一种取土喷射搅拌水泥土桩施工方法（专利号：ZL201810440490.5）、一种水泥土桩的施工方法（专利号：ZL201910278517.X）。使用者可与专利权人协商实施许可。

本书撰写期间，总结、参考、借鉴了国内外预制桩和灌注桩技术的众多研究成果与工程经验；共进行了包括根固桩工艺工法，根固桩与扩体桩承载力设计理论等在内的十多项专题研究，为形成根固桩的技术体系打下了坚实基础。谨向先后参与根固桩技术研究并作出贡献的梁远森博士、张景伟博士、李永辉博士、冯虎博士、李明宇博士、陈静男硕士、马一凡硕士、肖乐平硕士、胡东朝硕士、魏阳光硕士、段鹏辉硕士、张亚沛硕士、何利超硕士、宋振亚硕士、王中硕士、杜思义教授、李民生高级工程师、郑华民高级工程师、王伟玲高级工程师、齐瑞文高级工程师、高伟高级工程师、杨玲工程师表示衷心的感谢！谨向对根固桩技术研发给予大力支持的建华建材（中国）有限公司、郑州城建集团有限公司表达敬意！

特别感谢中国科学院陈云敏院士、中国工程院王复明院士、聂建国院士对根固桩技术的大力支持！特别感谢全国工程勘察设计大师沈小克研究员、顾国荣先生、丘建金先生和中国建筑科学研究院有限公司顾问总工程师滕延京研究员、张雁研究员的指导和帮助！

　　鉴于作者认知和研究的局限性及岩土工程技术的复杂性，书中一定存在不少错误和疏漏之处，敬请广大读者不吝赐教，以便改正。

　　期待本书的出版能对我国桩基工程科技进步起到积极推动作用！

周同和　张　浩　郜新军　郭院成

2022 年 2 月 22 日于郑州大学

目　录

第1章 绪 论

1.1 复合桩技术发展概况

近年来，基础设施建设发展速度快、建设规模大、营建标准高，对地基基础提出了更为严格的安全、经济、绿色环保要求。为了有效地把上部结构荷载传递到周围土层及地基深处承载能力较大的土层上，桩基础被广泛应用到土木工程中，俨然成为工程中主要使用的地基基础形式之一。

1.1.1 桩基础发展概况

桩基础作为一种比较古老的基础形式，至今已有 12000~14000 年的应用历史。我国是使用桩基础较早的国家之一，距今 6000~7000 年的浙江余姚河姆渡遗址发掘出排列规则的木桩基础；在汉朝，木桩已用于桥梁架设；到唐宋时期，桩基技术已趋于完善，宋《营造法式》中就有"临水筑基"的记载；清《工部工程做法》等古文中已有对桩基材料、排列布置和施工方法等方面的具体规定。

国外的桩基发展于 19 世纪 20 年代，采用铸铁板桩修筑围堰码头；随着现代工业基础的建立，国外桩基形式发展较快。1897 年，A. A Raymond 研发了混凝土现浇桩；1903 年，R. J. Beale 研发了混凝土钢管桩；1939 年，瑞典首次使用预应力钢筋混凝土长桩；1949年，美国雷蒙德公司最早采用离心机生产了预应力钢筋混凝土管桩。

20 世纪 50~60 年代，我国也开始研制预制钢筋混凝土管桩，自此预应力管桩开始普遍应用于工程中。1963 年，河南安阳首次将钻孔灌注桩应用于冯宿桥桥台基础；随后，钻孔灌注桩因其承载力高、投资低、无挤土等技术优势得到众多青睐。随着桩基设计理论和施工工艺的不断进步，桩基也逐渐向超长、大直径的方向发展，如杭州湾跨海大桥的桩基础最大直径 1.6m，桩长 88m；上海金茂大厦采用直径 0.914m、长 84m 的钢管混凝土桩。

20 世纪 60~70 年代，日本和瑞典在美国 MIP（Mixed-in-Place Pile）工法的基础上分别研发了深层搅拌法 DCM（Deep Cement Mixing Method）、深层水泥搅拌法（Deep Mixing Improvement by Cement Stabilizer）、深层化学搅拌法（Deep Continuous Method）等，并被广泛应用于软弱土地基的处理。

总体上，桩基的发展历程主要体现在两个方面，即桩的材料和成桩工艺方法。其中，桩身材料经历了早期的木桩、铸铁板桩到型钢桩、预制桩、预应力钢筋混凝土桩的发展过程；而成桩工艺方面，则由早期的打入桩，逐渐发展为灌注桩、静压桩、搅拌桩、螺旋桩等。

目前，工程中应用较为广泛的桩型主要包括灌注桩型、预制桩型和搅拌桩型三大体系，但其自身缺陷带来的诸多问题不容忽视。

（1）灌注桩具有适用性广、施工噪声低、对周围建筑物扰动小等优点，但也存在成桩工艺复杂，质量控制要求高（桩身夹泥、桩端沉渣、桩侧泥皮等会降低承载力）等缺点，尤其采用泥浆护壁工艺时泥浆外运的环境污染问题更为突出。

（2）预制桩具有桩身质量好、施工效率高、成本低等优点，但成桩时遇硬土困难和显著的挤土效应对周围环境影响大，还易引起已压入桩的上浮、偏移和翘曲等问题，且施工受场地条件限制。

（3）搅拌桩具有无振动、无噪声、挤土效应和泥浆污染少等优点，但桩身强度低，限制了单桩承载力的提高，同时，桩身刚度小，压缩量大，荷载传递深度有限（受有效桩长控制）。

为了充分发挥桩基础的承载性能，创造更大的经济和社会价值，国内外学者在工程实践的基础上对传统桩基础进行了改进，开展了一系列探索研究，如从工艺上采取桩侧后注浆、桩端后注浆、桩端扩底等方法改善桩土接触面摩擦性能和桩端承载性能（钱建固，2011；王秀哲等，2004；刘文白等，2004）。一些新型、异形的桩基形式也逐渐涌现，如挤扩支盘桩、SMW 工法桩、变截面螺纹桩及高喷插芯复合桩等。

与此同时，从环境保护的角度出发，桩基施工工艺也逐渐向绿色低碳的方向发展，较为明显的是打入式桩基逐渐退出市场，取而代之的是静压、埋入式等施工噪声小、少排放或零排放的桩型和施工工法。例如，日本从 20 世纪 60 年代开始逐渐研发出一系列低噪声、低振动的埋入式成桩工法，1987 年日本埋入式工法即占预制桩施工的 56%，至 2008 年该比例已达 90%（图 1.1）；而我国埋入式工法桩的种类相对较少，仅是近几年随着复合桩技术的发展而逐渐出现后植桩的工法。

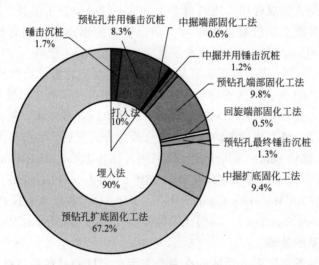

图 1.1 日本预制桩施工工法（2008）

1.1.2 复合桩技术及其发展概况

复合桩是指桩身同一截面由内、外两层或多层不同材料组成的桩。其中，芯桩多采用预制混凝土桩、型钢桩等，而外围多采用水泥土桩、石灰桩等。通过变化芯桩和外围材料、成桩方法及它们的相对长度，可以形成不同类型的复合桩体。

芯桩采用预制混凝土桩或型钢桩、外围采用水泥土的水泥土复合桩是目前工程中最常见的复合桩形式。对于这种复合桩，施工方法有多种，如预制混凝土桩可采用预应力混凝土管桩、预制混凝土桩、型钢桩等，外围水泥土则可采用干法或湿法水泥土搅拌桩、旋喷桩、高喷搅拌桩等。由此又可形成不同类型的复合桩，如国内常用的混凝土芯水泥土搅拌桩、劲性搅拌桩、高喷插芯复合桩、刚芯夯实水泥土桩、水泥土复合管桩等类型。

一般认为复合桩技术源于日本的"SMW 工法"（Soil Mixing Wall），即水泥土桩中插入 H 型钢或钢板桩，形成具有一定强度和刚度的地下连续墙体。实质上，在我国古代即已形成不同材料复合成桩的概念，例如上海的龙华塔（7 层，40.4m 高），距今一千多年，采用木桩与桩周灰土防腐的基础形式，成为我国古代软基高层建筑的典范。

水泥土复合桩结合了水泥土桩和预制桩各自的性能优势，充分发挥水泥土桩桩周阻力和管桩桩身强度，克服了其各自的缺点，具有适用性强、性价比高、绿色、环保等优势。

1992 年，上海市基础工程公司与同济大学在高层建筑基坑围护工程中，首次采用了型钢水泥土复合桩。

1994 年，沧州市机械施工有限公司和河北工业大学在水泥土搅拌桩内插入预制钢筋混凝土空心电线杆，研发了劲性搅拌桩。

2004 年，吴迈等在河北省针对水泥土复合桩进行荷载传递试验研究，得出水泥土复合桩的单桩竖向极限承载力明显高于水泥土搅拌桩的结论，并对充分发挥水泥土复合桩的承载力提出了计算方法。

2006 年，陈颖辉等通过收集昆明谷堆村加芯搅拌桩试验和天津大学六里台小操场北侧试验的数据，分析了钢筋混凝土芯水泥土搅拌桩的破坏形式，并推导了不同破坏模式下的单桩承载力计算公式。

2010 年，丁永君等通过天津市西青区郭村的试桩试验，分析了组合截面复合桩的荷载传递规律。

2011 年，顾士坦等基于复合材料力学原理及明德林位移解，对劲性搅拌桩的荷载传递规律进行理论分析，并与现场试验结果互为验证。

2015 年，张志华在江苏省某住宅小区采用高强预应力管桩为芯桩，应用劲性复合桩方案为基础，降低工程造价，充分发挥和利用芯桩和水泥土搅拌桩的优势，取得了较好的经济和社会效益。

2018 年，王安辉等采用混凝土塑性损伤模型，利用 ABAQUS 软件建立预制混凝土管桩与水泥土搅拌桩结合的复合桩-土三维数值分析模型，进行了水平荷载作用下劲性复合管桩的承载特性研究。

水泥土复合桩技术在我国虽然仅有 20 余年的发展历史，但已呈现出欣欣向荣的发展景象，不仅应用领域由建筑工程逐渐拓展至市政、公路、水利等领域，而且其荷载传递机理与设计理论也在不断完善，形成了一系列地方和行业标准（表 1.1）。

复合桩相关技术标准   表 1.1

序号	名称	标准层次
1	《根固混凝土桩技术规程》T/CCES 报批稿	中国土木学会标准
2	《孔内灌注浆小直径桩技术规程》T/ASC 22—2021	中国建筑学会标准
3	《劲性复合桩技术规程》JGJ/T 327—2014	行业标准
4	《水泥土复合管桩基础技术规程》JGJ/T 330—2014	行业标准
5	《劲性复合桩技术规程》DGJ32/TJ 151—2013	江苏省标准
6	《管桩水泥土复合基桩技术规程》DBJ 14—080—2011	山东省标准
7	《加芯搅拌桩技术规程》DBJ 53/T 19—2007	云南省标准
8	《刚性芯夯实水泥土桩复合地基技术规程》DB13(J) 70—2007	河北省标准
9	《高喷插芯组合桩技术规程》DB/T 29—160—2006	天津市标准
10	《混凝土芯水泥土组合桩复合地基技术规程》DB13(J) 50—2005	河北省标准
11	《劲性搅拌桩技术规程》DB 29—102—2004	天津市标准

然而，受搅拌工法（干喷、湿喷）和高压旋喷工法的限制，此类水泥土复合桩多适用于相对软弱的软土地基，对硬黏土层、密实粉土、砂土层地基则成桩困难。鉴于此，2012年以来，课题组组织产学研等单位进行技术攻关，通过引入预制桩中掘随钻沉桩、长螺旋压灌浆、取土喷射搅拌扩孔等创新工艺，研发了根固桩与扩体复合桩的全置换植入法施工工艺，并进一步调配外围包裹材料强度，成功解决了既有复合桩技术（劲性水泥土桩、混凝土芯搅拌桩等）土层适用性差和施工能力有限的弊端，拓展了工程应用领域。使其不仅可以取代传统灌注桩应用于承载力和控沉要求较高的建筑桩基，而且还可用于支护工程，形成了新的根固桩与扩体桩技术体系。

图 1.2（a）为郑州农投国际中心工程采用预制混凝土扩体桩开挖，该项目以长 12m、D900mm/d600mm 扩体桩替代原设计长 28m、D800mm 混凝土灌注桩，节省造价 50%。

图 1.2（b）为郑州 107 辅道高铁站隧道装配式支护示范工程，采用扩体桩施工工艺，设计直径 600mm 混合配筋 PRC 桩，替代直径 800mm 混凝土支护桩，节省造价 20%。

以上项目采用扩体桩技术，不仅节省了工程造价，缩短了工期，而且现场无泥浆排放，减少了渣土外运，节能减排效果突出。

| (a) 郑州农投国际预制混凝土扩体桩 | (b) 郑州107辅道高铁站隧道扩体桩支护 |

图 1.2 新型扩体桩技术工程实践

1.2 桩的根固技术

桩的根固技术，即采用孔内灌浆或桩底后注浆方法，在桩端形成灌浆挤密扩体、水泥土扩体或对桩端土体进行加固形成的基桩。根据成桩工艺不同，根固桩总体上可分为根固混凝土灌注桩和根固混凝土预制桩，如图 1.3 所示。基于桩侧阻力与桩端阻力相互作用、理想荷载传递等理论，根固桩技术汲取了日本"灌浆固根"工艺理念，更好地融合了预制桩和灌注桩的优点，不仅能够解决传统灌注桩桩底沉渣、缩颈，承载能力相对较低的问题，而且有效克服了传统预制桩挤土效应、桩身损伤等一系列缺陷。

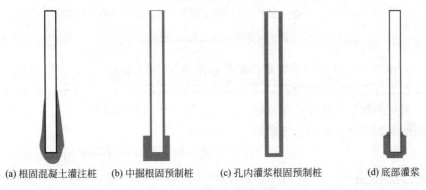

(a) 根固混凝土灌注桩　(b) 中掘根固预制桩　(c) 孔内灌浆根固预制桩　(d) 底部灌浆

图 1.3　根固桩基本形式

1.2.1 根固混凝土灌注桩

根固混凝土灌注桩即采用桩底后注浆方法对桩端及以上桩身一定范围桩周土体进行充填、压密、固化处理的混凝土灌注桩。与传统灌注桩的后注浆技术相比，根固混凝土灌注桩以仅在桩底注浆并进行二次压密注浆为技术特征，桩底注浆量大于传统桩底后注浆灌注桩。降低施工难度的同时，保证了桩端注浆效果和注浆量，去除了桩侧注浆管节约了注浆成本，根固增强理念更加突出，技术更趋合理。

根固混凝土灌注桩工艺流程与一般灌注桩桩底后注浆技术基本相同，注浆管的埋设方式一般可分为桩身预埋管法和钻孔埋管法。

（1）桩身预埋管法：注浆管固定在钢筋笼上，注浆装置随钢筋笼一起下放至桩孔某一深度或孔底；在一定条件下，也可利用声测管作底注浆管（图 1.4），超声波检测后进行桩端注浆。

（2）钻孔埋管法：一般在桩身中心钻孔，并深入到桩底持力层一定深度（一般为 1 倍桩径以上），然后放入注浆管，封孔并间歇一定时间后，进行桩底注浆。

注浆工艺可分为闭式注浆和开式注浆。

（1）闭式注浆：将预制的弹性良好的腔体（又称承压包、预承包、注浆胶囊等）或压力注浆室随钢筋笼放至孔底。成桩后通过地面压力系统把浆液注入腔体内。随着注浆量的增加，弹性腔体逐渐膨胀、扩张，对沉渣和桩端土层进行压密，并用浆体取代（置换）部分桩端土层，从而在桩端形成扩大头。

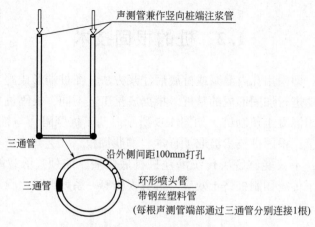

图1.4 桩端注浆管端头构造

（2）开式注浆：连接于注浆管端部的注浆装置随钢筋笼一起放置于孔内某一部位，成桩后注浆装置通过地面压力系统把浆液直接压入桩底及附近的岩土体中，浆液与桩底及附近的沉渣、泥皮及周围土体等产生渗透、填充、置换、劈裂等多种效应，在桩底及以上桩身一定范围形成加固区，如图1.5所示。

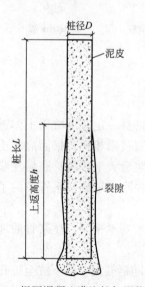

图1.5 根固混凝土灌注桩加固范围

注浆方式一般采用单向注浆和循环注浆。

（1）单向注浆：每一注浆系统由一个进浆口和桩端或桩侧注浆器组成。注浆时，浆液由进浆口到注浆器的单向阀，再到土层，呈单向性。注浆管路不能重复使用，不能控制注浆次数和注浆间隔。

（2）循环注浆：也称为U形管注浆，每一个注浆系统由一根进口管、一根出口管和一个压力注浆装置组成。注浆时，将出浆口封闭，浆液通过桩端注浆器的单向阀注入土层中。一个循环压完规定的浆量后，将注浆口打开，通过进浆口以清水对管路进行冲洗；同时，桩端注浆器的单向阀可防止土层中浆液回流，保证管路畅通，便于下一循环继续使用，从而实现注浆的可控性。

1.2.2 中掘根固预制桩

中掘根固预制桩即采用螺旋钻机在预制管桩前端取土引导，边钻孔边将预制管桩沉入地基土中，并在底部一定范围进行喷射搅拌注浆形成根固扩大段，然后将预制管桩打入其中的施工方法。

如图1.6所示为中掘根固预制桩工艺流程。场地平整→测量定位→材料设备就位→螺旋钻机插入管桩中、对准桩心→螺旋钻进、管桩跟进→到达持力层后钻头扩大翼，在所定扩径区域，按照设定的扩大直径扩底→扩底完成后，注入桩端加固液→桩端加固液注入完成后，收起钻头扩大翼，从管桩中拔出钻杆→静压，或锤击，或高频振动将预应力桩沉入扩大段→完成植入后设备移位。中掘法螺旋钻如图1.7所示。

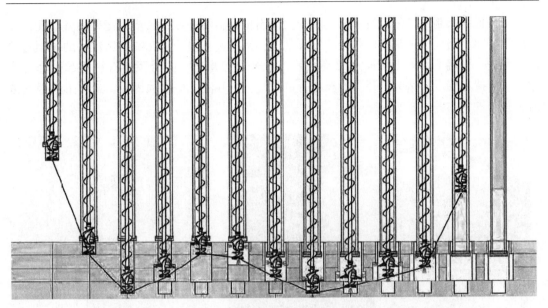

图 1.6　中掘根固预制桩工艺流程

扩大翼展开前

扩大翼展开后

图 1.7　中掘法螺旋钻

中掘根固预制桩工艺的技术要点在于：采用长螺旋钻进方法形成无泥浆护壁钻孔，长螺旋钻杆驱动略大于预制管桩内径的钻头钻进；钻进过程中，套在螺旋钻杆外的预制管桩同时跟进，桩端下部渣土可通过螺旋叶片由管桩内腔排出，同时预制管桩也起到套管作用；达到持力层后，钻头打开扩大翼进行扩孔施工，并注入桩端加固液，最终形成根固混凝土预制桩，如图1.8所示。

图1.8　中掘法根固混凝土预制桩

总体上，采用上述工法形成的根固混凝土预制桩是一种经济、环保的新桩型，其主要优点体现在以下几个方面：

（1）与传统预制管桩施工工艺相比，克服了预制管桩遇到较硬土层（如砂砾层等）无法穿透的问题，且施工中桩头不宜破损，具有更好的施工和易性和质量保证；

（2）在施工沉桩时进行了取土引孔工作，有效地减小了预制管桩挤土效应的影响，从而极大地扩展了预制桩的工程应用范围；

（3）施工过程中用水量少，无泥浆污染且不会产生噪声，有效降低了对周边环境的污染问题；

（4）施工过程机械化程度高，施工效率高。

1.2.3　孔内灌浆根固预制桩

孔内灌浆根固预制桩即首先采用螺旋钻机等设备成孔，待成孔完成后按设计要求向孔内灌注具有流动性的胶凝材料（浆料），然后用锤击、静压、高频振动、振动锤击等方法，将预制桩沉至设计位置形成根固桩的施工方法。

如图1.9所示为孔内灌浆植入法工艺流程。场地平整→测量定位→材料设备就位→钻机定位、对准桩心→螺旋钻孔至桩底设计标高→开启泵送系统，边提升钻杆边管内泵送根固液（胶结材料）至设计标高→边提升钻杆边管内泵送固定液（胶结材料）至设计标高→拔出钻杆全部离开空口后移位→吊机就位起吊预制桩、对中定位→静压，或锤击，或高频振动，插入预应力桩→完成植入后设备移位。成孔设备示意如图1.10所示。

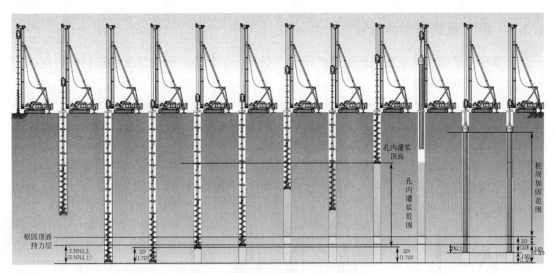

图 1.9　孔内灌浆植入法工艺流程

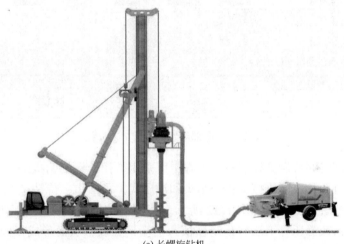

(a) 长螺旋钻机

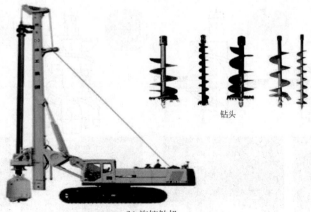

(b) 旋挖钻机

图 1.10　成孔设备示意

1.2.4　底部灌浆根固预制桩

底部灌浆根固桩即仅在桩的下部扩径段（桩端上下较小范围）灌浆或进行喷射搅拌注浆，然后再打入预制桩的施工方法。

如图1.11所示为底部灌浆根固桩工艺流程。场地平整，测量定位→材料设备就位→钻机定位、对准桩心→正旋钻孔至设计标高→打开桩底部位钻头扩大翼，反向旋转钻杆，在所定扩径区域，按照设定的扩大直径分数次进行上下反复扩底→扩底完成后，反复升降钻机，注入桩端加固液→桩端加固浆注入完成后，正旋提升钻杆，桩周注入固定浆→钻机将钻杆全部拔出后，调平，插入预应力管桩→预应力管桩旋转沉入、自重沉入、振动锤插入→完成植入后设备移位。

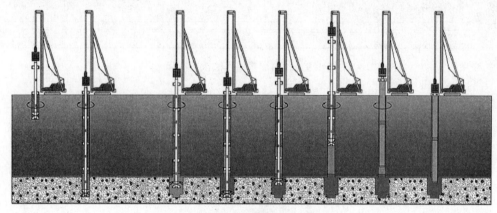

图1.11　底部灌浆根固桩工艺流程

由于该工法需要在桩端扩径灌浆，工程中可采用扩径长螺旋钻机进行成孔。其中，钻头扩径方式主要有两种，即机械式扩径钻头和油压式扩径钻头；待钻进至设计标高，钻头扩展翼打开对桩孔进行扩径，如图1.12所示。待桩端扩径段成孔施工完毕，压灌桩端加固液，并采用锤击或静压等工法将预制桩植入桩端扩径段，从而形成根固混凝土预制桩，如图1.13所示。

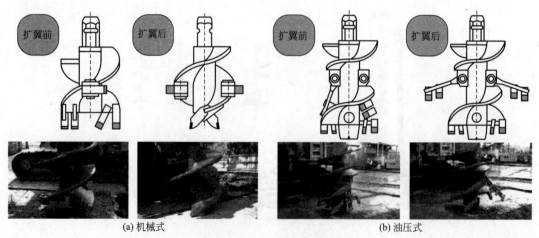

(a) 机械式　　　　　　　　　　　　(b) 油压式

图1.12　扩径式长螺旋钻头

图 1.13 底部灌浆植入预制桩根固段

1.2.5 桩底注浆根固预制桩

桩底注浆根固预制桩即对混凝土预制桩,利用预埋装置在其底部灌注水泥浆等胶结材料形成根固混凝土桩的施工方法。该工法的施工工艺与"1.2.1 根固混凝土灌注桩"中桩底注浆法工艺基本类似,在此不再赘述。

1.2.6 应用原则

在桩型选择时,可综合考虑建筑荷载分布特征、桩的使用功能、基础变形控制要求、地下水土腐蚀程度、场地地质条件、穿越土层和持力层情况、类似工程经验,以及材料供应情况、现场施工条件、工程所在地扬尘治理与环保要求等因素的影响。

根据土层条件和地下水情况,按下列原则经工期、造价等比较后选择根固灌注桩桩型:

(1) 桩位于地下水以下,可采用泥浆护壁成孔桩底注浆灌注桩;

(2) 地下水位以上湿陷性黄土、素填土可采用干作业挤土成孔桩底注浆灌注桩;

(3) 黏性土、粉土、砂土、碎石土、强风化岩中施工桩长不大于 30m 时,可采用长螺旋压灌桩底注浆混凝土桩。

(4) 选择预制桩,当需要穿越硬土层或进入密实的砂土、碎石土、残积土、强风化岩等持力层时,则可选用孔内灌浆预制桩或中掘法根固预制桩。干作业成孔孔壁稳定性好的黏性土、粉土,桩端持力层为密实粉土、砂土时,可选择桩底注浆根固预制桩或底部灌浆根固预制桩。

1.3 扩体桩技术

扩体桩技术,即通过不同工艺在预制桩桩端和桩侧形成水泥浆、水泥土混合料、水泥砂浆混合料、细石混凝土等的固结体,可分为全长扩体桩、下部扩体桩和压力型扩体桩,如图 1.14 所示。

扩体桩技术引入长螺旋压灌浆、取土喷射搅拌扩孔(机械扩孔)等创新工艺,成功解决了既有复合桩技术(劲性水泥土搅拌桩、混凝土芯搅拌桩、水泥土复合管桩等)土层适用性和施工能力有限的弊端,具有能替代其他传统桩型形成较高承载力的能力,该技术巧妙地利用了刚性芯桩-灌浆包裹体-周围土体三者协同工作原理,独具匠心。

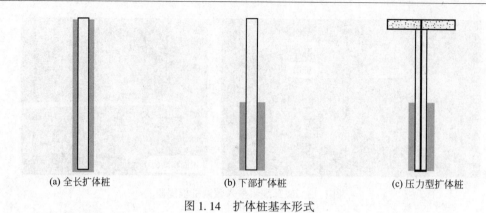

(a) 全长扩体桩　　　　　(b) 下部扩体桩　　　　　(c) 压力型扩体桩

图 1.14　扩体桩基本形式

1.3.1　基本工艺

全长扩体桩根据孔内灌浆量可分为半置换灌浆植入法和全置换灌浆植入法，施工工艺如图 1.15 所示。场地平整，测量定位→材料设备就位→钻机定位、对准桩心→钻进引扩成孔→孔内压灌扩体浆液→扩体浆液注入完成后，将钻杆全部拔出，调平，插入预制桩→预制桩旋转沉入、自重沉入、振动锤插入→完成植入后设备移位。

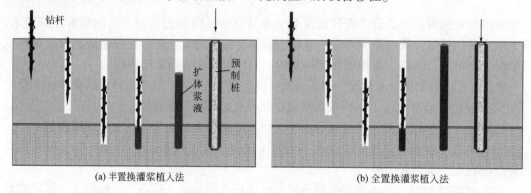

(a) 半置换灌浆植入法　　　　　　　　　　(b) 全置换灌浆植入法

图 1.15　全长扩体桩施工工艺

下部扩体桩和压力型扩体桩的成桩工艺与全长扩体桩类似，可根据地质情况采用长螺旋下部扩径、下部旋挖扩径或下部取土高压旋喷扩体等工艺，在桩身下部形成一定高度的扩大段，以提升桩身承载性能，如图 1.16 所示。

压力型扩体桩一般用于工程抗浮，其中预制桩桩身两端设有托板，对桩身进一步张拉施加预应力，从而使桩身在压、拔双向受力时都处于承压的受力状态，如图 1.17 所示。

1.3.2　应用原则

针对全长扩体桩，根据土层条件和地下水情况，可选择以下桩型：
（1）除中等风化、弱风化岩外，宜采用孔内灌浆扩体桩。
（2）饱和粉土、粉砂土，可采用就地喷射搅拌水泥土扩体桩。
（3）湿陷性黄土或具湿陷性的人工填土，可采用挤土成孔孔内灌浆扩体桩。
（4）无地下水时，可采用埋入式扩体桩。

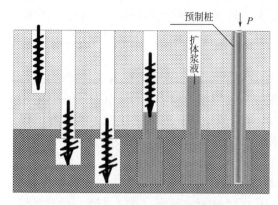

图 1.16　下部全长扩体桩基本工艺　　　　　　图 1.17　压力型扩体桩端部节点

针对下部扩体桩，根据土层条件和地下水情况，可选择以下桩型：

（1）扩体段位于黏性土、粉土、砂土中时，可采用下部高压喷射搅拌水泥土扩体桩。

（2）扩体段位于硬塑状的老黏土，或标贯击数大于 40 击的密实砂土、碎石土时，可采用下部机械扩孔灌浆扩体桩。

（3）干作业成孔孔壁稳定性好的土层，可采用下部灌浆挤扩扩体桩。

扩体桩包裹材料固结强度应符合表 1.2 的要求。

扩体桩包裹材料固结体强度要求（MPa）　　　　　　　　表 1.2

水泥浆	水泥砂浆	细石混凝土	水泥土(厂拌)	水泥土(就地搅拌)
≥2	≥15	≥15	≥10	≥5

1.4　本书主要研究成果与创新点

根固桩与扩体桩技术，是郑州大学等单位近年来在既有多种成桩工艺技术交叉融合基础上开发的一系列新型桩基技术，汲取了灌注桩、预制桩、搅拌桩等技术优势，具有承载力高（比 PHC 管桩提高近 1 倍，比灌注桩提高 30%）、性价比高（综合造价降低约 30%）、施工效率高等特点。与灌注桩、预制管桩、水泥土桩等技术相比，根固桩与扩体桩技术可大量节省钢材、砂石等原材料，施工现场无或少泥浆排放污染是一种典型的"绿色建筑技术"，符合国家"四节一环保"政策。通过施工工艺的革新，该系列桩型工程适用性强，具有广阔的工程应用领域。

本书汇总了团队多年的研究成果，力图向读者呈现出根固桩与扩体桩技术全貌，主要研究成果与创新点如下。

1. 根固桩成套技术及其工程理论与应用

（1）研究开发了针对不同工作条件的根固混凝土灌注桩和根固混凝土预制桩等根固桩成套技术，形成了完备的根固桩技术体系，完善了传统后注浆灌注桩技术理论，扩展了传统预制桩的工程应用范围。

（2）提出了根固桩侧阻软化延时发挥作用机制与控制设计理论。基于桩长范围内桩侧阻力发挥的不同步性，通过桩土界面作用模型试验、桩侧阻力软化作用机理分析，对根固桩工作机理和桩端阻力与桩侧阻力相互作用的研究，提出了"桩侧位移延时发挥"控制设计理论。

（3）建立了根固桩承载力设计计算理论与参数取值方法。基于工程实践与理论分析，提出了根固桩桩侧阻力与桩端阻力发挥系数理论与《建筑桩基技术规范》JG J94—2008 相比，更能准确反映根固灌注桩与根固预制桩的实际工作性状；同时，建立了基于标准贯入、土体无侧限抗压强度等试验指标的单桩承载力特征值估算方法，大幅度提高承载力估算精度。

（4）提出了基于沉降变形控制准则的根固混凝土桩优化设计理论与方法。基于位移、刺入量与桩侧阻力、桩端阻力发挥关系准则及桩顶沉降量控制准则（图1.18），通过调整桩身刚度（桩径、桩长）控制桩身压缩量和桩端土压缩变形量以充分发挥根固桩桩端阻力。

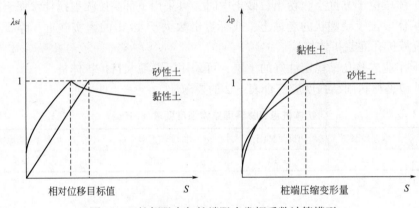

图 1.18　桩侧阻力与桩端阻力发挥系数计算模型

2. 扩体桩成套技术及其工程理论与应用

（1）研究开发了针对不同工作条件的全长扩体桩、下部扩体桩、压力型扩体桩等扩体桩成套技术，形成了完备的扩体桩技术体系，提高了预制桩的承载性能，进一步扩展了其工程应用范围。

（2）创新扩体桩绿色施工工艺及扩体材料。提出扩体桩的全置换压灌后植入工艺、半置换压灌植入工艺，下部冲扩混凝土扩体工艺、下部取土高压旋喷扩体工艺等，达成了施工速度快、不产生或少产生泥浆、节能减排的技术目标。

同时，研发可工厂化生产的扩体材料（水泥砂浆混合料、水泥砂土混合料等），实现超流动性、缓凝、轻质等施工性能，满足了密实砂土、碎石土、硬黏土、建筑垃圾土等复杂地质条件下扩体桩的施工工艺要求。

（3）建立了扩体桩承载力设计计算理论与参数取值方法。基于工程实践与理论分析，提出了不同工况条件下根固预制混凝土扩体桩的抗压、抗拔承载力设计理论，给出了扩体桩侧阻、端阻调整系数的取值方法，为扩体桩技术的工程应用提供了理论支撑和实践指导。

（4）扩体桩技术成果工程实践与应用领域创新。扩体桩技术已经在河南、江苏、山东、四川、河北、广西等地得到推广应用，取得良好效果，克服了密实砂土层、硬黏土使用预制桩施工技术瓶颈，解决了建筑垃圾杂填土地基预制桩施工的难题，同时，扩体桩技术还被创新性地应用于基坑支护帷幕一体化工程中，进一步扩展了扩体桩的应用范围（图1.19）。

(a) 支护帷幕一体化施工　　　　　　　(b) 基坑开挖

图 1.19　扩体桩支护帷幕一体化技术

1.5　本书主要内容

本书全面阐述了根固桩与扩体桩技术，旨在为广大工程技术人员提供一本体系完整、内容翔实、资料丰富、图文并茂、实用性强并具有一定理论深度的新型桩基技术专著。

全书共分为9章，包括：绪论、根固扩体技术的理论基础与发展、根固混凝土灌注桩、根固混凝土预制桩、扩体桩设计理论与工程应用、下部扩体桩、预制混凝土扩体桩水平加载试验研究、碎砖废玻璃混凝土扩体材料试验研究、根固桩与扩体桩技术理论发展及展望；涵盖了5种根固混凝土桩、6种全长扩体桩和6种下部扩体桩的施工工艺，以及根固桩与扩体桩的承载理论及设计方法，给出了相应的工程质量检验验收方法；并针对桩基工程理论与技术创新方法展开了讨论，凝练了作者多年来在工程实践中的技术创新感悟。

本书内容框架如图1.20所示。

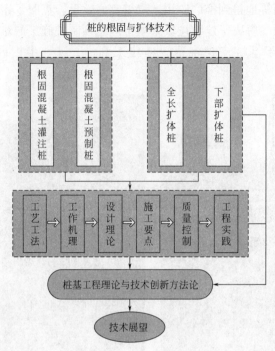

图 1.20 本书内容框架

第2章　根固扩体技术的理论基础与发展

2.1　根固理论基础

2.1.1　桩端阻力对桩侧阻力的作用

理论与实测研究结果表明，桩端阻力与桩侧阻力具有相互作用，但桩端阻力对桩侧阻力的影响最为重要。不同根固条件下桩端阻力对桩侧阻力影响试验模型如图 2.1 所示。

试验 1：嵌岩混凝土灌注桩，一组正常施工；另一组浇注混凝土前底部放置杂草隔离，达到龄期后进行静载荷试验。

试验 2：预制混凝土预应力管桩，一组采用静压方法正常施工；另一组施工完成后，采用抱压装置上拔 100mm，静置 28d 后进行静载荷试验。

试验结果如表 2.1 所示。桩端阻力对桩侧阻力影响示意如图 2.2 所示。

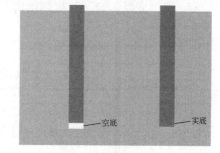

图 2.1　桩端阻力对桩侧阻力影响试验模型

桩端阻力对桩侧阻力影响载荷试验结果　　　　　　　表 2.1

桩端土层	试验条件	极限承载力（kN）	平均极限侧阻力（kPa）	极限端阻力（kPa）
试验 1	某工程嵌岩灌注桩，桩长 11.75m，直径 0.8m			
微风化岩石	空底	3840	130	0
	实底	8420	155	7650
试验 2	郑州 360 国贸中心 PHC 桩，桩长 20.0m，直径 0.4m			
密实细砂	空底	650	26	0
	实底	2567	53	9910

由表 2.1 可知，混凝土预制桩桩侧阻力下降 50.9%；嵌岩混凝土灌注桩下降 16.1%。经验表明，对于未进行后注浆的灌注桩，当沉渣厚度大于 300mm 时，桩侧阻力下降的比例可能更高。

工程实践中，对于灌注桩沉渣厚度的要求、预制桩复压要求、软黏土中预制桩"跑桩"的目的只有一个，就是要尽量密实桩端土体，防止"空底""软底"现象发生；采用桩底注浆方法固化沉渣加固桩端土体，就是一种"根固"行为。

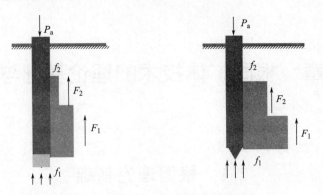

图 2.2   桩端阻力对桩侧阻力影响示意

2.1.2   桩端土体塑性区开展与成拱作用理论

国内外学者对桩端土体塑性区开展及对桩端阻力的影响进行研究，塑性区的开展对"成拱区"及"成拱影响区"桩侧阻力的影响明显（图 2.3、图 2.4）。

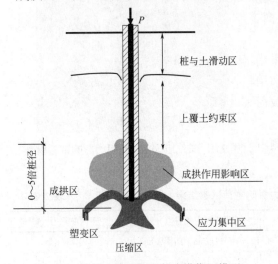

图 2.3   桩端土体塑性区与成拱作用模型

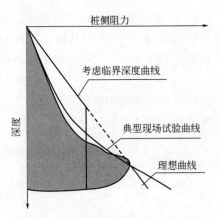

图 2.4   成拱区桩侧阻力增强作用示意

工程实测结果显示，在砂性土中上述成拱区及成拱影响区的桩侧阻力可达 300kPa 以上，可见桩端土体的受力状态对桩侧阻力的影响明显。

2.1.3   桩端土体的预压与桩侧扩体的挤密作用

对预制混凝土根固桩，预制桩在打入过程中对桩底土体具有压密、挤密作用；对扩体桩将通过对扩体材料的挤密，形成扩体材料与土体界面的粘结效应。

与纯预制桩不同，由于固化材料的加入，挤密或压密后的桩侧、桩端土体强度的提高作用效果不同。前者是通过破坏土体结构达到减少预制桩贯入阻力，后期土体需要一定的时间恢复强度方可形成较高的承载力；后者对土体的破坏程度相对较轻，规定期限（如28d）内土体强度恢复较高，且在固化作用下获得的强度超过原状土。

综上所述,"固桩端"是桩获得较高承载力的根本,是形成根固扩体桩的最重要的理论基础。

2.1.4 下部扩体上端阻力对抗拔侧阻的增强作用

抗浮工程实践中常采用抗拔桩、抗浮锚杆。近年来,抗拔桩采用扩底桩、抗浮锚杆采用囊式扩体锚杆的工程已较为普遍,但囊体、扩体对桩侧阻力、囊体侧阻力的影响鲜有研究。事实上与竖向受力桩一样,扩体上端存在的阻力可以有效限制扩体与土体间的滑动,同时当上端顶面与基础之间的距离满足一定要求时,可在上端附近形成塑性区,从而提高扩体抗拔侧阻力。在密实砂土中的实测研究表明,侧阻力的提高幅度可达2倍以上,因此这种作用效应不可忽视(图2.5~图2.7)。

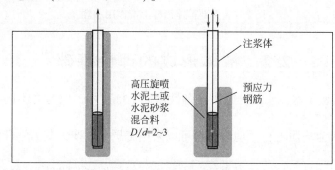

图2.5 下部扩体桩示意

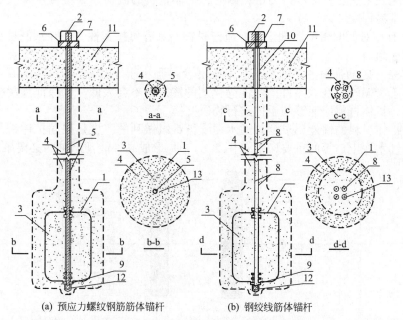

(a) 预应力螺纹钢筋筋体锚杆 (b) 钢绞线筋体锚杆

1—膨胀挤压筒;2—外锚具;3—囊内注浆体;4—锚孔注浆体;5—带套管的预应力螺纹钢筋;
6—承压板;7—外锚头护罩(仅适用于永久性工程);8—无粘结钢绞线;9—承载盘;
10—过渡管;11—锚座;12—导向帽;13—隔离支撑管

图2.6 压力型囊式扩体锚杆的结构构造

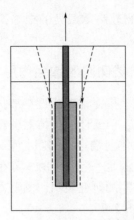

图 2.7 下部扩体锚杆上端作用示意

2.2 扩体形成的理论基础

扩体的形成借鉴了水泥土复合管桩或劲性水泥土桩技术，但与之不同，本书涉及的扩体有如下特点：

（1）扩体材料为均质材料。均质材料可以采用工厂化生产，其力学性能较为稳定，利于开展研究。

（2）扩体材料应具有较好的保水性、流动性及缓凝性能。设置扩体的初衷之一是让预制桩可以穿越硬土层进入深部持力层；因此，扩体材料的流动性和缓凝效果决定了预制桩植入施工的难易程度。

（3）具有相对低的密度。理论上，流态材料不具有可挤密性，但在预制桩贯入过程中可以减小贯入阻力。

（4）具备一定的强度。一般要求水泥土混合料不小于 5MPa，水泥砂浆混合料、细石混凝土不小于 15MPa，在该条件下水泥固化剂的掺入量不会太低，以保证预制桩挤压作用形成扩体后，扩体材料应能够与土体进行物质交换。

以上对扩体材料的性能要求是普通水泥土桩难以做到的，也是根固扩体桩与水泥土复合管桩或劲性水泥土桩等的重要区别（图 2.8），是形成高性能预制桩的必要条件。

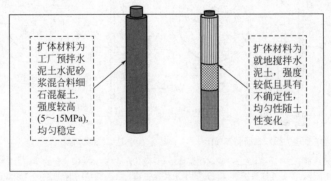

扩体材料为工厂预拌水泥土水泥砂浆混合料细石混凝土，强度较高（5～15MPa），均匀稳定

扩体材料为就地搅拌水泥土，强度较低且具有不确定性，均匀性随土性变化

图 2.8 根固扩体桩与劲性水泥土桩的比较

2.3 扩体的作用及其产生的力学效应

2.3.1 减阻作用

凝固前扩体的存在可显著降低预制桩的贯入阻力。试验研究表明，密实砂土层中采用静压方法植入预制桩时，一方面降低了设备或配重负担，另一方面更为重要的是，大幅度减少爆桩事故的发生，对预制桩施工质量极为有利（图2.9）。

图2.9 预制桩成桩困难与桩顶爆桩示意

表2.2为某工程密实砂土中静压植入法施工时终压值与极限承载力统计结果。设计桩径 $D=700\text{mm}$，芯桩为直径 $d=400\text{mm}$ 的PHC预应力管桩；扩体为C15细石混凝土，施工采用长螺旋压灌方法，芯桩施工采用静压植入法。

表中数据表明，与传统静压桩相比，根固混凝土预制桩终压值可降低30%~50%。

某工程终压值与极限承载力关系　　　　　　　　　　　　表2.2

试桩编号	扩体压灌有效长度（m）	管桩施工有效长度（m）	压桩力终压值（kN）	极限荷载（kN）	极限承载力（kN）	极限承载力对应沉降量（mm）	终压值/极限荷载	终压值/极限承载力
1	15	15	2788	5400	4860	21.05	0.52	0.57
2	15	15	2296	5400	4860	18.32	0.43	0.47
3	15	15	3116	4860	4320	18.58	0.64	0.72
4	16	16	3280	5040	4410	15.36	0.65	0.74
5	16	14.9	2952	6300	5670	17.95	0.47	0.52
6	16	15	3280	5670	5040	17.81	0.58	0.65

2.3.2 荷载分担作用

试验研究表明，采用水泥土或水泥砂浆扩体形成的预制混凝土扩体桩在竖向荷载作用下，当全截面受压时（图2.10），桩顶混凝土预制桩的应力减少30%左右。

2.3.3　界面强度的增强作用

在根固扩体桩的荷载传递中，扩体材料的存在实质上是将传统预制桩相对光滑的混凝土-土相互作用界面转变为扩体材料-土相互作用界面，该工况下桩侧阻力则由剪切滑移阻力转变为扩体材料-土界面的粘结强度，如图 2.11 所示。

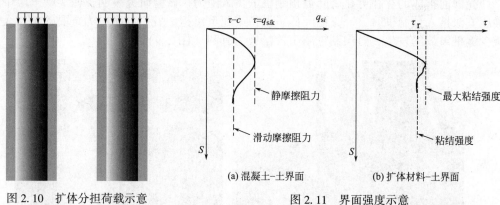

图 2.10　扩体分担荷载示意　　　　　图 2.11　界面强度示意

图 2.12 为混凝土桩与三种不同扩体材料 7d、28d 时的粘结强度试验结果比较。细石混凝土扩体的粘结强度均高于碎砖-玻璃骨料混凝土，水泥土扩体材料与混凝土桩的粘结强度是最小的。扩体材料各龄期的强度如表 2.3 所示。

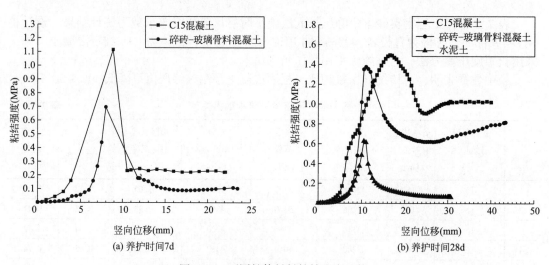

图 2.12　不同扩体材料粘结强度比较

扩体材料各龄期的强度			表 2.3
龄期(d)	7	14	28
水泥土强度(MPa)	2.36	2.72	3.15
碎砖-玻璃骨料混凝土强度(MPa)	7.30	11.18	12.60

续表

C15 混凝土强度(MPa)	11.00	16.43	17.95
混凝土桩桩身强度(MPa)	53.60	57.93	62.80

分析认为，扩体强度是影响粘结强度的主要原因；引起粘结强度变化的另一个主要因素与水胶比有关，当水泥含量多时，可增加材料的胶结性能，从而增加界面的粘结强度。最大粘结强度随养护时间变化，细石混凝土扩体材料 28d 时的粘结强度是 7d 时的 1.340 倍，增加了 0.38MPa；碎砖-玻璃骨料混凝土 28d 时的粘结强度是 7d 时的 1.944 倍，增加了 0.68MPa。

细石混凝土、碎砖-玻璃骨料混凝土的粘结强度约为其无侧限抗压强度的 0.1 倍；水泥土与混凝土的粘结强度约为无侧限抗压强度的 0.2 倍。

与水泥土复合管桩、劲性复合桩不同，扩体桩的扩体与预制混凝土间的粘结强度高出较多，这也是后续章节中进行单桩承载力计算时，无需验算预制桩与扩体间所谓"桩侧阻力"的原因。

2.3.4 桩端阻力增强作用

如图 2.13 所示，受到扩体材料的约束，预制桩桩底以下一定的区域将产生更大的塑性区，从而提高桩端阻力。

2.3.5 水平刚度增强作用

图 2.14 为某条件下预制混凝土扩体桩水平加载试验的模拟结果，其中芯桩采用 300mm 直径 PHC 桩，桩长 6.5m，扩体材料采用 M10 水泥砂浆混合料形成 $D=500$mm、$D=600$mm、$D=700$mm 扩体桩。

以上结果表明，扩体直径对预制桩的刚度提高作用明显。

2.3.6 预制桩桩身弯矩的减低作用

图 2.15、图 2.16 为水泥砂浆扩体桩和水泥土扩体桩水平加载试验的结果。其中，芯桩采用 300mm 直径 PHC 桩，桩长 6.5m，扩体材料分别采用 M10 水泥砂浆混合料、3MPa 水泥土，形成 $D=500$mm 预制混凝土扩体桩。

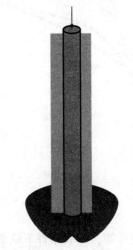

图 2.13 扩体对桩端阻力的增强作用

在分别达到 80kN 和 50kN 临界荷载时（桩顶水平位移均为 8mm），水泥砂浆扩体桩芯桩最大弯矩为 43kN·m，水泥土扩体桩芯桩最大弯矩为 30kN·m 左右，水泥砂浆扩体桩芯桩弯矩大于水泥土扩体桩的芯桩弯矩。此时水泥砂浆扩体桩管桩的最大弯矩均出现在地下深度 1.45m 左右，水泥土扩体桩管桩的最大弯矩出现在地下深度 1.4m 左右。按此计算得到的桩身弯矩分别为 116kN·m、70kN·m。

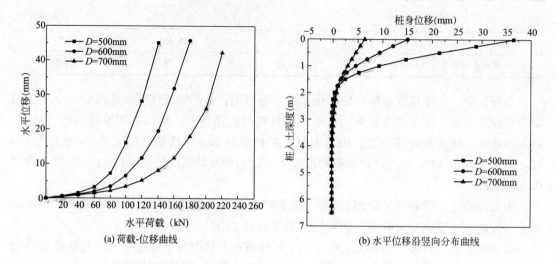

(a) 荷载-位移曲线   (b) 水平位移沿竖向分布曲线

图 2.14 水平荷载–位移曲线（水平荷载 130kN）

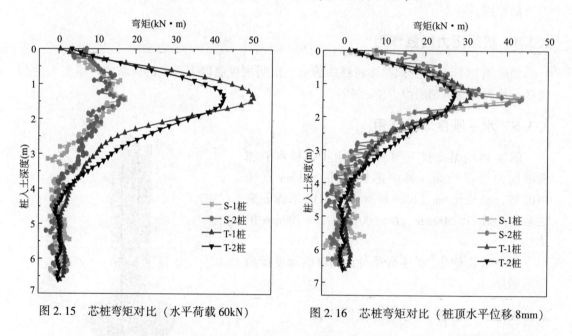

图 2.15 芯桩弯矩对比（水平荷载 60kN）   图 2.16 芯桩弯矩对比（桩顶水平位移 8mm）

比较可知，试验条件下临界荷载时，预制桩桩身弯矩远小于外荷载作用产生的弯矩，两者占比分别为 37.1%、42.8%。

2.4 单桩承载力计算理论的局限性与改进方法

2.4.1 桩侧阻力理论及其表现形式

2.4.1.1 桩土界面强度理论

随着人们对桩的工作性状深入研究和认识的不断提高，竖向荷载作用下桩与桩侧土体之间产生的阻力早期称之为"侧摩阻力",近 20 年来称为"桩侧阻力"。一字之差,反映出科学的进步。桩土界面的强度有抗剪强度、粘结强度,与桩侧阻力存在怎样的关系,总结与分析如下。

1)侧摩阻力

摩阻力是个物理概念,可以有静摩擦力、滑动摩擦力。对于基桩,竖向荷载作用下,桩土界面产生相对运动形成阻力,既可以表现为土对桩产生的滑动阻力,也可以产生剪切位移表现为静摩阻力。桩的不同位置或同一位置的不同阶段侧摩阻力可能表现出不同的形式。

2)抗剪强度

桩土界面的抗剪强度,是指竖向荷载作用下桩侧土体中产生的剪应力达到的最大强度,基本上由土体的抗剪强度指标、围压确定。

3)粘结强度

桩土界面的粘结强度,是指两种材料之间的黏聚力、基质吸力、粘结等形成的界面强度,基本上由两种材料的力学性能确定。

2.4.1.2 桩侧阻力的表现形式

以上分析可知,桩侧阻力的表现形式可能为:

(1)滑动摩阻力;

(2)静摩阻力;

(3)抗剪强度;

(4)粘结强度。

其中,粘结强度一般大于土体抗剪强度,桩侧土体剪切破坏可能发生在水泥土、细石混凝土、水泥砂浆混合料扩体与土界面外一定范围的土体中,为大幅度提高根固混凝土桩的桩侧阻力提供了理论依据。

需要指出,不同桩身材料、不同施工工艺,以及不同受力状态和工作状态时,桩侧阻力的表现形式不同。此外,桩侧阻力还受桩端阻力的影响。因此,桩侧阻力的计算是一个科学问题,需要采用合理、科学的方法加以研究。

2.4.1.3 桩侧阻力的发挥系数

前已述及,桩侧阻力与桩土界面上两种材料的相对位移相关。因此,传统单桩承载力的理论计算方法不能考虑这一变化,降低了承载力估算的精度,往往与试验结果差异较大。

为了更加准确地进行单桩承载力的估算,本书针对桩侧阻力标准值,提出了桩侧阻力发挥系数理论。

2.4.2 桩端阻力及其表现形式

2.4.2.1 桩端土承载力与桩端阻力的概念

与桩侧阻力理念相同,早期的承载力计算将桩端阻力规定为"桩端土承载力",或"经深度修正后的桩端土承载力",典型的例子就是现行行业标准《公路桥涵地基与基础设计规范》JTG 3363—2019 中关于桩端阻力的计算。

事实上，桩端阻力是指竖向荷载作用下基桩向下运动时，下端截面上受到的土的阻力，是一个运动学的概念。与土体强度、模量、埋置深度有关，但绝对不能理解为"桩端土承载力"，或"经深度修正后的桩端土承载力"。行业标准《公路桥涵地基与基础设计规范》JTG 3363—2019 采用"经深度修正后的桩端土承载力"可能基于对桩工作条件的限制而作出的规定，所谓"道归道、理归理、法归法"，需要加以厘清。

需要指出，桩端阻力还受到桩侧阻力的影响，因此其理论计算的方法有待深入研究。

2.4.2.2 桩端阻力标准值的确定方法

目前，桩端阻力的确定主要采用经验参数法，《建筑桩基技术规范》JGJ 94—2008 给出了由土的状态、桩长计算灌注桩、预制桩的桩端阻力取值范围；《高层建筑岩土工程勘察标准》JGJ/T 72—2017 给出了根据标准贯入试验实测击数、入土深度，计算混凝土预制桩极限端阻力的表格。两个标准采用的均为范围值，且范围较大，桩端阻力具有较大的不确定性。

与上述两个标准不同，《高层建筑岩土工程勘察标准》JGJ 72—2004 给出的根据标准贯入试验实测击数、入土深度，计算混凝土预制桩极限端阻力，如表 2.4 所示，桩端阻力并非范围值，而是一个确定值，这防止了人为因素选用、确定桩端阻力的随意性。

极限桩端阻力标准值 q_{pk}（kPa）   表 2.4

桩入土深度（m）	标准贯入实测击数（击）					
	70	50	40	30	20	10
15	9000	8200	7800	6000	4000	1800
20	8600	8200	6600	4400	2000	
25	11000	9000	8600	7000	4800	2200
30		9400	9000	7400	5000	2400
>30		10000	9400	7800	6000	2600

注：1. 表中数据可内插；

2. 表中数据对于无经验地区应先用试桩资料进行验证。

下式为借鉴日本企业界常用预制桩单桩承载力计算的改进公式：

$$R_a = \frac{1}{K}(\beta \Sigma u_i N_i L_i + \lambda \Sigma u_j q_{uj} L_j + \alpha \overline{N} A_p)$$

式中　N_i——桩侧第 i 层砂性土的标贯击数；

$\overline{N}$——桩端标高上、下 $3d$ 范围内土标贯击数平均值；

u_i——第 i 层砂性土桩侧周长；

u_j——第 j 层黏性土桩侧周长；

L_i——第 i 层砂性土厚度；

L_j——第 j 层黏性土厚度；

q_{uj}——桩侧第 j 层黏性土无侧限抗压强度标准值；

α——桩端阻力系数，$\overline{N} \leqslant 60$ 时，取 270；$\overline{N} > 60$ 时，应通过试验确定；

β——砂土侧阻力系数，$\overline{N} \leqslant 30$ 时，取 4.0；$\overline{N} > 30$ 时，应通过试验确定；

λ——黏性土侧阻力系数，$q_{uj} \leqslant 200\text{kPa}$ 时，取 0.5；$q_{uj} > 200\text{kPa}$ 时，应通过试验确定；

K——安全系数，不应小于 2.0。

其中，桩端阻力、砂性土的桩侧阻力均由标准贯入实测击数确定（大于 60 时通过试验确定）；黏性土的桩侧阻力由单轴无侧限抗压强度试验确定（实际为抗剪强度值）。

2.4.2.3 桩端阻力的发挥系数

影响根固混凝土桩桩端阻力的因素除土层本身力学性能、入土深度外，与桩侧阻力的作用、桩端土体的扰动、重塑、加工情况密不可分。桩侧阻力的作用主要反映在与桩土界面强度、传递侧阻的工作性状有关的方面；桩端土体的扰动与重塑、加工均离不开桩侧后注浆、扩体等产生的效应。

本书提出了桩端阻力发挥系数的概念，对桩底后注浆根固混凝土灌注桩，主要反映灌注桩施工对原状土的扰动和注浆加固，相对于混凝土预制桩桩端阻力的折减；对根固混凝土扩体桩，反映了扩体材料与预制桩材料模量的差异带来的反力分布的不同，如图 2.13 所示。

2.4.3 单桩承载力计算的理论问题与改进方法

2.4.3.1 现行极限承载力估算方法的优缺点

现行各种技术标准采用的单桩极限承载力的估算方法均采用承载力极限状态表达式：

$$Q_{uk} = Q_{sk} + Q_{pk} \tag{2.1}$$

该方法简单明了，但忽视了一个基本现象，即桩侧阻力与桩端阻力不太可能同时达到极限状态，或先后达到极限状态而保持量值不变。

因此采用该方法进行单桩承载力的计算存在先天不足。

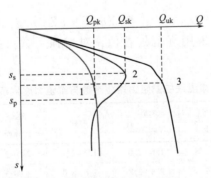

1—桩端阻力–沉降量模型；2—桩侧阻力–沉降量模型；3—单桩 Q–s 曲线
图 2.17 桩承载力的构成示意

桩侧阻力存在一个临界位移，当桩土界面相对位移大于该值时，桩侧阻力不再随沉降位移的增加而增加，还有可能随相对位移的增加而下降，即所谓的桩侧阻力软化，如图 2.17 中曲线 2 所示。黏性土的临界位移一般为 5~8mm，砂土可达 8~12mm。

假定桩端阻力随桩端土体压缩量的增加而增加，并存在极限荷载及产生刺入破坏的可能，如图 2.17 中曲线 1 所示。极限荷载指在一定沉降量范围内，随桩端土体压缩量增加，桩端阻力不再增加，桩端阻力达到极限状态的桩端土体压缩量可能为 0.015 倍桩径。考虑桩身压缩量与桩底土体压缩量之和等于桩顶沉降量，由标准曲线 1、曲线 2 不能得到常见的单桩承载力极限值 Q-s 曲线 3。

鉴于桩端阻力与桩侧阻力各自存在发挥系数，且存在相互影响和相互作用，单桩承载力极限状态表达式宜为：

$$Q_{uk} = \beta Q_{sk} + \alpha Q_{pk} \tag{2.2}$$

式中 Q_{sk}、Q_{pk}——总极限侧阻力标准值、总极限端阻力标准值；

β、α——桩侧阻力、桩端阻力发挥系数。

2.4.3.2 极限桩侧阻力估算方法的改进

考虑桩侧各层土体达到极限状态的位移条件的差异性，桩端阻力与桩侧阻力发挥的系统性，单桩承载力极限值的表达式建议采用下式：

$$Q_{uk} = u_i \beta_{si} \sum q_{sik} l_i + u_j \sum \beta_{sj} q_{sjk} l_j + \alpha q_{pk} A_p \tag{2.3}$$

上式考虑了桩侧不同土层采用不同的发挥系数及不同土层中桩直径的变化，是一个通用表达式。

2.4.4 不同计算方法与承载力试验结果的比较

2.4.4.1 国内外几种竖向抗压承载力计算方法

1）行业标准[1] 方法

《建筑桩基技术规范》JGJ 94—2008，有关后注浆混凝土灌注桩承载力计算，根据桩侧阻力、桩端阻力经验值或勘察报告值引入增强系数的方法进行计算。该方法在我国使用多年，各地积累了许多经验；优点是使用时间长，习惯了；不足之处在于参数取值范围较大，经验不足时，不同人员计算结果差距较大，不好掌握。

该方法计算公式如下：

$$Q_{uk} = Q_{sk} + Q_{gsk} + Q_{gpk} = u\Sigma q_{sjk} l_j + u\Sigma \beta_{si} q_{sik} l_{gi} + \beta_p q_{pk} A_p \tag{2.4}$$

对桩侧阻力、桩端阻力采用规范推荐值，对增强系数可按经验取值，无经验时按表 2.5 取值。

后注浆灌注桩侧阻力增强系数与端阻力增强系数 表 2.5

土性	淤泥、淤泥质土	黏性土、粉土	粉砂、细砂	中砂	粗砂、砾砂	砾石、卵石	全风化岩、强风化岩
β_{si}	1.2~1.3	1.4~1.8	1.6~2.0	1.7~2.1	2.0~2.5	2.4~3.0	1.4~1.8
β_p	—	2.2~2.5	2.4~2.8	2.6~3.0	3.0~3.5	3.2~4.0	2.0~2.4

对采用干作业的桩，要求对桩端阻力增强系数进行 0.6~0.8 的折减。基本理解为反映泥浆护壁灌注桩与干作业成孔桩端阻力初始值差额部分的补偿。方法存在以下不足：

对未注浆段桩侧阻力不考虑增强，这与实际情况不符，未能反映出桩端阻力增强对桩侧阻力增强作用的研究成果；

对大于 800mm 桩,需要对桩侧阻力、桩端阻力考虑修正的规定,没有充分的理论与试验研究成果作支撑;

此外,存在桩侧阻力增强系数上限值偏高等问题。

2) 河南规范[2] 方法

《河南省建筑地基基础勘察设计规范》DBJ 41/138—2014,采用标贯击数确定桩端阻力、桩侧阻力值,引入承载力发挥系数的计算方法,考虑了桩端阻力对非注浆段的桩侧阻力发挥系数的影响,经验程度对计算结果的影响不大。

采用符合行业标准《建筑桩基技术规范》JGJ 94—2008 规定的施工工艺和注浆量施工的后注浆灌注桩,单桩竖向承载力可按下式计算:

$$Q_{uk} = u\beta_{si} \sum q_{sik}l_i + u \sum \beta_{sj}q_{sjk}l_j + \beta_p q_{pk} A_p \qquad (2.5)$$

式中 Q_{uk} ——单桩竖向极限承载力标准值(kN);

u ——桩身周长;

l_i ——非注浆段第 i 层土厚度;

l_j ——注浆段第 j 层土厚度;

q_{sik} ——非注浆段第 i 层土初始极限侧阻力标准值;可取行业标准《建筑桩基技术规范》JGJ 94—2008 规定的经验参数上限值;

q_{sjk} ——注浆段第 j 层土初始极限侧阻力标准值;可取行业标准《建筑桩基技术规范》JGJ 94—2008 规定的经验参数上限值;

q_{pk} ——极限端阻力标准值;可按行业标准《高层建筑岩土工程勘察标准》JGJ 72—2017[3] 规定取值,如表 2.6 所示;

β_{si} ——非注浆段侧阻力发挥系数,可取 0.9～1.0;

β_{sj} ——与注浆增强效应、发挥程度相关的注浆段侧阻力系数,可按表 2.7 取值;

β_p ——端阻力发挥系数,可根据桩长与桩身压缩变形刚度(桩身材料模量与截面积的乘积)、后注浆类型等因素,按表 2.7 取用。

极限端阻力标准值 q_{pk}（kPa）   表 2.6

桩入土深度（m）	标准贯入实测击数（击）					
	70	50	40	30	20	10
10	7000	6400	5600	4300	2800	1600
15	9000	8200	7800	6000	4000	1800
20		8600	8200	6600	4400	2000
25	11000	9000	8600	7000	4800	2200
30		9400	9000	7400	5000	2400
>30		10000	9400	7800	6000	2600

注:表中数据可以内插。

后注浆灌注桩注浆段侧阻力系数与端阻力发挥系数　表 2.7

土性	淤泥、淤泥质土	黏性土、粉土	粉砂、细砂	中砂	粗砂、砾砂	砾石、卵石	全风化岩、强风化岩
β_{sj}	1.0~1.1	1.2~1.5	1.3~1.6	1.4~1.7	1.6~2.0	2.0~2.5	1.2~1.5
β_p	—	0.5~0.7		0.6~0.8		0.7~0.9	0.5~0.7

桩侧阻力建议采用文献 [1] 经验参数的上限值, 桩端阻力取值方法可依据《高层建筑岩土工程勘察标准》JGJ 72—2017 附录 D 中预制桩参数, 桩端阻力考虑了入土深度对承载力的影响。桩侧阻力与附录 D 上限值相差不大, 见表 2.8。

极限侧阻力标准值 q_{sis} （kPa）　表 2.8

土的类别	土(岩)层平均标准贯入实测击数	极限侧阻力 q_{sis}(kPa)
淤泥、淤泥质土	1~5	10~26
黏性土	5~10	20~30
	10~15	30~50
	15~30	50~80
	30~50	80~100
粉土	5~10	20~40
	10~15	40~60
	15~30	60~80
	30~50	80~100
粉细砂	5~10	20~40
	10~15	40~60
	15~30	60~90
	30~50	90~110
中砂	10~15	40~60
	15~30	60~90
	30~50	90~110
粗砂	15~30	70~90
	30~50	90~120
砾砂(含卵石)	>30	110~140

3）日本方法[4]

植入工法是一种预应力管桩的施工方法, 通过在预先形成的桩孔内灌注固化剂, 再将管桩采用机械设备植入孔内的施工方法。可等直径植入, 也可扩大直径植入, 对整体损伤较小, 适用于桩端持力层较好、静压或锤击施工难以进入时。日本对采用植入工法施工现成的预制混凝土桩, 单桩承载力依据标贯、黏性土无侧限抗压强度指标计算, 方法如下:

$$R = \frac{1}{3}\left[\alpha \overline{N} A_\mathrm{p} + \pi d (\beta \overline{N_\mathrm{s}} L_\mathrm{s} + \gamma \overline{q_\mathrm{u}} L_\mathrm{c}) \right] \tag{2.6}$$

式中　$\overline{N}$——桩底持力层土标贯击数，大于 60 时，取 60；

$\overline{q_\mathrm{u}}$——黏性土单轴（无侧限）抗压强度，大于 200kPa 时，取 200kPa；

$\overline{N_\mathrm{s}}$——桩侧砂土标贯击数，大于 30 时，取 30；

α——桩端阻力系数，取 400；

β——桩侧砂性土的摩擦力系数，取 6.2；

γ——桩侧黏性土的摩擦力系数，取 0.8。

日本方法对桩端阻力取值同样依据标贯击数计算，但不与入土深度挂钩；桩侧阻力，砂土依据标贯击数、黏性土依据土体无侧限抗压强度计算。

比较三种方法，河南规范介于日本方法与行业标准之间，计算结果受到人为的影响较小，对勘察单位的要求和责任相对降低。

2.4.4.2　不同计算方法与实测结果的比较

郑州大剧院项目设计桩顶标高-12.450m（120.400m），设计采用桩底、桩侧后注浆混凝土灌注桩，初步设计桩径为 600mm，设计桩长 26.0m；分注浆、不注浆两组各 3 根桩进行单桩承载力静载荷试验。

项目场区地层概况如下：

第①层（Q_4^ml）：耕植土，杂色，稍密，稍湿。含植物根系，局部为杂填土，含较多碎砖渣等建筑垃圾。

第②层（$Q_3^\mathrm{al+pl}$）：粉土，黄褐色，稍湿，稍密，含锈黄斑，土质均一。摇振反应中，干强度低，韧性低。

第③层（$Q_3^\mathrm{al+pl}$）：粉土，黄褐色，稍湿，中密~密实，含锈黄斑、灰斑，土质均一。摇振反应中，干强度低，韧性低。

第④层（$Q_3^\mathrm{al+pl}$）粉土，黄褐色，稍湿，中密，含锈黄斑、灰斑，稍有砂感。摇振反应中，干强度低，韧性低。

第⑤层（$Q_3^\mathrm{al+pl}$）粉土：褐黄色~黄褐色，密实，含铁锈斑、铁锰质斑，含直径 10~30mm 钙质结核，局部砂质含量高。摇振反应中，干强度低，韧性低。

第⑥层（$Q_2^\mathrm{al+pl}$）粉质黏土：黄棕色，硬可塑，含铁锰质斑，局部夹有粉土。切面较光滑，干强度中，韧性中。

第⑦层（$Q_2^\mathrm{al+pl}$）粉质黏土：棕黄色，硬可塑，含铁锰质斑，及直径 5~10mm 钙质结核，局部夹有粉土。切面较光滑，干强度中，韧性中。

第⑧层（$Q_2^\mathrm{al+pl}$）粉质黏土：棕黄色，硬可塑，含铁锰质斑，及直径 5~10mm 钙质结核。切面光滑，干强度中，韧性中。

第⑨层（$Q_2^\mathrm{al+pl}$）粉质黏土：红棕色，硬可塑，含黑色铁锰质斑、灰绿斑，偶见钙质结核。切面光滑，干强度中，韧性中。

地下水水位埋深 26.0m。

各土层物理力学参数见表 2.9。

各土层物理力学参数   表 2.9

土层编号	③	④	⑤	⑥	⑦	⑧
岩性	粉土	粉土	粉土	粉质黏土	粉质黏土	粉质黏土
承载力特征值(kPa)	200	180	230	260	280	300
压缩模量(MPa)	14.5	13.3	16.0	9.6	11.5	12.5
平均厚度	4.3	2.4	13	6.3	6.7	9.6
重度 γ(kN/m³)	17.0	16.8	17.5	19.9	19.7	20
黏聚力 c(kPa)	13.7	13.4	14.8	28.9	29.1	31.0
内摩擦角 φ(°)	22.8	22.3	22.6	16.4	16.6	16.3

依据《建筑桩基技术规范》JGJ 94—2008,取钻孔灌注桩极限侧阻力标准值、极限端阻力标准值见表 2.10。

钻孔灌注桩桩基设计参数 (kPa)   表 2.10

土层编号	③	④	⑤	⑥	⑦	⑧
岩性名称	粉土	粉土	粉土	粉质黏土	粉质黏土	粉质黏土
q_{sik}	—	24(52)	60	68	70	74
q_{pk}	—	—	—	—	1100	1300

注:第③、④层非自重湿陷性黄土,桩侧阻力已考虑按饱和状态下的摩阻力计取,括号内为正常状态下摩阻力。

1)行业标准方法

采用报告参数计算,不注浆桩单桩承载力特征值:

$$R_a = 0.6\pi \times (2.4 \times 26 + 13 \times 30 + 6.3 \times 35 + 6.3 \times 36) + 0.283 \times 550$$

$$= 1850kN$$

注浆桩单桩承载力特征值:勘察报告建议,后注浆灌注桩综合提高系数 β 可取 1.4,桩端阻力增强系数为 2.2。

$$R_a = 0.6\pi \times (2.4 \times 26 + 13 \times 30 + 6.3 \times 35 + 6.3 \times 36) \times 1.4 + 0.283 \times 2.2 \times 550$$

$$= 2715kN$$

2)河南规范方法

依据《河南省建筑地基基础设计规范》DBJ 41/138—2014,按《建筑桩基技术规范》JGJ 94—2008 取桩侧阻力、《高层建筑岩土工程勘察标准》JGJ 72—2017 取桩端阻力。

计算采用参数如表 2.11 所示。

河南规范方法计算采用参数   表 2.11

土层编号	土层名称	土层厚度(m)	地基土承载力特征值 f_{sk}(kPa)	侧阻力特征值 q_{sik}(kPa)	后注浆侧阻力增强系数	杆长修正后标贯击数平均值	桩端阻力 q_p (kPa)
④	粉土	2.4	180	40	1.4	11.8	—
⑤	粉土	13.0	230	62	1.4	15.0	—
⑥	粉质黏土	6.3	260	84	1.4	11.2	3000
⑦	粉质黏土	6.3	280	84	1.4	15.0	4300

按照表 2.11,桩侧阻力发挥系数为 1.4,桩端阻力发挥系数为 0.5,单桩承载力特征值为:

$$R_a = 0.6\pi \times (2.4 \times 20 + 13 \times 31 + 6.3 \times 42 + 6.3 \times 42) \times 1.4 + 0.283 \times 0.5 \times 2150 = 2888kN$$

3)日本方法

第⑥、⑦层硬可塑黏性土按 $q_u = 200kPa$ 计算桩侧阻力,第④、⑤层粉土按砂性土计算各土层桩侧摩阻力,由标贯击数计算桩端阻力,结果如表 2.12 所示。

日本方法计算采用参数 表 2.12

土层编号	土层名称	土层厚度（m）	地基土承载力特征值 f_{sk}（kPa）	侧摩阻力 s（kPa）	杆长修正后标贯击数平均值	桩端阻力（kPa）
④	粉土	2.37	180	73	11.8	—
⑤	粉土	13.0	230	93	15.0	—
⑥	粉质黏土	6.3	260	160	11.2	—
⑦	粉质黏土	2.33	280	160	15.0	6000

单桩承载力特征值:

$$R_a = \frac{1}{3}[0.6\pi \times (2.4 \times 73 + 13 \times 93 + 6.3 \times 160 + 6.3 \times 160) + 0.283 \times 6000] = 2701kN$$

4)试验结果

进行两组各 3 根单桩承载力试验,试验结果见图 2.18、图 2.19,汇总结果见表 2.13。两组试验的 6 根桩均加载至极限状态。其中,后注浆灌注桩 3 组单桩承载力特征值均为 2880kN。

单桩承载力试验结果(试验桩长 28m,直径 600mm) 表 2.13

试验结果	未注浆			复合注浆		
	Zh-1	Zh-2	Zh-3	Zj-1	Zj-2	Zj-3
试验承载力极限值(kN)	4320	3600	3960	5760	5760	5760
对应沉降量(mm)	26	22	22	24	27	27
平均极限承载力(kN)	3960			5760		

未注浆单桩承载力极限值:3960kN;后注浆单桩承载力极限值:5760kN。

2.4.4.3 单桩承载力计算与试验结果的比较

1)计算结果与实测结果的比较

未注浆灌注桩试验桩长 28m,直径 600mm,3 组单桩承载力特征值平均为 1980kN。桩端阻力特征值取 550kN,单桩承载力特征值计算结果为 1954kN。

河南规范方法后注浆桩计算结果为 2857kN,与试验结果 2880kN 相比,较吻合。

相比较而言,后注浆灌注桩承载力离散性好于未注浆,承载力提高系数为:

$$2880/1980 = 1.45$$

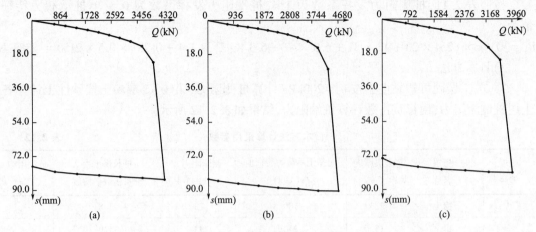

图 2.18 未注浆桩 $Q\text{-}s$ 曲线

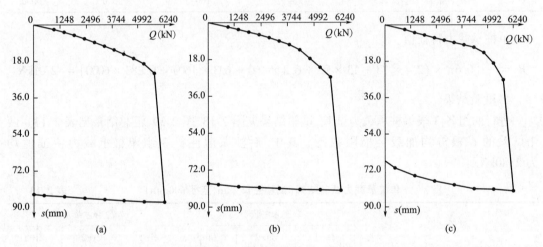

图 2.19 复合注浆桩 $Q\text{-}s$ 曲线

与勘察报告建议值 1800kN 相比，提高系数为：

$$2880/1800 = 1.6$$

对应承载力极限值，后注浆桩平均沉降量为 26mm，未注浆桩平均沉降量为 23mm。桩身压缩量计算结果分别为 8mm、5.4mm，可认为沉降量差为桩身压缩量差。

行业标准方法计算结果与实测结果也比较接近，但增强系数均取最低值，不易掌握。

2）河南规范方法与日本方法的比较

日本方法计算结果与行业标准方法较接近，但其结果具有唯一性。虽然较试验结果偏小，但差距不大，用于进行设计阶段的承载力估算，已具有较高的精度。

该方法也可按我国方法进行理解，可将式（2.6），变换为下式：

$$R = \frac{1}{2}\left[\frac{1}{1.5}\alpha\overline{N}A_{\mathrm{p}} + \frac{1}{1.5}\pi d\left(\beta\overline{N_{\mathrm{s}}}L_{\mathrm{s}} + \gamma\overline{q_{\mathrm{u}}}L_{\mathrm{c}}\right)\right] \tag{2.7}$$

桩端阻力为：$q_{pk} = \alpha \overline{N}/1.5$

按上式计算得到桩端阻力如表 2.14 所示。

日本方法换算桩端阻力 表 2.14

日本方法换算	标贯击数	>60	50	40	30	20	10
	q_{pk}（kN）	16000	13300	10600	8000	5300	2600
我国行业标准方法	≥30m 深标贯击数	70	50	40	30	20	10
	q_{pk}（kN）	11000	10000	9400	7800	6000	2600

表中结果与我国《高层建筑岩土工程勘察标准》JGJ 72—2017 附录 D 中入土深度大于 30m 时结果比较接近，说明了该方法具有一定的可靠性。

桩侧阻力取值中，对于砂土：

$$q_{sk} = \frac{1}{1.5}\beta \overline{N_s} \qquad (2.8)$$

式中 q_{sk}——极限侧阻力标准值；

$\overline{N_s}$——标贯击数平均值。

计算结果与《高层建筑岩土工程勘察规程》JGJ 72—2017 附录 D 比较如表 2.15 所示。

砂土桩侧阻力比较 表 2.15

土性	标贯击数	日本方法换算（kN）	我国行业标准方法（kN）
粉细砂	5~10	20~41	20~40
	10~15	41~62	40~60
	15~30	62~124	60~90
	30~50	124	90~110
中砂	10~15	41~62	40~60
	15~30	62~124	60~90
	30~50	124	90~110
粗砂	15~30	62~124	70~90
	30~50	124	90~120

对于黏性土：

$$q_{sk} = \frac{1}{1.5}\gamma \overline{q_u} \qquad (2.9)$$

式中 q_{sk}——极限侧阻力标准值；

q_u——无侧限抗压强度标准值。

通过标贯击数与单轴强度的等效关系，按上式计算得到的黏性土桩侧阻力与我国行业标准方法比较如表 2.16 所示。

黏性土桩侧阻力比较					表 2.16
土的状态	标贯击数	无侧限抗压强度(kPa)	日本方法换算(kN)	标贯击数	我国行业标准方法(kN)
软	2~4	24~48	12~25	1~5	10~26
中等软	4~8	48~96	25~50	5~10	20~30
硬	8~15	96~192	50~102	10~15	30~50
很硬	15~30	192~388	102~106	15~30	50~80

注：日本方法换算时无侧限抗压强度大于 200kPa 时，按 200kPa 计算。

相比较，黏性土标贯击数大于 10 时，日本方法与我国行业标准方法取值差距较大。但与《建筑桩基技术规范》JGJ 94—2008 建议值比较（表 2.17），两者总的取值范围基本吻合。

黏性土桩侧阻力与"桩基规范"取值比较（kPa）			表 2.17
土的状态	混凝土预制桩	泥浆护壁钻(冲)孔桩	干作业钻孔桩
流塑	24~40	21~38	21~38
软塑	40~55	38~53	38~53
可塑	55~70	53~68	53~66
硬可塑	70~86	68~84	66~82
硬塑	86~98	84~96	82~94
坚硬	98~105	96~102	94~104

2.5　桩侧阻力与桩端阻力提高系数的理论探讨

2.5.1　土的残余强度

土的残余强度是指土体产生较大剪切位移后形成的稳定强度值，假定桩土界面产生较大相对位移，桩侧阻力由土的抗剪强度指标决定时，桩侧阻力增强系数或发挥系数可以视为峰值强度与残余强度之比。

$$\tau_r = c'_r + p'\tan\varphi'_r \tag{2.10}$$

式中　c'_r——残余黏聚力，一般取零；

　　　φ'_r——残余内摩擦角；

　　　p'——有效径向压力。

按文献［5］，有：

$$\tan\varphi'_r = \frac{\pi}{2}\tan\varphi_\mu \tag{2.11}$$

式中　φ_μ——矿物颗粒摩擦角；对黏性土，取决于土的颗粒性质，与应力历史无关。

2.5.2　桩侧阻力提高系数

按以上思路，取 $c'_r = 0$，不改变 $p = p'$，桩侧阻力发挥系数：

$$\beta_s = \frac{c + p\tan\varphi}{p\tan\varphi'_r} \tag{2.12}$$

或

$$\beta_s = \frac{c + p\tan\varphi}{\frac{\pi}{2}p\tan\varphi_\mu} \tag{2.13}$$

黏性土，也可采用：

$$\beta_{cs} = \frac{q_{sk}}{q_{sk} - c} \tag{2.14}$$

式中　q_{sk}——极限侧阻力标准值，$q_{sk} = 0.8q_u$。

　　　β_{cs}——黏性土桩侧阻力系数。

$$\beta_{cs} = \frac{q_u}{q_u - 1.25c} \tag{2.15}$$

式中　q_u——无侧限抗压强度标准值。

根据上式估算试验工程注浆桩与未注浆桩，第⑥、⑦层黏性土桩侧阻力相对提高系数为 1.22。考虑泥皮加固的提高系数为 1.34~1.46，试验结果为 1.45。

砂性土，假定 $c = 0$，有：

$$\beta_{ss} = \frac{2\tan\varphi}{\pi\tan\varphi_\mu} \tag{2.16}$$

式中　β_{ss}——砂性土桩侧阻力系数；

　　　φ_μ——矿物颗粒摩擦角。

2.5.3　桩端阻力发挥系数

河南规范计算方法的指导思想是：

（1）固定桩端阻力特征值。该值与土原始状态有关，与成桩工艺无关；底部注浆后固化了扰动土和沉渣后，持力层未扰动土体的桩端阻力认为不会发生变化。

（2）改传统增强系数的概念为发挥系数概念。桩端阻力发挥程度与桩端沉渣与水泥浆混合体固结强度、与荷载传递相关的桩身刚度、桩长、桩侧土性质、是否桩侧注浆等因素有关。考虑到问题的复杂性，认为河南规范方法建议的发挥系数主要与桩端水泥土强度及混凝土截面面积相关。由于桩端沉渣的存在，混凝土浇筑时，桩端混凝土截面面积小于按设计桩径计算面积。一般条件下的发挥系数，黏性土与粉土为 0.5~0.7；砂土为 0.6~0.8，概念比较清楚，可操作性强。

2.5.4　后注浆灌注桩竖向受压承载机制分析

2.5.4.1　后注浆作用

（1）固化桩侧泥皮与桩端沉渣；

（2）扩大有效桩径和改善桩端土性指标；

（3）提高桩端阻力，限制桩端变形对桩侧阻力的影响。

2.5.4.2　作用效应分析

关于桩侧阻力、桩端阻力是否存在临界深度，看法不一，以下分析不考虑这一点。

1) 固化泥皮对承载力的贡献率

粉土、黏性土泥皮固结时间长，强度增长慢，水下时抗剪强度指标差距不大。受到 28d 试验间隙时间的限制，可提供 10%~20% 的贡献率。

砂性土泥皮排水固结快，固化后指标在规定的试验时间内与桩周原状土强度相差不大，贡献率可达 30%~50%（根据文献 [6] 试验结果，注浆泥皮固化后抗剪强度大于桩周土体抗剪强度）。

2) 桩端阻力提高对桩侧阻力的贡献率

限制桩端变形，防止上部侧阻软化，提高桩侧阻力发挥度 20%~30%，桩身刚度大取大值。

3) 有效作用表面积增加的贡献率

实际有效桩径一般较大，黏性土 5%，砂性土 10%，对单桩承载力提高也有关系。

2.6 结论与建议

（1）日本对植入工法施工完成的混凝土预制桩，与灌注桩相比，其状态特征较为明确，采用标贯击数、单轴抗压强度乘以一个较为固定系数的方法，进行桩侧阻力和桩端阻力的计算，值得借鉴。

（2）后注浆工艺消除了灌注桩施工的泥皮、沉渣缺陷，使得桩土界面工作特征明确，桩端阻力与桩侧阻力的特征值趋于固定，《河南省建筑地基基础勘察设计规范》DBJ 41/138—2014 考虑两者的相互作用，引入发挥系数的理念进行单桩承载力的估算，提高了估算精度。

（3）《建筑桩基技术规范》JGJ 94—2008 方法受到经验、认识水平等条件的限制，取值范围较大，人为因素对计算结果的影响大，建议修订时加以研究改进。

本章参考文献

[1] 中国建筑科学研究院. 建筑桩基技术规范：JGJ 94—2008 [S]. 北京：中国建筑工业出版社，2008.

[2] 河南省住房和城乡建设厅. 河南省建筑地基基础勘察设计规范：DBJ 41/138—2014 [S]. 北京：中国建筑工业出版社，2014.

[3] 中华人民共和国住房和城乡建设部. 高层建筑岩土工程勘察标准：JGJ 72—2004 [S]. 北京：中国建筑工业出版社，2004.

[4] 周同和. 中外预应力混凝土桩发展技术现状报告 [R]. 郑州，2015.

[5] 林宗元. 岩土工程试验监测手册 [M]. 北京：中国建筑工业出版社，2005.

[6] 李永辉. 大直径超长灌注桩承载特性与计算方法研究 [D]. 上海：同济大学，2013.

第3章　根固混凝土灌注桩

根固混凝土灌注桩（Root Reinforced Cast-in-situ Piles），即仅在桩底采用后注浆方法对桩端及以上桩身一定范围桩周土体进行充填、压密、固化处理的混凝土灌注桩。与传统灌注桩的后注浆技术相比，根固混凝土灌注桩以仅在桩底注浆为技术特征，保证了桩端注浆量和加固效果。降低了施工难度与成本（可节省工程造价15%~30%，缩短注浆工期约1/3），技术更趋合理；以桩侧位移延时发挥为控制理论，充分考虑了桩端压缩量和桩身压缩变形对桩侧阻力发挥的影响，根固增强理念更加突出。

3.1　工作机理

3.1.1　后注浆对根固混凝土灌注桩桩端土体加固增强机理

钻孔灌注桩成桩过程中，在桩端预设注浆管路，待桩身混凝土达到一定强度后，用高压注浆泵向桩端注入可以固化的浆液，这种灌注桩后注浆技术，根据地质情况、注浆压力、浆液的运动形式、浆液与土体的结合方式，存在渗透、压密和劈裂三种注浆作用中的一种或多种。

一般来说，渗透注浆可以将浆液较为均匀地扩散到土体颗粒的空隙中，将土颗粒胶结成整体，进而增强土体的强度，见图3.1（a）；压密注浆通过高压浆液挤走了原先的土体，进行了置换，使桩周土体发生塑性变形，进而提高浆泡周边一定范围土体的抗压强度，见图3.1（b）；劈裂注浆通过产生劈裂孔隙，浆液在注浆管附近的土体内形成网状浆脉，通过浆脉挤压土体和浆脉的骨架作用加固土体，起到了加筋体作用和抬升作用，见图3.1（c）。

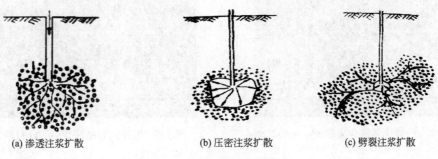

(a) 渗透注浆扩散　　　　　　　(b) 压密注浆扩散　　　　　　　(c) 劈裂注浆扩散

图 3.1　注浆加固土体示意

根固混凝土灌注桩桩底后注浆工艺，通过在桩端形成压密浆泡，形成较大网状浆脉加固体对沉渣和持力土层进行加筋加固，这些加固机制相当于把沉渣层和扰动层换填级配更好、更为密实、承载能力更强的土层，有效地消除钻孔灌注桩在成桩过程中形成的沉渣及钻孔机具对持力层产生扰动的影响。同时，形成的扩大头及换填土层就等于扩大了桩端持力土层破坏滑移面，使得灌注桩承载能力明显增大、沉降显著降低。特别的，在较大的注浆压力下，桩体会有上移的趋势，使桩侧剪应力发生逆转，将对桩侧阻力产生影响；注浆作用使桩端土压缩模量提高，刚度增大，同时对桩侧阻力的发挥也会产生较大影响。这在实际工程中也得到了很好的验证，通过对某一桩基工程的未注浆灌注桩成桩后31d的桩端土体芯样，以及根固混凝土灌注桩成桩后28d的桩端土体芯样的对比可以看出：未注浆灌注桩紧邻桩端以下部分为混凝土粗骨料、水泥土、沉渣的混合体，强度极低，为糊状，再往下为原状土（图3.2）；根固混凝土灌注桩紧邻桩端以下部分为沉渣、混凝土粗骨料及水泥的胶结体，材质坚硬，为柱状固结体，初步判定为注浆压密运动而成（图3.3）；再往下为土体与水泥水化形成的网状胶结体（图3.4、图3.5）。其无侧限抗压强度见图3.6。

图 3.2 未注浆灌注桩成桩后 31d 紧邻桩端芯样

图 3.3 桩端注浆桩注浆后 28d 紧邻桩端芯样

图 3.4 桩端注浆桩注浆后 45d 桩端芯样

图 3.5 桩端注浆桩注浆后 60d 桩端芯样

3.1.2 根固混凝土灌注桩桩端土受压后的成拱作用

根固混凝土灌注桩桩底采用注浆工艺，不仅桩底沉渣得到了加固，而且沉渣以下一定范围的土体也得到了改良，土体强度提高。这样，较大荷载作用在持力层（加固后的沉渣层和改良土层）时，在桩端面以下一定范围内形成压缩区，随着荷载加大，桩端持力层受力越来越大，压缩区向外扩散。压缩区扩散时，会对周边的土体产生挤压，而在这一影响范围内又存在上覆土层压力的约束，形成拱作用影响区，使桩身侧壁上的水平应力增加（图 3.7），桩端上部一定范围内的桩侧阻力得到提高。注浆桩端持力层土的强度越大，其对桩周土体产生的挤压区越大，成拱作用影响区越大，桩端以上侧阻力增强的范围越广。

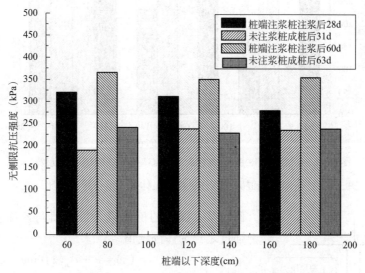

(a) 郑州三环快速化路工程新郑路注浆与未注浆芯样无侧限抗压强度比较

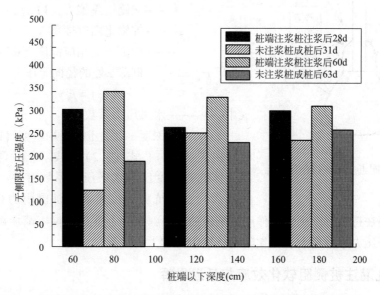

(b) 郑州三环快速化路工程森林公园注浆与未注浆芯样无侧限抗压强度比较

图 3.6　注浆对根固混凝土灌注桩桩端土体强度增强影响对比（一）

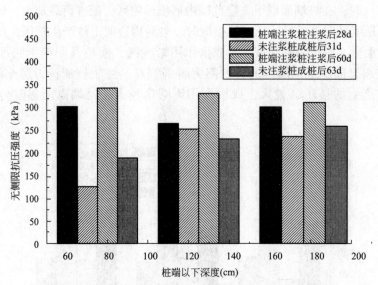

(c) 郑州三环快速化路工程京广路注浆与未注浆芯样无侧限抗压强度比较

图 3.6 注浆对根固混凝土灌注桩桩端土体强度增强影响对比（二）

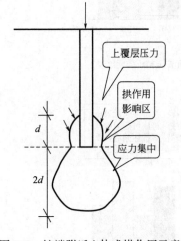

图 3.7 桩端附近土体成拱作用示意

假设某一深度的桩侧阻力极限值与该深度桩侧土剪切强度之比为一固定值。

$$\tau_{\mathrm{u}}(z) = c + \sigma_{\mathrm{n}}(z)\tan\varphi \qquad (3.1)$$

式中 $\tau_{\mathrm{u}}(z)$ ——桩深 z 处桩侧土的剪切强度（kPa）；

       c ——桩侧土黏聚力（kPa）；

       φ ——桩侧土内摩擦角（°）；

       z ——桩侧土的相应深度（m）；

       $\sigma_{\mathrm{n}}(z)$ ——桩深 z 处的径向土压力（kPa）。

$$\sigma_{\mathrm{n}}(z) = k'\gamma_{z} \qquad (3.2)$$

式中 k' ——水平压力系数；

       γ_{z} ——深度 z 以上土的平均重度（kN/m³）。

由式（3.1）、式（3.2）可知，同一深度相同性质的土体抗剪强度仅与水平压力系数有关，水平压力系数越大，土体抗剪强度越高，桩侧阻力极限值越大。

较大荷载作用在持力层产生成拱作用影响区的现象，实际上就是基桩逐渐加载、桩端以上一定高度水平压力系数增大、桩端附近桩侧阻力增大的过程。

3.1.3 钻孔灌注桩侧阻软化效应与延迟发挥

对超长桩，其桩身压缩量是桩顶沉降的主要部分，上部土层和下部土层的桩土相对位移差别较大，在上部土层达到峰值侧阻后，下部土层侧阻往往还没有得到充分发挥，其侧阻本身是异步发挥的。

钻孔灌注桩成桩过程中不可避免地会形成桩端沉渣及孔壁泥皮层。沉渣属于高压缩性、低强度的土层，当桩顶荷载传递到桩端时，沉渣层不能有效提供桩端阻力，在桩顶荷载逐步增大时，导致钻孔灌注桩桩端发生刺入性破坏，使其 Q-s 曲线呈现"陡降型"，沉降发展有明显的"时间效应"（图 3.8），这使得灌注桩桩土之间会出现突然滑移。此时桩土界面上侧阻力-相对位移会发生软化现象，桩侧阻力有一定程度的降低，这称之为侧阻软化效应（图 3.9）。

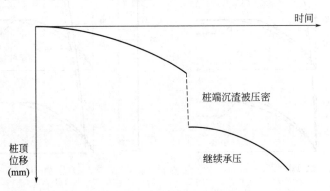

图 3.8 灌注桩沉降发展的"时间效应"

另外，泥皮层的存在一定程度上减弱了桩土之间的联结，会不同程度地影响桩侧阻力的发挥，也就是说，虽然桩侧阻力的最大发挥值不变，但发挥到同一侧阻值需要的相对位移要变大，称之为泥皮侧阻延迟发挥效应。但对于黏性土，泥皮强度较低，不能有效传递剪力。

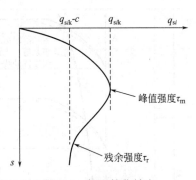

图 3.9 侧阻软化效应

1）侧阻软化效应消除

注浆有效地消除了钻孔灌注桩在成桩过程中形成的沉渣及钻孔机具对持力层产生扰动的影响，相当于换填级配更好、更为密实、承载能力更强的土层，这使得灌注桩在桩顶荷载作用下呈"缓变型"特征，一般不会出现桩土之间的突然滑移，桩土界面上侧阻力-相对位移发生软化现象得以避免。

图 3.10 为根固混凝土灌注桩和未注浆桩的桩侧阻力在不同埋深和不同阶段的发挥情况，可以看出：

（1）较小的荷载作用在桩顶时，根固混凝土灌注桩和未注浆钻孔灌注桩的沉降都很小，并且沉降量基本一致，桩顶荷载基本都由桩侧阻力承担，并且侧阻力绝大部分由桩的中上部承担。在这种状态下，同一深度桩侧阻力的发挥基本一致，总桩侧阻力基本相等，见图 3.10（a）。

（2）随着荷载逐步加大，在相同荷载作用下，未注浆桩由于前文分析的"泥皮侧阻延迟发挥效应"和桩端沉渣层的存在，达到与桩顶荷载相适应的桩侧阻力未注浆桩相比根固混凝土灌注桩要付出更大的沉降，见图 3.10（b）；而在相同沉降下，根固混凝土灌注桩在此条件下的总桩侧阻力要大于未注浆桩，也就是根固混凝土灌注桩桩侧阻力发挥更大一些，见图 3.10（c）。在未注浆灌注桩达到极限承载力以前，根固混凝土灌注桩和未注浆灌注桩一直维持这一大致规律。

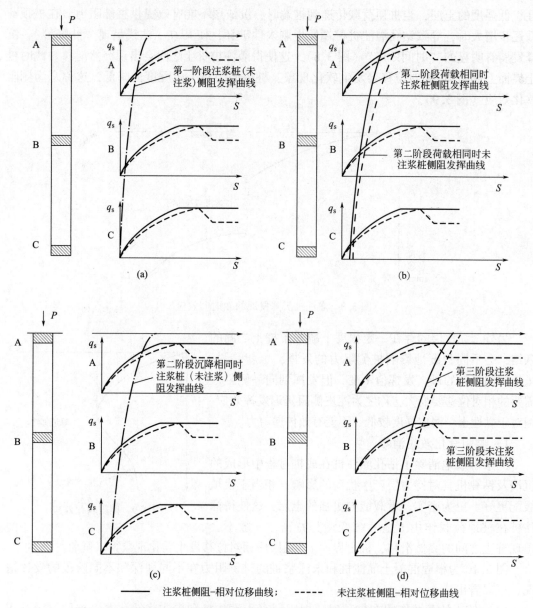

图 3.10 不同阶段根固混凝土灌注桩与未注浆桩桩侧阻力发挥曲线比较分析

（3）桩顶荷载进一步加大，未注浆桩由于桩端沉渣的存在，致使桩端承载力不足，发生刺入变形，桩顶沉降急速增大，灌注桩上部一定范围桩土相对位移过大，桩土界面发生滑移，进入软化阶段。此时，根固混凝土灌注桩沉降受到较好的限制，上部一定范围桩侧阻力逐步向最大值发展，下部由于端阻增加及其在桩端附近一定范围的成拱影响区，总桩侧阻力进一步增大，根固混凝土灌注桩在极限荷载作用下的总桩侧阻力大于未注浆灌注桩在极限荷载作用下的总桩侧阻力，桩侧软化得到有效消除。见图 3.10（d）。

2）侧阻延迟发挥

桩端注浆一般压力比较大，特别是粉土、黏土体层需要的注浆压力更大，且注浆时一般先在桩端形成注浆压密区。在较大的压力及压密区挤压下，桩体就会有上移的趋势，使桩侧剪应力发生逆转，相当于抗拔桩受荷初期的状态。当桩顶施加荷载时，需要先抵消这部分向上的剪力，桩土之间才开始发生相对位移。随着桩顶荷载加大，桩顶荷载传递至桩端时，由于桩端土体刚度较大，桩端沉降量很小，使得桩体有增大、变粗的趋势，从而剪应力有向远离桩体的土体传递的趋势，这有助于桩侧阻力的及时发挥。另外，桩端注浆浆液在压力作用下会顺着桩体与泥皮之间的细小空隙上返，填充部分桩体与泥皮之间空隙，增强了桩土之间的联结。因此，相比较未注浆而言，根固混凝土灌注桩发挥到同一侧阻值需要的相对位移要小一些，也就是说桩端注浆可以很好地消除"泥皮侧阻延迟发挥效应"。

3.2 根固混凝土灌注桩设计

3.2.1 根固混凝土灌注桩注浆材料及注浆量确定

根固混凝土灌注桩的设计除应满足普通灌注桩的设计要求外，尚应符合下列规定：

（1）注浆方式宜采用开式注浆且仅在桩底设置注浆装置，特殊地质条件下浆液难以聚集时可采用闭式注浆。

（2）开式注浆，底部注浆装置宜采用 U 形喷头管。当采用长螺旋压灌混凝土后插钢筋笼工艺时，宜采用立式喷头管。U 形喷头管和立式喷头管管阀应具备单向逆止功能，并应能承受 1MPa 以上静水压力。

（3）注浆管应采用钢管，数量不应少于 2 根；注浆管内径不应小于 25mm，壁厚不宜小于 3mm；大直径灌注桩采用超声波检查桩身质量时，可利用声测管替代；注浆管也可用于替代部分纵向受力钢筋。

（4）注浆应采用二次注浆工艺，二次注浆量不宜小于总注浆量的 20%。

（5）注浆材料应采用普通硅酸盐水泥和掺合料、添加剂制作的水泥浆液，注浆量应考虑浆液上泛和外溢损失。注浆水泥用量可根据同类工程经验或通过试验确定，初步设计时可按下式估算：

$$M = m_c\left(\frac{1}{4}\pi d^2 t\alpha + \pi d\Delta h\right) \tag{3.3}$$

式中　M——水泥用量（kg）；

　　　m_c——注浆体水泥含量（kg/m³）；

　　　α——桩端注浆量系数，宜按表 3.1 选用；

　　　d——有效注浆上泛段桩径（m），对于下部扩径段应取扩径段直径；

　　　t——桩底注浆固结体高度（m），可取 0.8~1.0m；

　　　h——桩底注浆有效上泛高度（m），可根据土层和地下水条件，桩底埋置深度等按经验取值。正常固结的黏性土、粉土、砂土，在《根固混凝土桩技术规程》规定的压力条件下不宜小于 20m，桩长小于 20m 时应取设计桩长；

　　　Δ——桩侧浆体计算厚度，可取 30~50mm。

桩端注浆量系数			表 3.1
持力层	黏性土、粉土	砂土	碎石土
α	≥3.0	3.0~5.0	≥4.0

3.2.2　根固混凝土灌注桩单桩竖向承载力

根固混凝土灌注桩单桩竖向极限承载力标准值，可采用原位测试成果和经验参数按下式估算：

$$Q_{uk} = u\beta_{si} \sum q_{sik} l_i + u \sum \beta_{sj} q_{sjk} l_j + \beta_p q_{pk} A_p \tag{3.4}$$

式中　l_i——非注浆上泛段第 i 层土厚度（m）；

l_j——注浆上泛段第 j 层土厚度（m）；

u——桩身周长（m）；

q_{sik}、q_{sjk}——第 i、j 土层极限桩侧阻力标准值（kPa），可按表 3.2 取值；

q_{pk}——极限桩端阻力标准值（kPa），可按表 3.4 取值；

β_{si}——非注浆上泛段桩侧阻力系数，可取 0.9~1.0；

β_{sj}——与注浆增强、发挥度相关的注浆上泛段桩侧阻力系数，可按表 3.5 取值；

β_p——桩端阻力系数，可按表 3.5 取用。

极限桩侧阻力标准值			表 3.2
土的名称	土的状态		q_{sik}(kPa)
填土	—		20~28
淤泥	—		12~18
淤泥质土	—		20~28
黏性土	流塑	$I_L>1$	21~38
	软塑	$0.75< I_L \leqslant 1$	38~53
	可塑	$0.50< I_L \leqslant 0.75$	53~68
	硬可塑	$0.25 < I_L \leqslant 0.50$	68~84
	硬塑	$0< I_L \leqslant 0.25$	84~96
红黏土	$0.7<a_w \leqslant 1$		12~30
	$0.5< a_w \leqslant 0.7$		30~70
粉土	稍密	$e>0.9$	24~42
	中密	$0.75 \leqslant e \leqslant 0.9$	42~62
	密实	$e<0.75$	62~82
粉细砂	稍密	$10<N \leqslant 15$	22~46
	中密	$15<N \leqslant 30$	46~64
	密实	$N >30$	64~86

续表

土的名称	土的状态		q_{sik}(kPa)
中砂	中密	$15<N\leqslant30$	53~72
	密实	$N>30$	72~94
粗砂	中密	$15<N\leqslant30$	74~95
	密实	$N>30$	95~116

注：1. 其他土层条件下桩侧阻力宜通过多种原位测试结果结合类似工程经验确定；

2. 表中极限桩侧阻力标准值数据可以通过内插计算；

3. 当标准贯入击数大于表中上限时，极限桩侧阻力标准值应取上限值。

4. 采用标准贯入结果确定时，极限桩侧阻力标准值可按表 3.3 选用。

极限桩侧阻力标准值 表 3.3

土的类别	土(岩)层平均标准贯入实测击数(击)	q_{sik}(kPa)
淤泥	<1~3	10~16
淤泥质土	3~5	18~26
黏性土	5~10	20~30
	10~15	30~50
	15~30	50~80
	30~50	80~100
粉土	5~10	20~40
	10~15	40~60
	15~30	60~80
	30~50	80~100
粉细砂	5~10	20~40
	10~15	40~60
	15~30	60~90
	30~50	90~110
中砂	10~15	40~60
	15~30	60~90
	30~50	90~110

注：1. 实测击数为非杆长修正值；

2. 宜按实际标贯击数内插计算极限桩侧阻力标准值；

3. 其他土层条件下桩侧阻力宜通过多种原位测试结果结合类似工程经验确定。

极限桩端阻力标准值 q_{pk}（kPa） 表 3.4

桩入土深度(m)	标准贯入实测击数(击)					
	70	50	40	30	20	10
15	9000	8200	7800	6000	4000	1800

续表

桩入土深度(m)	标准贯入实测击数(击)					
	70	50	40	30	20	10
20		8600	8200	6600	4400	2000
25	11000	9000	8600	7000	4800	2200
30		9400	9000	7400	5000	2400
>30		10000	9400	7800	6000	2600

注：1. 表中数据可内插；

2. 对 Q_2、Q_3 地层，表中值可适当提高。

桩侧阻力系数与桩端阻力系数   表 3.5

发挥系数	淤泥、淤泥质土	黏性土、粉土	粉砂、细砂	中砂	粗砂、砾砂	砾石、卵石	全风化岩、强风化岩
β_{sj}	1.0~1.1	1.2~1.5	1.3~1.6	1.4~1.7	1.6~2.0	2.0~2.5	1.2~1.5
β_p	—	0.5~0.7			0.6~0.8	0.7~0.9	0.5~0.7

当采用经验参数确定底部注浆灌注桩单桩抗拔极限承载力时，单桩抗拔极限承载力标准值可按下式估算：

$$T_{uk} = u\sum\lambda_i q_{sik} l_i + u\sum\lambda_j \beta_{sj} q_{sjk} l_j \tag{3.5}$$

式中　T_{uk}——单桩抗拔极限承载力标准值（kN）；

　　　u——桩身周长（m）；

　　　β_{sj}——注浆上泛段桩侧阻力系数，可按表 3.5 取值；

　λ_i、λ_j——桩周未注浆段第 i 层土、注浆段第 j 层土抗拔系数，可根据桩周土层按表 3.6 取值。

桩抗拔系数 λ 表 3.6

土类	抗拔系数 λ
$\varphi>300$ 的密实砂土	0.50~0.60
中密、稍密砂土	0.60~0.70
黏性土、粉土	0.70~0.80
$\varphi<100$ 的饱和软土	0.80~0.90

群桩呈整体破坏时，基桩的抗拔极限承载力标准值可按下式计算：

$$T_{gk} = \frac{1}{n}u_1 \sum \lambda_i q_{sik} l_i \tag{3.6}$$

式中　n——桩数；

　　　u_1——桩群外围周长（m）。

3.3 施工工艺与质量控制

3.3.1 根固混凝土灌注桩成孔施工

（1）可根据土层条件、地下水情况采用泥浆护壁或干作业成孔工艺。

（2）泥浆护壁工艺，可采用气举反循环或泵吸反循环进行二次清孔，二次清孔应在导管安装完成后进行。对二次清孔后沉渣厚度仍大于设计限值 100mm 以内的桩，应做好记录。

（3）干作业成孔，可采用长螺旋钻机、旋挖钻机、机械洛阳铲等方式；湿陷性黄土也可以采用静压钢管挤土成孔。

（4）下部扩径桩的成孔，可采用长螺旋钻机扩孔、旋挖钻机扩孔。

（5）应采取措施防止孔壁塌孔、水浸入和渣土掉入桩孔内。

（6）当设计桩径小于 1.2m、桩长小于 30m 时，施工可采用长螺旋压灌混凝土后插钢筋笼工艺。

3.3.2 施工要点与质量控制

3.3.2.1 施工要点

1）注浆装置

（1）应按设计要求制作，加工时应逐根检查，防止管内有杂物及管子破损裂缝，包括注浆连接软管、接头在内的管路系统不得发生渗漏。

（2）注浆 U 形喷头管宜选用含有钢丝的柔性高压胶管制作，高压胶管应满足耐压强度和韧性要求；立式喷头管应采用钢管制作，长度宜为 500~800mm（直径大时取高值），底部应封闭。注浆软管、接头的允许耐压力不应小于最大注浆压力的 2 倍。

（3）喷头管出浆孔径宜为 5~10mm，间距宜为 100mm，十字形对称布置，设置的单向阀应采用防水包装带缠绕密封，确保注浆出口通畅、逆止自如。当采用长螺旋压灌后插钢筋笼植入注浆管工艺时，立式喷头管应采取保护措施，防止密封脱落受损。

（4）采用 U 形喷头管注浆系统时，应在注浆钢管顶部与输送管连接处设置卸压阀门。

2）注浆装置及注浆管安装

（1）注浆管顶端应高出地面 500mm，用堵头封严并采取保护措施，防止开挖施工等损坏注浆管。

（2）U 形喷头管应埋设于桩底沉渣范围内；立式喷头管应插入桩底土中；采用孔底投石方法时，注浆 U 形喷头管或立式喷头管应埋设于石料底部。

（3）采用长螺旋压灌混凝土后插钢筋笼工艺时，应在桩身混凝土初凝前将立式喷头管随钢筋笼一起通过振动方法插入混凝土桩底土层中。

（4）注浆钢管利用声测管时，声测管应绑扎固定在钢筋笼内侧随钢筋笼一起安装到位。

3）水泥浆的制备

（1）水灰比宜取 0.5~0.9，饱和土取低值，非饱和土取高值；细颗粒土取高值，粗颗粒土可取低值。

（2）选用的搅拌机应能保证搅拌的均匀性；在搅拌槽和注浆泵之间应设置存储池。

（3）水泥浆搅拌时间不少于 3min，并应采用 3mm×3mm 的滤网进行过滤后存储在存储池中，存储池中的水泥浆应不断搅拌以防止浆液离析和凝固；水泥浆存储有效使用时间不应大于 4h。

（4）水泥浆中膨润土掺入量不宜大于 5%，膨胀剂掺入量不宜大于 5%。水灰比小于 0.6 时宜加入减水剂，地下水处于流动状态时，宜加入速凝剂。

（5）水泥浆试块 7d 无侧限抗压强度平均值不应小于 10MPa。

4）桩底注浆施工

（1）应采取措施减少管路系统对注浆压力的损失，注浆泵与注浆孔口距离不宜大于 30m，注浆过程中注浆管路不应产生大于 120° 的弯折。注浆泵最高额定压力不宜小于最大注浆压力的 1.5 倍；流量不宜小于 100L/min；压力表量程不应小于最大注浆压力的 2 倍。

（2）注浆可在混凝土强度达到设计强度的 75% 后进行，二次注浆宜在一次注浆完成 2~6h 内进行。桩端持力层为砂土、碎石土时，前 70% 注浆量应采用低压力、低流量分次间歇注浆，间隙注浆间隔时间宜为 30~60min。

（3）注浆压力应根据水泥浆的水灰比、土饱和度、泛浆高度要求、注浆管线长度等因素综合确定。饱和土宜取 1~6MPa，非饱和土宜为 3~10MPa；硬黏土、密实砂土、密实碎石土取高值；桩端土孔隙率较大时应取低值；水灰比小、返浆高度要求大应取高值。

（4）注浆宜采用多循环、多遍数，注浆流量宜为 30~50L/min。

（5）注浆顺序宜先外围、后中间；同一承台宜先外围对称间隔注浆，后中心位置注浆。

（6）当一根桩采用多个立式喷头管注浆时，应依次实施等量均衡注浆；等量注浆发生异常时，应及时分析原因，调整注浆水灰比或单个喷头管的单次注浆量、注浆压力。采用 U 形喷头管时，可对相连注浆管同时进行注浆。

（7）注浆过程中应注意注浆压力表读数的突然增大，设置压力监测报警值防止管道爆裂引发事故。

（8）注浆应采取二次注浆方式。

5）终止注浆条件及处理

（1）注浆量达到设计要求，最大注浆压力维持时间不小于 5min。

（2）注浆量满足要求、注浆压力未达到设计值，间歇注浆后，注浆量达到总注浆量设计要求的 1.3 倍。

（3）注浆压力满足要求、注浆量未达到设计值，维持 1.5 倍注浆压力 5min 后，总注浆量达到设计值的 80%。

（4）注浆量达到设计注浆量的 80%，桩顶发生抬升现象。

对因操作不当等原因导致完全不能正常注浆，或实际注浆量小于设计值 50% 且注浆压力达不到终止压力，应视为注浆异常。注浆异常可按下列方法进行处理：

（1）对完全不能正常注浆的情况，可在桩中心位置进行取芯成孔，埋设注浆喷头管进行桩底注浆，桩底注浆应采取二次注浆。

（2）对于实际注浆量小于设计值50%且注浆压力达不到终止压力的情况，除可按上述方法处理外，也可采取桩侧打孔对桩底部土体实施补充注浆处理，桩侧注浆孔应对称均匀布置，数量不应少于两个；应采取措施将注浆控制在桩端一定范围内。

（3）补充注浆量宜根据总注浆量不小于原设计注浆量的原则确定。

3.3.2.2　质量控制

1）根固混凝土灌注桩施工质量控制

（1）应根据岩土工程勘察报告、设计文件等编制注浆施工组织设计方案。施工组织设计文件应包含施工设计的工艺参数、注浆作业施工方案、特殊情况处置预案等。

（2）钢筋笼制作时，应对注浆钢管、注浆装置加工质量，注浆钢管与注浆喷头的连接质量进行检查，发现问题及时处理。

（3）正式注浆前应通过试注浆施工，对注浆管路系统的耐压性能进行检查，并检查设备正常运转情况，检查搅制的水泥浆的稠度及初凝结时间，配制的水泥量是否满足连续注浆的需要，检查注浆泵流量计、压力监测表是否能够正常使用。

（4）正式注浆施工中，应经常检验水灰比，逐根检查水泥用量和注浆压力。

（5）严格按照规定的注浆程序进行注浆，及时解决注浆过程中的异常情况。

（6）长螺旋压灌后插钢筋笼工艺，应采取措施确保注浆管插入桩底土层中。

（7）混凝土浇筑采用导管时，上部混凝土应振捣密实。

2）清孔要求

根固混凝土灌注桩清孔应根据单桩承载力设计时桩端阻力的增强系数取值，桩长、长径比、土层情况等因素确定沉渣厚度。当增强系数取值较大时，沉渣厚度应取小值。

应严格按照相关规范进行二次清孔，在下完导管后进行，采用气举反循环或泵吸反循环。二次清孔后的孔底沉渣厚度一般应小于设计要求，二次清孔完成后，立即灌注水下混凝土。对二次以上清孔后成渣厚度仍为100~200mm的桩，应做好记录，并在随后的桩底注浆时适当增加注浆量。

3）水泥浆液质量及水泥用量控制

（1）水泥应在有效期范围内，不结块，并按规定的批次送检合格。

（2）水泥浆制配时应采用计量装置计量水泥、水的用量，按设计要求严格控制水泥浆水灰比；不得在存储池中边加料边搅拌。

（3）当注浆水泥用量不足或注浆压力不足时，应适当调低水灰比。

4）注浆施工质量控制

（1）应对操作工人进行详细的技术交底，大批量桩注浆施工前，应进行试验性注浆施工，及时发现、分析和解决操作规程中存在的问题，并积累经验。

（2）注浆前应注清水，畅通后应立即注浆；每一循环注浆完成后应采用清水冲洗管路，防止堵塞。

（3）应对注浆流量计、压力表进行标定，注浆应满足设计需要的压力和持续时间要求，对沉渣厚度、成孔与浇注混凝土过程中有缺陷的桩，应适当调整注浆量和注浆压力。

（4）控制好最大压力注浆维持时间及每一注浆循环阀门的卸压时间。

（5）对开塞、水泥浆配制、注浆过程、注浆异常处理等过程，实行旁站监理，并对水泥用量、水灰比、注浆压力等关键参数及时记录签证。发现异常情况应及时通知设计、勘察、监理单位协商及采取相应的处理措施。

5）根固混凝土灌注桩施工质量检验

（1）施工前质量检验应符合下列规定：

①应对桩位放样进行复核检验；

②应对混凝土配合比、坍落度、混凝土强度等进行检查；

③应对钢筋笼制作所用的钢筋规格、焊条规格、品种、焊口规格、焊缝长度、焊缝外观和质量、主筋和箍筋的制作偏差等进行检验；

④应检查注浆管、注浆装置的制作质量及与钢筋笼的连接牢固情况；

⑤检查水泥质检报告、注浆泵压力表检定证书。

（2）施工中质量检验应符合下列规定：

①应对孔位、孔深、孔径、垂直度、泥浆相对密度、孔底沉渣厚度进行检验；

②混凝土灌注前，应对清孔质量、钢筋笼安装情况，实际标高进行检查；

③混凝土浇注时，应对混凝土浇注量、浇注时间进行检查；

④注浆前应对管路系统密闭性进行检查；

⑤注浆过程中应对注浆量、水泥用量、注浆压力进行检查；

⑥应对注浆是否满足终止条件进行检查。

（3）施工完成后应提供材料检验报告、注浆压力表检定证书、试注浆记录、设计注浆工艺参数、注浆记录等资料。

6）根固混凝土灌注桩的质量检验标准

（1）钢筋笼质量检验标准应满足表 3.7 的要求。

钢筋笼制作质量检验标准 表 3.7

编号	检查项目	允许偏差或允许值（mm）	检查方法
1	主筋间距	±10	用钢尺量
2	钢筋笼长度	±100	用钢尺量
3	钢筋材质检验	设计要求	抽样送检
4	钢筋笼直径	±10	用钢尺量
5	箍筋间距	±20	用钢尺量

（2）桩位偏差、孔径、孔深、倾斜等质量检验标准应满足表 3.8 的要求。

灌注桩成桩质量检验标准 表 3.8

编号	检查项目	允许偏差或允许值（mm）	检查方法和要求
1	桩位放样	单排桩 10mm，其余 20mm	全站仪或经纬仪
2	孔深（m）	不小于设计值	测绳量
3	孔径（mm）	不小于设计值	孔径仪

续表

编号	检查项目	允许偏差或允许值(mm)	检查方法和要求
4	桩孔倾斜度(mm)	1%桩长且不大于500	用测壁(斜)仪或钻杆垂线法
5	钢筋笼位置	设计要求	测绳量
6	沉渣厚度(mm)	150	沉淀盒或标准测锤
7	注浆管标高	设计要求	测绳量
8	实际桩位(mm)	70+0.01H	全站仪或经纬仪
9	桩身混凝土强度(MPa)	在合格标准内	试块
10	桩身缺陷	合规	声测法

注：H 为施工作业面至设计桩顶标高的距离。

3.4 不同直径不同桩长根固桩试验

3.4.1 试验概述

3.4.1.1 工程概况与地质条件

绿地滨湖国际项目位于郑州市西南部，大学南路与南四环交叉口东北角。场地周边道路均为规划道路，场地北侧为鼎盛大道，南侧为芳仪路，西侧为青铜东路，东侧为望桥街。

绿地滨湖国际城四区、五区工程场地南部分布有杂填土，最深处约30.0m。根据杂填土的分布范围将四区、五区工程场地分为Ⅰ区（非填土区）、Ⅱ区（填土区）。拟采用隔离法进行后注浆钻孔灌注桩的单桩静载荷试验，测定杂填土以下各土层的桩侧摩阻力和选定持力层的桩端阻力，确定单桩极限承载力，为钻孔桩设计、施工方案确定提供依据。

据建设方了解，这部分杂填土为前期砖厂烧砖取土形成大土坑，土坑最深处约30m，呈东西走向，后期拆迁工地陆续往坑里倾倒建筑垃圾将其填平（近5年内）。杂填土包括建筑垃圾、生活垃圾及素土。因这部分杂填土为运土车倾倒于此堆填形成的，因此分布极不均匀，呈多种土混合状态，局部地段土体居多，局部地段建筑垃圾居多，局部地段生活垃圾居多。

根据钻探、静力触探、标准贯入试验结果，结合相邻工程场地资料，对地基土按岩性及力学特征分层后，从上到下分层描述如下：

第①$_1$层：杂填土（Q_4^{3ml}），杂色，稍湿，松散，以建筑垃圾为主，建筑垃圾约占50%~95%，充填土主要为粉土，局部混有生活垃圾，含砖瓦块、石子、混凝土块（少量混凝土块含钢筋）、混凝土桩桩头等建筑垃圾及少量生活垃圾，局部大块建筑垃圾集中，土质不均匀。

第①$_2$层：杂填土（Q_4^{3ml}），杂色，稍湿，松散，以生活垃圾为主，生活垃圾约占50%~90%，土体臭味较大，主要成分为塑料袋、碎布、腐殖质等，充填土主要为粉土，混有少量建筑垃圾，土质不均匀。主要分布在五区场地东南角处。其他位置也有一定量的分布。

第⓪₃层：素填土（Q_4^{3ml}），褐黄~浅黄色，稍湿，松散，成分主要为粉土，土体约占60%~95%，偶见砖瓦块、石子、混凝土块等建筑垃圾及塑料袋、碎布、腐殖质等生活垃圾。

第①层：粉土（Q_3^{al}），浅黄色，稍湿，中密~稍密，摇振反应中等，干强度低，韧性低，无光泽反应，含有蜗牛壳及碎片，偶见铁锈斑块，土体纯净。

第②₁层：粉砂（Q_3^{al}），浅黄色，稍湿，中密，颗粒级配一般，成分主要为长石、石英，含云母，偶见蜗牛壳碎片。该层呈透镜体形式出现。

第②层：粉土（Q_3^{al}），浅黄色，稍湿，稍密~中密，摇振反应中等，干强度低，韧性低，无光泽反应，含有蜗牛壳及碎片，较多菌丝状钙质网纹，可见少量姜石粒和铁锈斑块，局部砂质含量高，局部地段接近粉砂。

第③层：粉质黏土夹粉土（Q_3^{al}），粉质黏土，褐红~黄褐色，硬塑~坚硬，干强度中等，无摇振反应，韧性中等，稍有光泽，含铁、锰质氧化物，较多菌丝状钙质网纹，偶见小姜石；粉土，黄褐色，稍湿，稍密~中密，摇振反应中等，干强度低，韧性低，无光泽反应，含云母片，偶见少量姜石。

第④层：粉质黏土（Q_3^{al}），褐红色，硬塑，干强度中等，无摇振反应，韧性中等，稍有光泽，含铁、锰质氧化物，较多菌丝状钙质网纹，偶见小姜石。

第⑤层：粉质黏土夹粉土（Q_3^{al}），粉质黏土，褐红~黄褐色，硬塑，干强度中等，无摇振反应，韧性中等，稍有光泽，含铁、锰质氧化物，偶见小姜石；粉土，黄褐色，稍湿，稍密~中密，摇振反应中等，干强度低，韧性低，无光泽反应，含云母片，偶见少量姜石。

第⑥层：粉质黏土（Q_3^{al}），褐红色，硬塑~坚硬，干强度中等，无摇振反应，韧性中等，稍有光泽，含铁、锰质氧化物，偶见小姜石。

第⑦层：粉质黏土（Q_3^{al}），褐红色，硬塑~坚硬，干强度中等，无摇振反应，韧性中等，有光泽，含铁、锰质氧化物，较多1~4cm直径姜石，局部姜石富集，局部地段夹有钙质胶结薄层，芯样不连续，取芯率低，呈短柱状，钻进比较困难。

第⑧层：粉质黏土（Q_2^{al+pl}），褐红色，硬塑~坚硬，干强度中等，无摇振反应，韧性中等，有光泽，含铁、锰质氧化物，较多1~4cm直径姜石，局部姜石富集，局部地段夹有钙质胶结薄层，芯样不连续，取芯率低，呈短柱状，钻进比较困难。

第⑨层：粉质黏土（Q_2^{al+pl}），褐红~棕红色，硬塑~坚硬，干强度高，无摇振反应，韧性高，有光泽，含铁、锰质氧化物，钙质条纹、姜石较多。局部地段夹有钙质胶结薄层，芯样不连续，取芯率低，呈短柱状，钻进比较困难。

第⑩层：粉质黏土（Q_2^{al+pl}），褐红~棕红色，硬塑~坚硬，干强度高，无摇振反应，韧性高，有光泽，含铁、锰质氧化物，钙质条纹、姜石较多。局部地段夹有钙质胶结薄层，芯样不连续，取芯率低，呈短柱状，钻进比较困难。

第⑪层：中砂（Q_2^{al+pl}），褐黄色，饱和，密实，颗粒级配一般，成分主要为长石、石英，含云母、蜗牛壳碎片。

第⑫层：粉质黏土（Q_2^{al+pl}），棕红色，硬塑~坚硬，干强度高，无摇振反应，韧性高，有光泽，含铁、锰质氧化物，钙质条纹、姜石较多。局部地段夹有钙质胶结薄层，芯样不连续，取芯率低，呈短柱状，钻进比较困难。

第⑬层：中砂（Q_2^{al+pl}），褐黄色，饱和，密实，颗粒级配一般，成分主要为长石、石英，含云母、蜗牛壳碎片。局部地段夹有钙质胶结薄层，厚度较大的胶结层不连续，取芯率不高，芯样呈 3~10cm 短柱状，钻进比较困难。

第⑬$_1$层：粉质黏土（Q_2^{al+pl}），棕红色，硬塑~坚硬，干强度高，无摇振反应，韧性高，有光泽，含铁、锰质氧化物，钙质条纹、姜石较多，钻探未揭穿该层。

场地地层厚度及层底标高统计见表 3.9。

场地地层厚度及层底标高统计 表 3.9

层号	厚度（m）			层底深度（m）			层底标高（m）		
	最小值	最大值	平均值	最小值	最大值	平均值	最小值	最大值	平均值
⓪$_1$	0.60	30.00	12.36	0.60	30.00	14.14	122.40	151.88	137.16
⓪$_2$	2.00	25.50	12.78	2.00	27.50	15.02	124.19	148.70	135.04
⓪$_3$	1.10	16.00	6.48	1.20	28.70	19.03	123.00	148.91	132.32
⑦	1.50	11.00	5.93	27.50	34.00	31.32	116.44	123.04	119.84
⑧	5.20	10.50	8.32	35.00	43.00	39.77	108.23	116.04	111.46
⑨	7.40	13.00	9.69	44.00	53.00	49.56	97.77	106.04	101.78
⑩	5.90	17.00	13.02	58.40	67.00	62.68	84.85	94.28	88.73
⑪	1.00	14.30	3.74	60.40	76.00	65.02	73.70	92.80	85.87
⑫	7.00	12.00	9.40	69.20	76.00	72.57	75.72	83.48	78.85

本次试验区选择在杂填土厚度约30m处，桩身所在土层为杂填土、⑦层、⑧层、⑨层，钻孔灌注桩桩侧阻力极限值见表 3.10。

钻孔灌注桩桩侧阻力极限值 表 3.10

层号	⑦	⑧	⑨	⑩	⑪	⑫
q_{sia}(kPa)	70	68	70	72	82	72
q_{pa}(kPa)	550	550	600	600	700	600

场地勘测期间初见水位位于地面下 30m 左右，实测稳定水位埋深为现地面下 32m 左右。

工程桩基所在土层上部存在杂填土，且厚度较厚，最深处超过 30m，基础埋深约 10m，对桩侧阻力的准确测量和取值具有挑战性。

（1）设置两组不同尺寸的根固混凝土灌注桩，采用隔离法进行单桩静载荷试验，确定单桩承载力，进行计算经济性比较。

（2）利用设置在桩身的钢筋应力计、分布式光纤，测定杂填土以下各土层的桩侧摩阻力和选定持力层的桩端阻力，研究桩侧阻力和桩端阻力的发挥情况，为桩侧阻力和桩端阻力的确定提供设计依据。

（3）采用声波透射法检测桩身质量。

3.4.1.2 试桩设计

试桩设计为桩Ⅰ、桩Ⅱ，土层剖面如图 3.11 所示，具体参数见表 3.11。

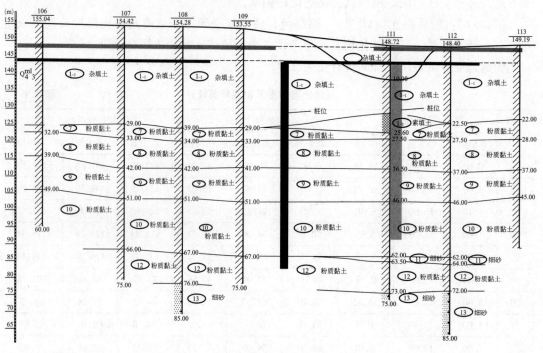

图 3.11 土层剖面

试验桩参数   表 3.11

试桩编号		桩径（mm）	预计最大加载量（kN）	有效桩长（m）
桩Ⅰ	1	1000	16000	45
	2	1000	16000	45
	3	1000	16000	45
桩Ⅱ	4	800	14000	53.5
	5	800	14000	53.5
	6	800	14000	53.5

桩身应变监测采用分布式光纤与传统压力、应变计结合的方法。光纤既作为传感器，又作为传输介质，其结构简单，可维护性好，可靠性高。

光纤铺设工作采用和钢筋笼的施工、吊装同步进行，采用全面一维布设。总体来说，光纤铺设以钢筋笼主筋为载体，固定于其上，且保障光纤沿主筋方向平顺。为避免在浇注混凝土过程中对光纤直接冲撞，光纤沿主筋内侧边进行铺设，尽量保持光纤挺直。为避免光纤在混凝土中折断,本次测试中对光纤进行了特殊封装。结果表明,封装后的光纤在其传感性质未受影响的前提下,其抗拉、抗折、抗冲击及防火花能力大为提高。

为了消除桩身在扩径及偏心荷载条件下同一水平面上不同侧面产生的差异应变,本试验采用沿钢筋笼中心对称的两根相对主筋上铺设红、黑两组自校核传感光纤,并且每组自校核光纤中间相连段沿底部用加强筋平滑过渡,形成"U"字形回路,两端都可进行测试,起到对比、备份作用。光纤在出孔口段用金属波纹管保护出口,防止桩头制作及后期埋土过程中折断,波纹管利用设定的标志定位。光纤铺设见图 3.12、图 3.13。

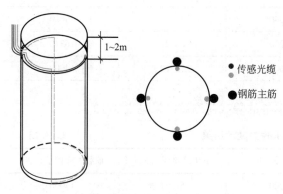

图 3.12 光纤铺设工艺

图 3.13 钢筋笼底部光纤铺设

3.4.1.3 试桩施工

施工时上部填土采用人工挖孔、下部采用旋挖钻机成孔,注浆采用仅桩端注浆方法。后注浆施工要求:

(1)采用环形注浆装置,利用声测管作底注浆管,声测管布置 3 根,呈等边三角形,一般为 $\phi50$ 钢管,顶端高出地面 500mm,并用堵头封严,防止泥浆等杂物进入。超声波检测后进行桩端注浆。

(2)注浆量不小于 2.5t,注浆压力不小于 3.5MPa。水灰比为 0.55~0.65。

(3)后注浆注浆压力和注浆量双控的措施要求。

当满足下列条件之一时可终止注浆:

(1)注浆总量和注浆压力均达到设计要求。

(2)注浆量达到设计值,但注浆压力没有达到设计值。此时改为间歇注浆,再注设计值 30% 的水泥浆为止。

(3)注浆压力超过设计值,此时需保证注浆量不低于设计值的 80%。

3.4.1.4 杂填土隔离方法与装置

本工程单桩竖向承载力大,桩径大,桩身长;地质情况较复杂,上层杂填土较厚,孔壁稳定性受到影响,拟采用一种隔离桩土接触的钻孔灌注桩双套管进行护壁,该双套管布置在试桩开挖面到杂填土底面需进行桩土隔离的桩身范围,实现桩土分离。

为解决上述技术问题,设计了一种隔离桩土接触的钻孔灌注桩双套管,外套管同轴套在内套管外，并留有间隙，内套管内径不小于钻孔灌注桩桩身的直径，内套管垂直同轴套贴在钻孔灌注桩桩身上，外套管的管底标高应低于杂填土底面标高。

3.4.2 试验结果与分析

3.4.2.1 单桩竖向抗压静载荷试验结果

（1）桩径 1000mm、桩长 45m 的 3 根单桩的静载荷测试结果见表 3.12。

桩 I 单桩承载力试验结果 表 3.12

桩号	荷载分级（kN）	最大加载（kN）	最大沉降量（mm）	承载力极限值（kN）
1	860	16340	41.24	15480
2	860	17200	63.26	16340
3	860	14000	15.29	14000

（2）桩径 800mm，桩长 53.5m 的 3 根单桩的静载荷测试结果见表 3.13。

桩 II 单桩承载力试验结果 表 3.13

桩号	荷载分级（kN）	最大加载（kN）	最大沉降量（mm）	承载力极限值（kN）
4	700	14700	61.31	14000
5	700	11000	17.06	11000
6	700	10000	21.41	10000

典型静载荷试验曲线如图 3.14~图 3.16 所示。

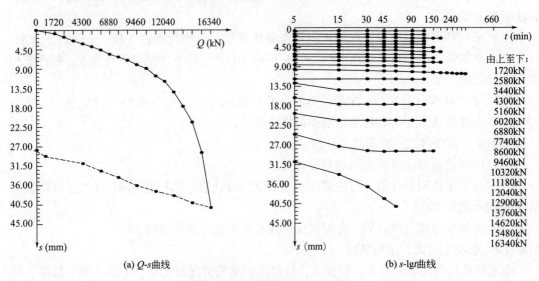

(a) Q-s 曲线   (b) s-$\lg t$ 曲线

图 3.14 1 号桩静载荷试验曲线

各级荷载作用下桩身轴力及分布如表 3.14~表 3.19、图 3.17~图 3.22 所示。

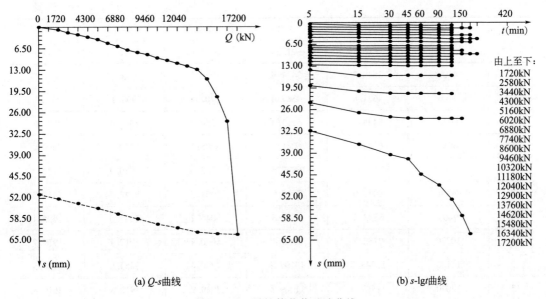

图 3.15 2 号桩静载荷试验曲线

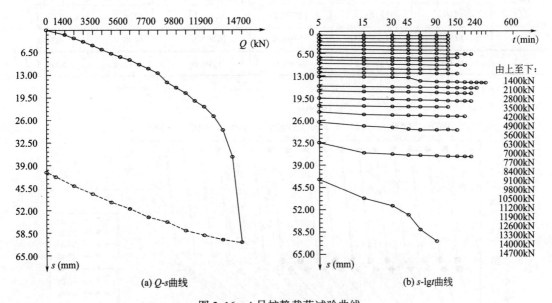

图 3.16 4 号桩静载荷试验曲线

1 号桩（桩径 1000mm，桩长 45m）分级荷载作用下桩身轴力（kN）　表 3.14

序号 \ 截面	1-1	2-2	3-3	4-4	5-5	6-6
	−1.5m	−20m	−21.5m	−31m	−41m	−44m
1	1720	1117.7	1017.7	264.2	127.3	97.9
2	2580	2001.6	1821.4	910.4	431.9	326.0
3	3440	2802.0	2617.1	1373.5	424.9	259.5

续表

截面 序号	1-1 -1.5m	2-2 -20m	3-3 -21.5m	4-4 -31m	5-5 -41m	6-6 -44m
4	4300	3649.4	3434.4	1980.2	675.2	406.4
5	5160	4621.8	4387.4	2707.4	960.3	614.2
6	6020	5434.7	5193.3	3356.9	1308.4	878.1
7	6880	6308.5	6041.4	3995.9	1620.5	965.4
8	7740	7187.4	6897.5	4733.6	1930.9	1123.9
9	8600	8037.9	7715.0	5351.3	2342.5	1412.3
10	9460	8893.5	8537.8	6045.2	2637.0	1655.4
11	10320	9782.7	9362.4	6640.4	3012.4	1917.7
12	11180	10643.7	10197.3	7250.4	3364.6	2146.5
13	12040	11467.3	11009.3	7949.9	3912.8	2619.8
14	12900	12328.5	11884.7	8739.1	4492.3	3189.7
15	13760	13168.4	12720.2	9519.2	5274.5	3901.5
16	14620	14035.3	13590.8	10362.9	6136.4	4624.1
17	15480	14902.2	14463.0	11296.6	7112.2	5558.3

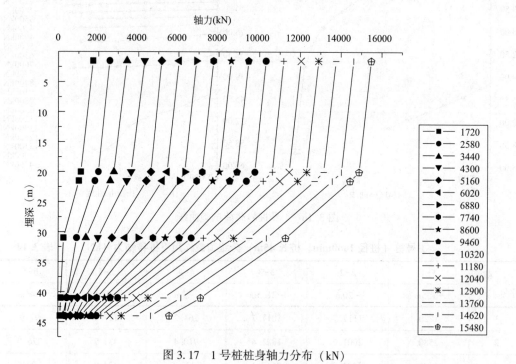

图 3.17 1 号桩桩身轴力分布（kN）

2 号桩（桩径 1000mm，桩长 45m）分级荷载作用下桩身轴力（kN）　　表 3.15

截面 序号	1-1 −1.5m	2-2 −20m	3-3 −21.5m	4-4 −31m	5-5 −41m	6-6 −44m
1	1720	932.5	849.8	604.0	460.8	430.3
2	2580	1687.6	1536.2	1052.6	640.7	576.8
3	3440	2450.9	2251.4	1401.0	756.0	613.5
4	4300	3364.9	3134.3	2067.6	909.2	681.1
5	5160	4204.8	3943.6	2489.1	964.3	696.8
6	6020	5074.9	4777.0	3187.4	1389.4	1016.1
7	6880	5935.5	5605.0	3821.8	1669.6	1201.7
8	7740	6794.9	6449.4	4457.0	2064.0	1540.0
9	8600	7645.4	7285.3	5132.8	2541.3	1886.4
10	9460	8530.6	8157.5	5790.2	2997.2	2260.4
11	10320	9390.6	9006.5	6405.0	3380.0	2518.0
12	11180	10250.6	9866.5	7018.0	3714.4	2723.5
13	12040	11091.7	10701.9	7588.3	4060.2	2964.2
14	12900	11951.7	11561.9	8293.4	4570.3	3358.1
15	13760	12811.7	12416.1	8948.9	5035.9	3730.6
16	14620	13711.9	13316.3	9720.6	5746.3	4374.7
17	15480	14571.9	14176.3	10466.6	6430.5	5005.9
18	16340	15431.9	15036.3	11237.1	7161.4	5729.6

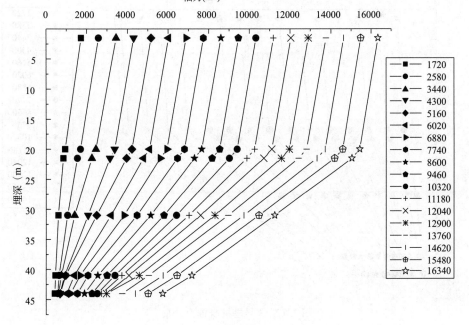

图 3.18　2 号桩桩身轴力分布

3号桩（桩径1000mm，桩长45m）分级荷载作用下桩身轴力（kN）　　表3.16

序号 \ 截面	1-1 −1.5m	2-2 −20m	3-3 −21.5m	4-4 −31m	5-5 −41m	6-6 −44m
1	1720	1433.0	1361.4	876.9	650.5	596.3
2	2580	2171.8	2045.8	1247.9	728.5	612.5
3	3440	2992.9	2845.6	1944.5	1215.7	1039.1
4	4300	3810.2	3627.6	2563.6	1553.8	1279.1
5	5160	4670.2	4460.1	3147.6	1888.5	1538.0
6	6020	5530.2	5284.5	3789.4	2233.2	1794.8
7	6880	6390.2	6108.6	4355.8	2573.5	2035.5
8	7740	7300.4	6985.9	4905.8	2921.0	2304.2
9	8600	8160.4	7805.5	5563.4	3359.5	2669.8
10	9460	9020.4	8644.5	6130.5	3689.4	2914.6
11	10320	9880.4	9492.7	6805.9	4095.8	3205.0
12	11180	10840.9	10442.6	7590.0	4571.8	3561.5
13	12040	11700.9	11292.2	8334.9	5116.4	4018.9
14	12900	12560.9	12144.0	9065.6	5651.2	4506.3
15	13760	13420.9	13001.1	9848.1	6293.3	5119.9
16	14000	13660.9	13241.1	10079.1	6448.0	5274.7

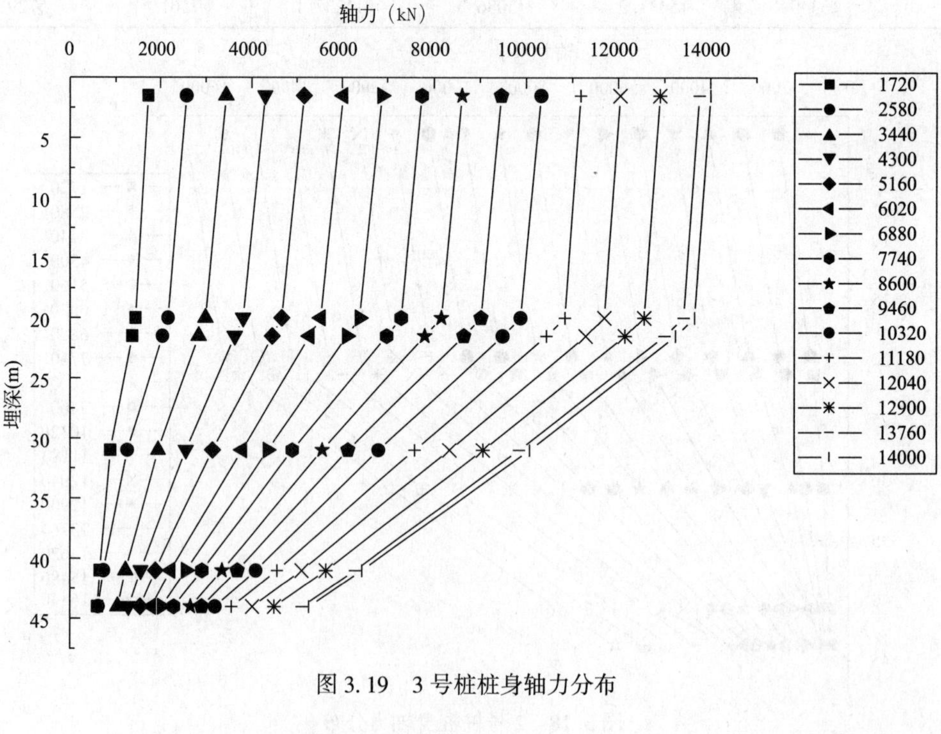

图3.19　3号桩桩身轴力分布

4 号桩（桩径 800mm，桩长 53.5m）分级荷载作用下桩身轴力（kN） 表 3.17

截面 序号	1-1 −1.5m	2-2 −20m	3-3 −21.5m	4-4 −31m	5-5 −41m	6-6 −52.5m
1	1400	1021.2	952.0	636.7	353.9	142.7
2	2100	1589.6	1498.3	1041.3	609.0	213.8
3	2800	2234.8	2126.5	1506.0	999.8	521.5
4	3500	2840.9	2708.4	1868.1	1196.2	582.6
5	4200	3540.9	3393.1	2388.4	1628.3	797.7
6	4900	4240.9	4064.7	2905.9	1985.7	928.7
7	5600	4940.9	4747.8	3345.8	2228.0	1036.0
8	6300	5621.8	5399.6	3795.7	2551.7	1113.7
9	7000	6321.8	6091.5	4216.7	2791.1	1225.1
10	7700	7021.8	6775.3	4765.7	3152.7	1383.3
11	8400	7721.8	7462.7	5312.6	3523.3	1407.5
12	9100	8462.0	8197.2	5972.1	3965.3	1609.2
13	9800	9162.0	8885.0	6603.6	4424.4	1831.7
14	10500	9862.0	9579.0	7259.4	4918.0	2129.1
15	11200	10572.0	10273.4	7916.9	5477.8	2552.8
16	11900	11272.0	10959.3	8602.7	6077.1	2968.8
17	12600	11972.0	11649.4	9286.8	6710.5	3526.2
18	13300	12646.9	12324.3	9961.7	7332.2	4080.5
19	14000	13346.9	13015.3	10652.8	8000.1	4659.8

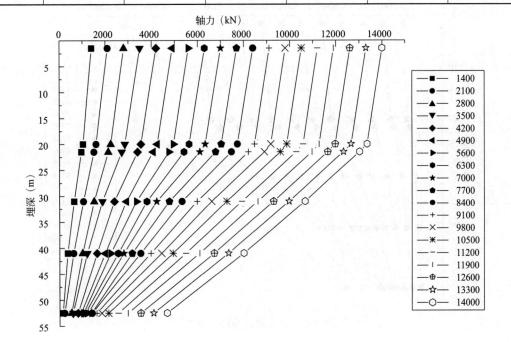

图 3.20 4 号桩桩身轴力分布

5 号桩（桩径 800mm，桩长 53.5m）分级荷载作用下桩身轴力（kN） 　　表 3.18

截面 序号	1-1 −1.5m	2-2 −20m	3-3 −21.5m	4-4 −31m	5-5 −41m	6-6 −52.5m
1	1400	1236.2	1167.8	958.7	853.0	790.9
2	2100	1823.2	1729.4	1439.4	1261.1	1098.2
3	2800	2490.5	2372.8	1951.6	1669.0	1375.5
4	3500	3190.5	3050.1	2471.2	2049.7	1637.7
5	4200	3890.5	3726.4	2949.4	2338.5	1725.2
6	4900	4590.5	4404.9	3453.4	2668.4	1836.7
7	5600	5273.4	5060.4	3934.3	2955.6	1888.5
8	6300	5973.4	5737.0	4378.2	3203.1	1917.3
9	7000	6673.4	6414.4	4952.2	3560.1	2079.3
10	7700	7358.4	7081.3	5436.3	3809.8	2112.6
11	8400	8058.4	7766.0	5959.7	4059.9	2188.5
12	9100	8758.4	8459.8	6463.8	4348.4	2291.3
13	10000	9658.4	9351.3	7281.1	5026.3	2768.4
14	11000	10658.4	10344.5	8167.9	5775.4	3390.4

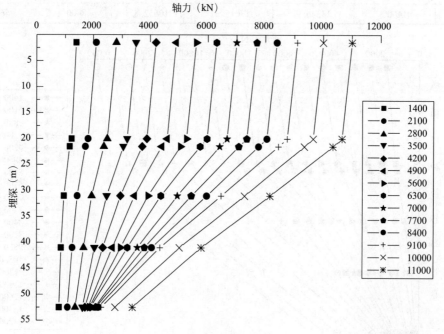

图 3.21　5 号桩桩身轴力分布

6 号桩（桩径 800mm，桩长 53.5m）分级荷载作用下桩身轴力（kN） 表 3.19

截面 序号	1-1 -1.5m	2-2 -20m	3-3 -21.5m	4-4 -31m	5-5 -41m	6-6 -52.5m
1	1400	1181.5	1071.0	730.7	533.5	381.5
2	2100	1786.5	1657.2	1221.7	954.4	681.4
3	2800	2438.3	2289.2	1768.7	1410.0	1009.9
4	3500	3138.3	2975.3	2316.1	1813.5	1269.5
5	4200	3838.3	3654.4	2901.8	2229.8	1489.1
6	4900	4518.2	4309.2	3405.0	2569.5	1667.6
7	5600	5218.2	4991.3	3960.1	2957.6	1837.9
8	6300	5918.2	5675.9	4442.6	3297.2	2061.1
9	7000	6573.0	6310.0	4907.1	3568.7	2116.2
10	7700	7273.0	6984.9	5445.2	3880.7	2269.9
11	8400	7973.0	7670.0	6005.3	4267.2	2500.4
12	9100	8673.0	8359.3	6586.5	4668.8	2725.5
13	10000	9573.0	9249.8	7337.1	5221.8	3090.7

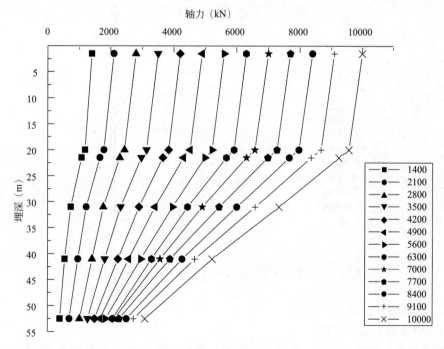

图 3.22 6 号桩桩身轴力分布

3.4.2.2 光纤测试结果

光纤监测桩身微应变分布式光纤监测结果如图 3.23、图 3.24 所示。

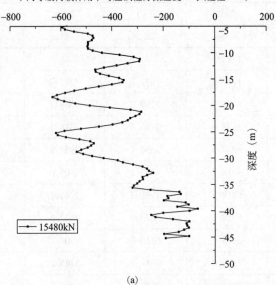

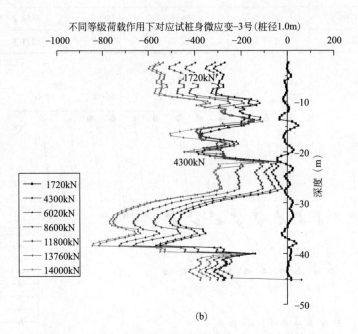

图 3.23 1 号、3 号桩桩身微应变分布式光纤监测结果

3.4.2.3 试验结果分析

1）单桩承载力结果比较

以加载到极限荷载的 1 号、2 号、4 号桩测试数据作为有效试验成果进行计算，有效桩长单桩承载力计算结果见表 3.20。可知，桩 Ⅰ（1 号、2 号桩）承载力特征值最小可取为 7425kN；桩 Ⅱ（4 号桩）承载力特征值最大可取为 6560kN；单桩承载力桩 Ⅰ 比桩 Ⅱ 高出 13%。

不同等级荷载作用下对应试桩身微应变-4号(桩径0.8m)

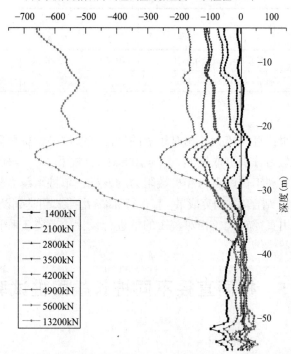

图 3.24 4 号桩桩身微应变分布式光纤监测结果

有效桩长单桩承载力计算结果　　　　表 3.20

桩号	直径 （mm）	桩长 （mm）	荷载分级 （kN）	最大加载 （kN）	沉降量（mm）		试验承载力 极限值（kN）	有效桩长 承载力（kN）
					最大值	极限值		
1	1000	45	860	16340	41.24	28.46	15480	14850
2	1000	45	860	17200	63.26	28.81	16340	15360
4	800	53	700	14700	61.31	36.68	14000	13120

2）桩侧阻力与桩端阻力结果比较

根据桩身应变、应力监测结果，采用理论方法可以计算出桩侧阻力与桩端阻力值，结果见表 3.21。

桩侧阻力与桩端阻力分析结果与取值　　　　表 3.21

土层		桩号			建议值	
		1	2	4	桩Ⅰ	桩Ⅱ
桩侧阻力（kPa）	杂填土（护筒）	9.94	15.62	17.5	—	—
	⑦粉质黏土	93.2	83.95	92.5	93	90
	⑧粉质黏土	106.09	127.3		106	95
	⑨粉质黏土	133.19	129.73	131.3	133	131
	⑩粉质黏土	164.87	151.92	115.57	164	115

续表

土层		桩号			建议值	
		1	2	4	桩 I	桩 II
桩端阻力（kPa）	桩 I（$D=1m$、$l=45m$）	7077.03	7295.14	—	7000	
	桩 II（$D=0.8m$、$l=53m$）	—	—	5968.3		6000

试验结论：

本次试验结果表明，直径较大、相对较短的后注浆灌注桩，桩侧阻力普遍大于直径较小、较长的桩，桩端阻力分别可取桩 I：$q_{p1}=7000kPa$，桩 II：$q_{p2}=6000kPa$。桩身刚度较大的后注浆灌注桩更有利于桩侧阻力和桩端阻力的发挥，单桩承载力较大。

根据本次试验结果，结合以往研究成果，仅进行桩端后注浆即可达到设计预期的技术效果。

最终整个小区采用直径较大、相对较短的桩进行设计，节省工程造价超过 8000 万元，取得了良好的经济效益。

3.5 相同直径不同桩长根固桩试验

3.5.1 试验概述

3.5.1.1 工程概况

试验工程场地位于郑州市郑东新区龙湖金融中心外环，建筑主楼高度为 100m，地上 22~24 层，地下 4 层，地下室底板面建筑标高−19.0m。主楼采用框架核心筒结构形式，裙房采用框架结构形式，主楼柱网间距约 11.5m，裙房及地下室主要柱网为 8.7m×8.7m。主楼部分柱底最大荷载约 43000kN，裙房部分最大柱底荷载约 11000kN。为满足上部结构荷载，主楼及裙房部分的桩基均使用后注浆灌注桩方案。

3.5.1.2 地质条件

场地地面多为耕地、果林和鱼塘，除局部鱼塘、抽沙坑、水沟地形相对起伏较大外，其余场地地形相对平坦。总体地势呈南高北低，地面高程变化在 73.30~87.80m，局部抽沙坑最大相对高差约 14.50m。土层大部分为中、粗砂层，施工难度大，浆液流失快，易塌孔。场地 100.0m 深度内地层按其成因类型、岩性及工程地质特性，工程地质单元层划分如下：

第①层（Q_4^{ml}）：杂填土，杂色，稍湿，稍密，以细砂为主，含有碎砖块、灰渣等建筑垃圾。场地内该层局部较厚。

第②层（Q_4^{al}）：细砂，黄褐色，稍湿~湿，松散~稍密，矿物成分以长石、石英为主，含少量云母等暗色矿物，见少量蜗牛碎片，砂质不纯，局部渐变为粉土。场地内该层分布不稳定，组团 6 地块钻孔缺失该层。

第③层（Q_4^{al}）：细砂，黄褐色，稍湿，稍密~中密，矿物成分以长石、石英为主，含少量云母等暗色矿物，见少量蜗牛碎片，砂质不纯，局部渐变为粉土。场地内该层分布不稳定，部分钻孔缺失该层。

第④层（Q_4^{al}）：细砂，褐黄色~灰褐色，稍湿~湿，中密~密实，砂质较纯，矿物成分以长石、石英为主,含少量云母等暗色矿物,见少量蜗牛碎片,局部夹有少量粉土。场地内该层分布不稳定,组团6地块钻孔缺失该层。

第⑥层(Q_4^{al}):细砂,褐黄色~灰黄色,饱和,中密~密实,砂质较纯,分选性较好,矿物成分以长石、石英为主,局部夹有粉土、细砂或细砂薄层。场地内该层分布稳定。

第⑥$_1$层(Q_4^{al}):粉质黏土,黄褐色~浅灰色,可塑,土质不均匀,局部夹有粉土团块。场地内该层分布不稳定。

第⑦层(Q_4^{al}):细砂,褐黄色~灰黄色,饱和,密实,矿物成分以长石、石英为主,含少量云母等暗色矿物,该层底部局部地段夹有砂质胶结及粉质黏土薄层。场地内该层分布稳定。

第⑧层(Q_4^{al}):细砂,褐黄色,饱和,密实,砂质较纯,分选性较好,矿物成分以长石、石英为主,局部夹有粉土、细砂薄层。场地内该层分布稳定。

第⑨层(Q_3^{al+pl}):粉质黏土,褐黄色~黄褐色,可塑~硬塑,切面稍有光泽,含铁锰质氧化物,见锈黄色斑块及灰绿色斑块,含少量直径1~3cm的钙质结核。

第⑩层(Q_3^{al+pl}):细砂,褐黄色,饱和,中密~密实,砂质较纯,分选性较好,矿物成分以长石、石英为主,局部夹有粉土薄层。场地内该层分布不稳定,主要分布在组团1、组团2和组团4地块。

第⑪层(Q_3^{al+pl}):粉质黏土,黄褐色,可塑~硬塑,土质均匀,切面稍有光泽,含铁锰质浸染及锈黄色斑块,见少量灰绿色斑块,见少量钙质结核,直径0.2~2cm。场地内该层分布较稳定。

第⑫层(Q_3^{al+pl}):粉土,棕褐色~褐红色,湿,密实,含铁锰质浸染及锈黄色斑块,含较多直径2~7cm钙质结核,该层中夹粉质黏土或黏土薄层。

工程地质剖面如图3.25所示。土层参数如表3.22所示。

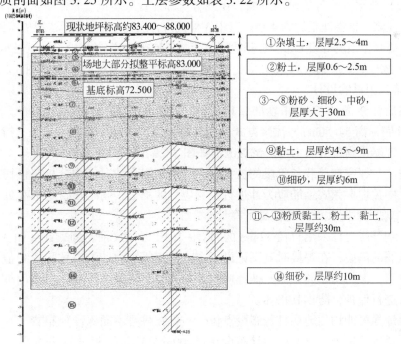

图3.25 工程地质剖面

土层参数 表 3.22

层号	地层信息	极限侧阻力标准值(kPa)	极限端阻力标准值(kPa)
④	细砂	56	—
⑥	细砂	64	—
⑥₁	粉质黏土	64	—
⑦	细砂	75	1100
⑧	细砂	80	1300
⑨	粉质黏土	65	1000
⑩	细砂	80	1500
⑪	粉质黏土	68	1200
⑫	粉土	70	1100

3.5.2 试验设计与施工

为了探究不同桩长后注浆灌注桩的承载力性状，现场共进行两组不同桩长的后注浆灌注桩试桩试验，两组试桩试验分述如下。

3.5.2.1 第一组试验设计

第一组后注浆灌注桩试桩数量 6 根，桩径 800mm，桩长为 30.5m，其中下部实际有效桩长 18m（场地整平标高 85.00m，工程桩桩顶标高 72.50m，桩底标高 54.50m）。为了减少上部 12.5m 范围内非有效段的影响，在桩身上部设置双层钢套管装置进行隔离。注浆方式采用桩端注浆，桩端注浆量为 4.0t。其中 3 根桩持力层为⑧细砂层，3 根桩持力层为⑥₁粉土层。桩身混凝土强度等级 C40。桩基检测配套施工抗拔锚桩 16 根。设计试桩承载力特征值为 5500kN，试桩最大加载量为 12000kN。试桩剖面与平面布置如图 3.26、图 3.27 所示。

3.5.2.2 第二组试验设计

第二组后注浆灌注桩试桩数量 3 根，桩径 800mm，桩长为 28.0m（场地整平标高 82.50m，桩底标高 54.50m）。注浆方式采用桩端注浆，桩端注浆量为 4.0t。持力层为⑧细砂层，桩身混凝土强度等级 C40。试桩剖面如图 3.28 所示。

为了进一步探究在荷载各阶段的桩身轴力与桩侧阻力情况，为分析提供精确可靠的数据，在施工中预埋振弦式钢筋应力计进行桩身应力的测量，同时在指定标高处设置沉降杆（图 3.29），观测不同截面处的桩身沉降量。

试验中钢筋应力计采用直径 32mm 的 GXR-1010 振弦式钢筋测力计（图 3.30），焊接在钢筋笼纵筋的侧面，在焊接时分别记录每个点位钢筋应力计的编号及其 K 值，焊接完成后及时记录第一次的初始频率值。捆扎应力计的线缆，将线缆另外一段拉出桩头，并在桩头安装钢管进行保护，防止其损坏。

为了保证尽可能均匀地在桩身布设点位，一共在桩身不同深度处布置了 6 组钢筋应力计。为了测量桩顶轴力，首个应力计布设在±0.00m 处；为了测量桩端轴力，末个应力计

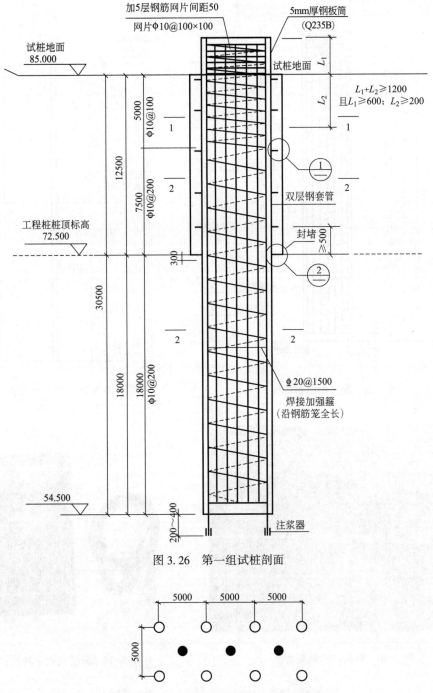

图 3.26 第一组试桩剖面

图 3.27 第一组抗压试桩及锚桩平面布置

布设在桩端上 1m 处。为了降低误差，每个深度截面采用对称方式布设 3 个应力计。采用 608A 型振弦式频率测读仪进行频率数据的读取，如图 3.31 所示。钢筋应力计布设情况如表 3.23 所示。

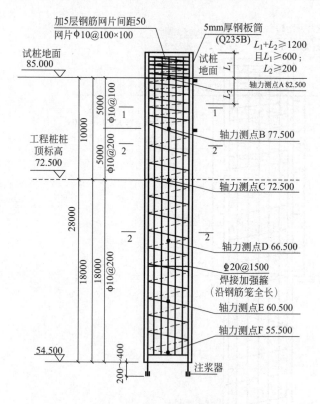

图 3.28 第二组试桩剖面

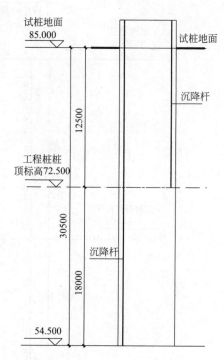

图 3.29 沉降杆布置

图 3.30 振弦式钢筋测力计

图 3.31 振弦式频率测读仪

钢筋应力计布设情况 表 3.23

截面	相对试验埋深(m)	绝对标高(m)	传感器数量	备注
1	0.00	82.50	4	施工地面标高
2	−5.00	77.50	3	

续表

截面	相对试验埋深（m）	绝对标高（m）	传感器数量	备注
3	-10.00	72.50	3	工程桩桩顶标高
4	-16.00	66.50	3	
5	-22.00	60.50	3	
6	-27.00	55.50	3	桩端以上1m处

为了测量工程桩桩顶标高处和桩底处的桩身沉降量，采用沉降杆观测指定界面位置处的桩身沉降量，分别在72.5m处和54.5m处设置沉降测试断面。在桩身两侧布置两根沉降杆。沉降杆外侧套钢管保护，沉降杆底部与钢管焊接在底盘上，底盘应与标定截面处的钢筋笼焊接。

3.5.2.3 灌注桩施工

后注浆桩施工流程如图3.32所示。

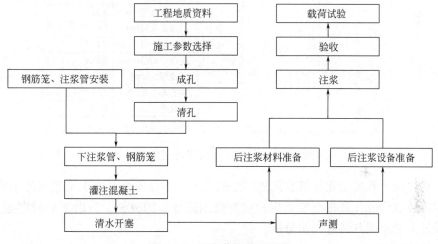

图3.32　后注浆桩施工流程

为了消除全孔的孔径变化以及清孔后的沉渣厚度对桩侧阻力的影响，为分析提供准确可靠的数据，采用JJC-1E成孔检测系统进行灌注桩成孔质量的测量。

进行孔径测量时，仪器上四个机械臂弹开紧贴孔壁。将仪器从空口开始逐渐向孔底下放的过程中，机械臂随孔径的变化发生收缩，引发固定在机械臂内的电阻值发生变化，通过测量在下放过程中电位差的改变量可以记录下该点的孔径值。与自动记录仪配合记录数据后，即可获取全孔孔径变化的连续曲线（图3.33）。

利用电阻率法进行沉渣厚度测量时，沉淀在桩底的沉渣与悬浮在泥浆中颗粒的电性存在显著差异，利用棒状梯度微电极系，将其插入孔内原始地层中，测量出原始地层、桩底沉渣、泥浆间电性的区别，在沉渣截面上电阻率相对于泥浆中会发生畸变。通过分析在不同深度下电阻率的差异，可以判断出不同深度下介质的属性，计算出桩底沉渣的厚度。

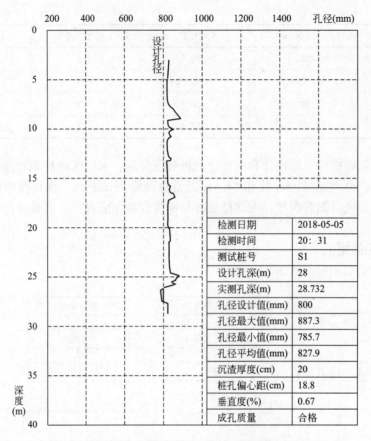

图 3.33 SZ2-1孔径随深度变化曲线

通过对孔深、孔径变化和桩底沉渣厚度的检测，不仅能够对施工工艺和施工质量进行严格把控，还能将成孔数据与实测应力应变数据进行协同分析，有助于对局部应力突变、桩底沉降过大等原因开展进一步分析。

3.5.2.4 桩端注浆

注浆材料为 42.5 级普通硅酸盐水泥；调配水泥浆液时，严格控制浆液水灰比为 0.6（质量比），此时相对密度为 1.72，现场同步配备比重计检测；水泥加入浆液池充分搅拌后，通过滤网（网眼应不大于 3mm）进行注浆，防止杂质堵塞注浆管或注浆器，影响注浆效果。浆液随用随制备，放置时间不超过 4h，搅拌时间不少于 5min。注浆布设如图 3.34 所示。

注浆过程中，使用检测设备严格控制浆液流速、注浆压力和注浆总量，保证注浆过程中浆液流速不大于 40L/min，注浆压力不大于 4MPa（图 3.35~图 3.40）。

后注浆注浆量的质量控制要求同时对注浆量与注浆压力进行控制，主要以浆液注入量为主要条件，终时注浆压力为辅助控制标准。当满足以下条件之一时，可以终止注浆：

（1）把单桩注入水泥浆总量达到设计值作为注浆终止的主要条件；

（2）若第一根注浆管无法达到设计要求，则需要使用第二根注浆管继续进行注浆工作；若第二根注浆管仍无法达到设计要求，可采取间歇注浆方式进行注浆直至注浆量达到设计要求；若实行多次间歇注浆后注浆量仍不满足设计要求，注浆压力能够稳定在8MPa以上并持续3min，可以终止注浆，但需要在桩附近采取补救措施；

（3）若注浆过程中注浆量达到设计要求，而注浆压力未达到设计值时，采用间歇注浆方式进行注浆，间歇时间为30~60min；

（4）若桩顶出现泥浆上返现象，可暂停一段时间后采取间歇注浆方式继续注浆，直至累计注浆量达到设计要求可终止注浆。

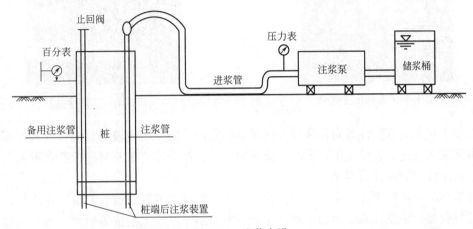

图 3.34 注浆布设

图 3.35 桩端注浆阀

图 3.36 注浆量与注浆压力监测设备

图 3.37 注浆装置

图 3.38 泥浆制备

图 3.39 泥浆比重试验

图 3.40 注浆过程

　　在整个施工过程中注意对注浆管及注浆器的保护，防止出现破裂、损坏或者堵塞的情况导致注浆无法达到设计要求；混凝土浇注完成后，按设计要求及时进行清水劈裂与注浆工作，防止注浆管或注浆器堵塞。

　　注浆前应使用比重计对水泥浆进行比重检测，保证浆液符合设计要求。在注浆过程中严密监视仪器，注意注浆压力的控制，注浆压力要小于桩向上的抗拔阻力，否则会使桩产生向上位移；并且注浆压力要尽可能地减少对桩身混凝土的破坏。

3.5.3 单桩静载试验结果

3.5.3.1 第一组试验结果

　　六根试桩的竖向静载试验数据记录如表 3.24~表 3.29 所示。

SZ1-1 竖向静载试验汇总　　　　　　表 3.24

序号	荷载 （kN）	历时（min）		沉降（mm）	
		本级	累计	本次	累计
0	0	0	0	0	0
1	2400	120	120	2.68	2.68
2	3600	180	300	1.40	4.08
3	4800	150	450	1.45	5.53
4	6000	210	660	1.55	7.08
5	7200	150	810	2.06	9.14
6	8400	120	930	3.16	12.30
7	9600	120	1050	2.10	14.40
8	10800	150	1200	2.25	16.65
9	12000	180	1380	2.82	19.47
10	13200	270	1650	3.44	22.91

续表

序号	荷载 (kN)	历时(min)		沉降(mm)	
		本级	累计	本次	累计
11	14400	210	1860	3.61	26.52
12	15600	330	2190	6.90	33.42
13	16800	45	2235	40.62	74.04
14	14400	60	2295	−1.52	72.52
15	12000	60	2355	−1.87	70.65
16	9600	60	2415	−1.76	68.89
17	7200	60	2475	−2.73	66.16
18	4800	60	2535	−3.49	62.67
19	2400	60	2595	−3.80	58.87
20	0	180	2775	−4.25	54.62
最大沉降量:74.04mm		最大回弹量:19.42mm		回弹率:26.2%	

SZ1-2 竖向静载试验汇总   表 3.25

序号	荷载 (kN)	历时(min)		沉降(mm)	
		本级	累计	本次	累计
0	0	0	0	0	0
1	2400	150	150	2.36	2.36
2	3600	180	330	1.66	4.02
3	4800	180	510	1.47	5.49
4	6000	150	660	1.80	7.29
5	7200	120	780	1.84	9.13
6	8400	150	930	1.87	11.00
7	9600	150	1080	2.94	13.94
8	10800	150	1230	2.99	16.93
9	12000	120	1350	1.77	18.70
10	13200	150	1500	2.60	21.30
11	10800	60	1560	−1.17	20.13
12	8400	60	1620	−1.33	18.80
13	6000	60	1680	−2.35	16.45
14	3600	60	1740	−2.52	13.93
15	1200	60	1800	−1.70	12.23
16	0	180	1980	−0.78	11.45
最大沉降量:21.30mm		最大回弹量:9.85mm		回弹率:46.2%	

SZ1-3 竖向静载试验汇总 表 3.26

序号	荷载 (kN)	历时(min)		沉降(mm)	
		本级	累计	本次	累计
0	0	0	0	0	0
1	2400	120	120	2.53	2.53
2	3600	180	300	1.77	4.30
3	4800	120	420	1.78	6.08
4	6000	120	540	1.88	7.96
5	7200	330	870	2.91	10.87
6	8400	150	1020	2.06	12.93
7	9600	150	1170	3.27	16.20
8	10800	120	1290	2.12	18.32
9	12000	120	1410	1.75	20.07
10	13200	150	1560	2.25	22.32
11	10800	60	1620	-0.27	22.05
12	8400	60	1680	-1.29	20.76
13	6000	60	1740	-1.90	18.86
14	3600	60	1800	-3.28	15.58
15	1200	60	1860	-1.87	13.71
16	0	180	2040	-1.15	12.56
最大沉降量:22.32mm			最大回弹量:9.76mm		回弹率:43.7%

SZ1-4 竖向静载试验汇总 表 3.27

序号	荷载 (kN)	历时(min)		沉降(mm)	
		本级	累计	本次	累计
0	0	0	0	0	0
1	2400	150	150	2.09	2.09
2	3600	120	270	1.47	3.56
3	4800	120	390	1.70	5.26
4	6000	150	540	1.91	7.17
5	7200	180	720	1.81	8.98
6	8400	210	930	4.72	13.70
7	9600	150	1080	3.46	17.16
8	10800	150	1230	3.24	20.40
9	12000	150	1380	3.28	23.68

续表

序号	荷载（kN）	历时（min）		沉降（mm）	
		本级	累计	本次	累计
10	13200	150	1530	3.53	27.21
11	10800	60	1590	−1.52	25.69
12	8400	60	1650	−2.50	23.19
13	6000	60	1710	−3.03	20.16
14	3600	60	1770	−3.40	16.76
15	1200	60	1830	−4.61	12.15
16	0	180	2010	−2.32	9.83
最大沉降量:27.21mm		最大回弹量:17.38mm		回弹率:63.9%	

SZ1-5 竖向静载试验汇总　　　　　　　　　　表 3.28

序号	荷载（kN）	历时（min）		沉降（mm）	
		本级	累计	本次	累计
0	0	0	0	0	0
1	2400	120	120	2.23	2.23
2	3600	150	270	2.00	4.23
3	4800	150	420	2.03	6.26
4	6000	150	570	2.27	8.53
5	7200	270	840	2.51	11.04
6	8400	150	990	2.18	13.22
7	9600	150	1140	2.69	15.91
8	10800	150	1290	3.11	19.02
9	12000	120	1410	4.19	23.21
10	13200	150	1560	2.69	25.90
11	10800	60	1620	−1.44	24.46
12	8400	60	1680	−2.33	22.13
13	6000	60	1740	−2.49	19.64
14	3600	60	1800	−3.70	15.94
15	1200	60	1860	−5.08	10.86
16	0	180	2040	−1.93	8.93
最大沉降量:25.90mm		最大回弹量:16.97mm		回弹率:65.5%	

SZ1-6 竖向静载试验汇总 表 3. 29

序号	荷载 (kN)	历时(min)		沉降(mm)	
		本级	累计	本次	累计
0	0	0	0	0	0
1	2400	150	150	1. 24	1. 24
2	3600	120	270	1. 37	2. 61
3	4800	120	390	1. 57	4. 18
4	6000	150	540	3. 01	7. 19
5	7200	120	660	1. 69	8. 88
6	8400	150	810	2. 00	10. 88
7	9600	180	990	2. 93	13. 81
8	10800	120	1110	1. 87	15. 68
9	12000	180	1290	2. 64	18. 32
10	13200	150	1440	2. 93	21. 25
11	10800	60	1500	−1. 28	19. 97
12	8400	60	1560	−1. 91	18. 06
13	6000	60	1620	−2. 38	15. 68
14	3600	60	1680	−2. 76	12. 92
15	1200	60	1740	−4. 33	8. 59
16	0	180	1920	−1. 53	7. 06
最大沉降量:21. 25mm		最大回弹量:14. 19mm		回弹率:66. 8%	

在 SZ1-2 加载过程中，由于提供反力的锚桩已经呈现破坏趋势，继续加荷会导致试验共用锚桩发生破坏，导致后续试桩试验无法正常加载，为试验安全，此次试验仅第一根试桩 SZ1-1 施加荷载直至破坏，其余五根试桩全部施加荷载至 13200kN（满足设计要求）时即停止加载，没有进行破坏性试验。

从图 3. 41 可知，SZ1-1 在荷载达到 16800kN 时 $Q\text{-}s$ 曲线出现突变，桩顶荷载为 15600kN 时，桩顶沉降量为 33. 42mm，根据《建筑基桩检测技术规范》JGJ 106—2014 规定，认为 SZ1-1 的单桩竖向极限承载力为 15600kN。其余五根试桩在桩顶荷载加载到最大加载量 13200kN 时，桩顶沉降量均控制在 30mm 以内，且没有发生沉降量突变的情况，故认为这五根试桩的单桩极限承载力均大于 13200kN。

对比第一次试桩的六组 $Q\text{-}s$ 曲线情况，当桩顶荷载加载至 8400kN 之前，六根试桩的桩顶沉降值差别不大；当桩顶荷载加载到 8400kN 以后，各试桩的桩顶沉降值差距逐步加大；当加载至最大加载量 13200kN 时，桩顶沉降量最大值与最小值的差值为 5. 96mm。

3.5.3.2　第二组试验结果

三根试桩的竖向静载试验数据记录如表 3.30~表 3.32 所示，$Q\text{-}s$ 曲线如图 3.42 所示。因有两根桩注浆施工失败，仅 SZ2-1 按试验设计要求完成施工，沉降杆测量桩身位移汇总如表 3.33 所示。

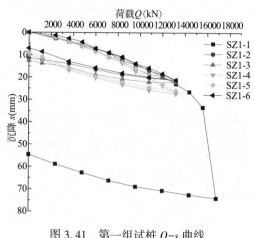

图 3.41　第一组试桩 $Q\text{-}s$ 曲线

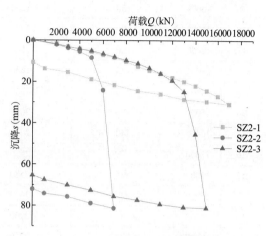

图 3.42　第二组试桩 $Q\text{-}s$ 曲线

桩端注浆量为 4.9t 的 SZ2-1 加载至最大加载量 17000kN 时，桩顶总沉降量为 30.86mm，尚未发生破坏。桩端注浆量为 0 的 SZ2-2 在荷载加载到 5000kN 时，桩顶沉降量为 8.37mm；加载到 6000kN 时，桩顶沉降量增加了 15.81mm，达到 24.18mm；加载至 7000kN 时，桩顶总沉降量达到 81.30mm，桩身发生破坏。桩底注浆量为 1.6t 的 SZ2-3 在荷载加载到 13000kN 时，桩顶沉降量为 24.95mm；荷载加载到 14000kN 时，桩顶沉降量达到 45.38mm；荷载加载到 15000kN 时，桩顶总沉降量达到 81.09mm，桩身发生破坏。

注浆量为 1.9t 的 SZ2-3 单桩承载力比注浆量为 0 的 SZ2-2 单桩承载力约提高了一倍，注浆量为 4.9t 的 SZ2-1 单桩承载力比 SZ2-2 的单桩承载力约提高了两倍。因此可以认为桩端注浆对桩承载力的影响相对显著，且注浆量对桩的承载力也存在影响。

SZ2-1 竖向静载试验汇总　　　　　　　　　　　　　表 3.30

序号	荷载 （kN）	历时（min）		沉降（mm）	
		本级	累计	本级	累计
0	0	0	0	0	0
1	2000	120	120	1.59	1.59
2	3000	120	240	1.41	3.00
3	4000	120	360	1.12	4.12
4	5000	120	480	1.37	5.49
5	6000	180	660	1.56	7.05
6	7000	120	780	1.31	8.36
7	8000	180	960	1.87	10.23

续表

| 序号 | 荷载
(kN) | 历时(min) | | 沉降(mm) | |
		本级	累计	本级	累计
8	9000	150	1110	2.43	12.66
9	10000	150	1260	1.94	14.6
10	11000	120	1380	1.47	16.07
11	12000	120	1500	1.86	17.93
12	13000	150	1650	2.05	19.98
13	14000	210	1860	2.11	22.09
14	15000	150	2010	2.33	24.42
15	16000	240	2250	2.69	27.11
16	17000	270	2520	3.75	30.86
17	15000	60	2580	-1.22	29.64
18	13000	60	2640	-1.05	28.59
19	11000	60	2700	-2.56	26.03
20	9000	60	2760	-1.52	24.51
21	7000	60	2820	-2.82	21.69
22	5000	60	2880	-2.86	18.83
23	3000	60	2940	-3.44	15.39
24	1000	60	3000	-1.70	13.69
25	0	180	3180	-3.08	10.61
最大沉降量:30.86mm		最大回弹量:20.25mm		回弹率:65.6%	

SZ2-2 竖向静载试验汇总　　　　表 3.31

| 序号 | 荷载
(kN) | 历时(min) | | 沉降(mm) | |
		本级	累计	本级	累计
0	0	0	0	0	0
1	2000	150	150	2.11	2.11
2	3000	120	270	1.60	3.71
3	4000	120	390	1.77	5.48
4	5000	150	540	2.89	8.37
5	6000	150	690	15.81	24.18
6	7000	60	750	57.12	81.30
7	5000	60	810	-2.46	78.84
8	3000	60	870	-3.18	75.66
9	1000	60	930	-1.52	74.14
10	0	180	1110	-2.06	72.08
最大沉降量:81.30mm		最大回弹量:9.22mm		回弹率:11.3%	

SZ2-3 竖向静载试验汇总   表 3.32

序号	荷载 (kN)	历时（min）		沉降（mm）	
		本级	累计	本级	累计
0	0	0	0	0	0
1	2000	120	120	1.85	1.85
2	3000	150	270	1.33	3.18
3	4000	120	390	0.91	4.09
4	5000	120	510	1.01	5.10
5	6000	120	630	1.42	6.52
6	7000	150	780	1.45	7.97
7	8000	120	900	1.65	9.62
8	9000	150	1050	1.54	11.16
9	10000	120	1170	2.28	13.44
10	11000	180	1350	2.63	16.07
11	12000	150	1500	3.41	19.48
12	13000	150	1650	5.47	24.95
13	14000	150	1800	20.43	45.38
14	15000	30	1830	35.71	81.09
15	13000	60	1890	−0.36	80.73
16	11000	60	1950	−1.46	79.27
17	9000	60	2010	−2.00	77.27
18	7000	60	2070	−1.75	75.52
19	5000	60	2130	−2.97	72.55
20	3000	60	2190	−2.50	70.05
21	1000	60	2250	−2.53	67.52
22	0	180	2430	−2.20	65.32
最大沉降量：19.13mm			最大回弹量：14.13mm		回弹率：73.9%

SZ2-1 沉降杆测量桩身位移汇总   表 3.33

荷载(kN)	埋深 10m 处桩身位移（mm）	埋深 28m 处桩身位移（mm）
2000	−0.10	0.13
3000	−0.15	0.17
4000	−1.59	0.31
5000	−2.64	0.26
6000	−3.00	0.59

续表

荷载（kN）	埋深 10m 处桩身位移（mm）	埋深 28m 处桩身位移（mm）
7000	−3.62	0.98
8000	−4.08	0.08
9000	−6.44	−1.44
10000	−7.72	−1.78
11000	−8.39	−1.43
12000	−9.24	−1.90
13000	−10.41	−2.01
14000	−11.81	−2.59
15000	−13.49	−2.91
16000	−14.71	−4.64
17000	−17.77	−5.53

从 SZ2-1 的成孔质量检测结果可以发现，整个桩身普遍发生扩径现象，平均实际桩径为 827mm，桩底沉渣厚度约为 200mm，实际桩长为 28.732m，大于设计桩长；大约在 9m、17m 和 25m 处三个深度位置发生明显的局部扩径现象。

虽然桩底沉渣厚度达到 200mm，但是通过桩底注浆的渗透、填充、压密、劈裂、固结作用，有效降低了桩底沉降量。

3.5.4　试验结果分析

3.5.4.1　单桩承载力分析

从图 3.43 中可知，桩底注浆量为 4.90t 的 SZ2-1 加载至最大加载量 17000kN 时，桩顶总沉降量为 30.86mm，尚未发生破坏。

对比图 3.43 中 SZ1-1 和 SZ2-1 的 Q-s 曲线，可以看出两根试桩的 Q-s 曲线在桩顶荷载小于 11000kN 时沉降量相差不大。当桩顶沉降超过 30mm 时，SZ1-1 桩顶荷载的加载量为 15600kN，试桩 SZ2-1 桩顶荷载的加载量为 17000kN。桩顶荷载相差 1400kN。

3.5.4.2　桩身轴力及荷载传递分析

在试桩荷载加载过程中，通过埋设在桩身内部的钢筋应力计可以测量得到各个截面的应变，进而推算出各个截面的桩身轴力。

在根据钢筋应力计应变值计算桩身轴力值时，考虑以下两个假定：

（1）钢筋与混凝土接触紧密变形协调，即相同截面处两者应变相等；

（2）钢筋和混凝土均视为线弹性材料，物理特性符合胡克定律。

在满足以上假定的条件下，桩身截面某处的轴力计算公式为：

$$N_i = E_c \varepsilon_i A_c \tag{3.7}$$

式中　E_c——混凝土弹性模量，取 C40 混凝土弹性模量 $E_c = 3.25 \times 10^4 \mathrm{N/mm^2}$；

　　　A_c——灌注桩桩身截面面积。

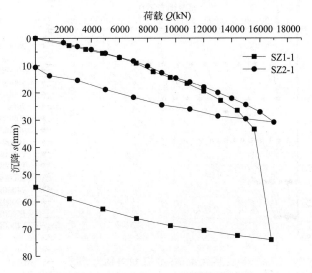

图 3.43 不同桩长 $Q\text{-}s$ 曲线对比

根据式（3.7）计算的 SZ2-1 桩身轴力如表 3.34 所示，绘制桩身轴力如图 3.44 所示。

SZ2-1 桩身轴力计算结果   表 3.34

荷载	−5m 处轴力 （kN）	−10m 处轴力 （kN）	−16m 处轴力 （kN）	−22m 处轴力 （kN）	−27m 处轴力 （kN）
2000	1900	1430	608	97	61
3000	3083	2510	1408	505	174
4000	4204	3556	2016	746	295
5000	5178	4606	2723	754	385
6000	5927	4934	3440	1919	507
7000	6742	5616	4051	1282	692
8000	7700	6363	4578	1839	812
9000	8652	7133	5185	1805	1022
10000	9713	7994	5759	2082	1232
11000	10809	8870	6265	2368	1333
12000	11908	9692	6976	2869	1627
13000	13009	10622	7580	3157	1879
14000	14024	11602	8238	3403	2150
15000	14895	12511	8918	3641	2453
16000	15593	13459	9627	3888	2774
17000	16143	14264	10291	4109	3018

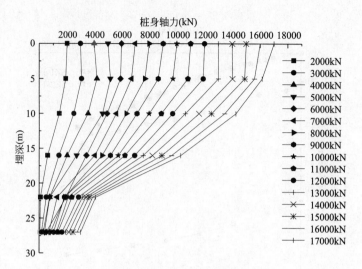

图 3.44 SZ2-1 桩身轴力

可以看出，在低荷载水平下桩身竖向荷载主要由桩侧阻力来承担，桩侧摩阻力承担了相当一部分荷载，桩端仅提供小部分承载力；之后随着竖向荷载逐渐增大，桩端阻力逐步发挥作用，但是桩端阻力占总荷载的比例仍然偏低；荷载随桩身逐步向下传递，桩身轴力沿桩身竖直向下的方向呈递减趋势。

根据桩身轴力计算桩端阻力占桩顶荷载百分比如图 3.45 所示。可以发现，桩端阻力占桩顶荷载的百分比随桩顶荷载的增加而呈现增长状态。当桩顶荷载为 2000kN 时，桩端阻力为 0；当荷载施加至 17000kN 时，桩端阻力发挥水平达到最大，约占总荷载的 18%，此时桩侧阻力承担了桩顶总荷载量的 82%，为摩擦型桩。可以发现从开始施加荷载到桩身发生破坏的过程中，桩端阻力占荷载总量的比例都相对较低，直至桩被压至破坏，桩端阻力仍未发挥至极限水平，可以认为桩端阻力在全阶段中始终没有得到充分发挥。

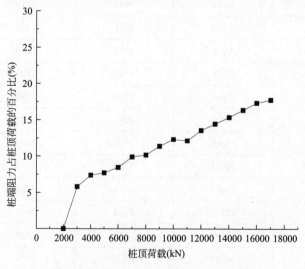

图 3.45 桩端阻力占桩顶荷载百分比

在逐步施加荷载的过程中，随着上部荷载逐渐增加，各个截面桩身轴力随荷载的增加呈现增长趋势。由此可以推断出桩侧摩阻力开始逐步发挥，即桩侧阻力的发挥水平随着荷载的增加而增加。

在荷载刚开始施加的过程中，可以看出桩端阻力一直保持在较低水平且增幅不大，说明在荷载较小时桩端阻力没有充分发挥；随着荷载逐渐增加，荷载沿着桩身逐步传递至桩端，桩端阻力逐步开始发挥；当上部荷载加载至最大时，桩端阻力也发挥至最大水平。表明桩端阻力的发挥具有一定的迟滞性。

3.5.4.3 桩侧阻力分析

在竖向荷载加载过程中，由于桩身产生压缩，桩-土界面发生相对位移的趋势而产生桩侧阻力。通过各个截面的桩身轴力可以推算出各截面间的桩侧阻力，计算公式如下：

$$q_{si} = \frac{N_i - N_{i+1}}{A_{si}} \tag{3.8}$$

式中　q_{si}——第 i 个与第 $i+1$ 个截面单位面积桩侧平均阻力值；

N_i、N_{i+1}——第 i 个与第 $i+1$ 个截面的桩身轴力值；

A_{si}——第 i 个与第 $i+1$ 个截面间桩侧的表面积。

依据式（3.8）计算结果绘制第二次试桩的 SZ2-1 桩侧阻力分布曲线，如图 3.46 所示。可以看出，SZ2-1 的桩侧阻力发挥和桩顶的竖向荷载大小有关。在竖向荷载未达到极限承载力将试桩压坏前，桩侧阻力随施加的竖向荷载增加而增加。当桩顶荷载为 2000kN 时，埋深 10~16m 范围的桩侧阻力最大，平均值为 61kPa，而埋深 16~22m 范围内的桩侧阻力平均值为 38kPa。可以发现在桩顶荷载较小时，桩身下部的桩侧阻力值偏小，桩身下部桩侧阻力发挥水平较桩身上部存在一定的迟滞性，发挥水平较低。当桩顶荷载达到 5000kN 时，埋深 10~16m 范围的桩侧阻力平均值为 139kPa，埋深 16~22m 范围内的桩侧阻力平均值为 146kPa，此时桩身下部的桩侧阻力开始得到有效发挥。当竖向荷载施加到 13000kN 时，在桩顶下 5~10m 范围内的桩侧阻力发挥至极限值，此时桩侧阻力平均值约为

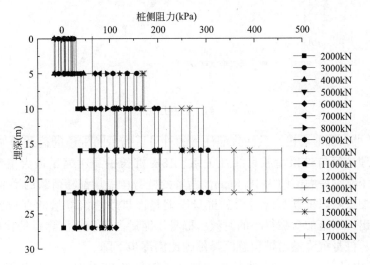

图 3.46　SZ2-1 桩侧阻力分布曲线

171kPa，而桩身下部的侧阻力尚未完全发挥作用。由此可以证明同一根桩上的桩侧阻力的发挥并非同步，即下部桩侧阻力发挥存在滞后性。

对比埋深 5~10m 范围内的桩侧阻力发挥情况，当桩顶荷载为 13000kN 时，桩侧阻力平均值为 168kPa；当荷载增加至 14000kN 时，桩侧阻力平均值为 171kPa；当荷载增加至 15000kN 时，桩侧阻力平均值为 168kPa；荷载为 16000kN 时桩侧阻力平均值为 150kPa；荷载为 17000kN 时桩侧阻力平均值为 132kPa。可以发现在桩身上部埋深 5~10m 范围内，随桩顶荷载的增加，桩侧阻力却呈现下降趋势，出现桩侧阻力软化现象。

对比埋深 16~24m 范围内的桩侧阻力发挥情况，随着桩顶荷载逐步增加至极限，桩侧阻力始终与桩顶荷载保持正相关，没有出现桩侧阻力随荷载增加而减小的情况，表明在埋深 16~24m 范围内桩侧阻力仍未发挥至极限水平。

对比桩侧阻力和桩径分布：在 17m 处的扩径情况导致出现扩径现象，在扩径段产生类似于支盘桩的作用效应，在扩径段具有较高的承载力。因此在计算扩径段的桩侧阻力时，计算出的桩侧阻力平均值也会相应增大，所以反映在图 3.48 中埋深 16~22m 范围内桩侧阻力显著偏大。

3.5.4.4 桩身压缩量

绘制不同荷载条件下的桩身压缩量如图 3.47 所示，结合 $Q-s$ 曲线绘制第一组试桩、第二组试桩桩身压缩量占总沉降量百分比如图 3.48 所示。

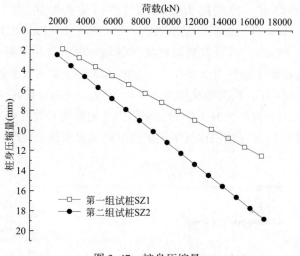

图 3.47 桩身压缩量

由图 3.47 可以明显看出，后注浆灌注桩的桩身压缩量随桩顶的荷载增加而逐渐增加，桩身压缩量的理论值与桩顶荷载呈线性关系。18m 桩长桩身压缩量最大值约为 12.5mm，28m 桩长桩身压缩量最大值约为 18.8mm。两者的桩身压缩量都随荷载的增加而增大。

将桩身压缩量除以桩顶沉降量得到桩身压缩量占桩顶总沉降量的百分比，如图 3.50 所示。可以看出，当施加荷载很小的时候，桩身压缩量占桩顶总沉降量的比例较大，随着荷载逐步增加，桩身沉降量占桩顶总沉降量的比例逐步下降。

从图 3.48 中可以发现，18m 小长径比桩的荷载在 2000kN 时，桩身压缩量占桩顶总沉

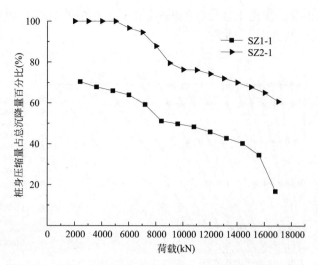

图 3.48　SZ1-1 与 SZ2-1 桩身压缩量占桩顶总沉降量百分比

降量的比例为 70.4%，说明在荷载加载量很小，远未达到设计水平时，桩的沉降量主要来自桩自身压缩量；随着荷载逐渐增加，桩身压缩量也随之增加，但是桩身压缩量占桩顶总沉降量的百分比却逐步下降，表明桩端沉降量也在随着荷载的增加而逐步增加，桩端阻力开始逐步发挥；当荷载达到 13200kN，即荷载施加到承载力设计值时，桩身压缩量占桩顶总沉降量的百分比为 42.9%；当荷载继续施加至桩身发生破坏时，从 SZ1-1 的数据中可以看出，桩身压缩量占桩顶总沉降量的比例发生突变且继续下降，表明桩端位移发生突变，导致桩的沉降量过大，桩被压至破坏；在荷载达到极限承载力 15600kN 时，桩身压缩量占桩顶总沉降量的比例最低，为 34.7%。

可以发现，28m 长桩在荷载没有超过 5000kN 之前，桩顶沉降量几乎都来自桩身压缩，可以认为桩端荷载还尚未发挥作用，承载力由桩侧阻力提供，这是由于桩身较长导致荷载的传递过程较慢，轴力尚未传递至桩底部；当荷载加载至 7000~9000kN 范围的时候，可以明显看出图中曲线存在突变，笔者认为是由于桩底仍存在虚土导致的；随着荷载增加，桩身压缩量逐步增加的同时，桩身压缩量占桩顶总沉降量的比例依然逐步下降，直至加载量达到 17000kN 时，桩身压缩量占桩顶总沉降量的比例达到最低值 60.8%。

通过对比发现，短桩在荷载逐步增加的过程中，桩身压缩量占桩顶总沉降量的比例要低于长桩，即相对这两种桩型来说，在相同荷载条件下桩身压缩量与桩长成正比，桩长越短则桩身压缩量越小，短桩桩身压缩量占桩顶总沉降量的比例更低，能够充分发挥桩端阻力及下部桩侧阻力。

3.5.4.5　桩-土相对位移

在荷载作用下，桩顶沉降量由桩身压缩量和桩端沉降量两部分组成，桩发生竖直向下的位移时会使桩周土体也产生少量的竖向位移。为了简化分析，认为桩周土体的竖向位移很小，忽略不计。在第 i 级荷载作用下，某埋深位置处的桩-土相对位移量可以认为是桩顶沉降量减去该埋深以上的桩身压缩量。

各荷载条件下的桩顶沉降量参见表 3.35，桩身压缩量按式（3.14）计算。计算得出的 SZ2-1 在不同桩顶荷载作用下各埋深的桩-土相对位移结果如图 3.49 所示，桩侧阻力与桩-土相对位移关系曲线如图 3.50 所示。

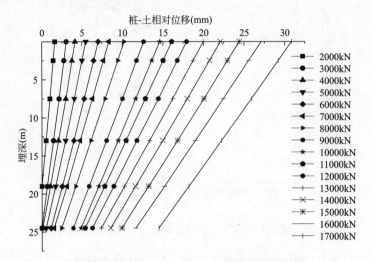

图 3.49 SZ2-1 桩-土相对位移随深度变化曲线

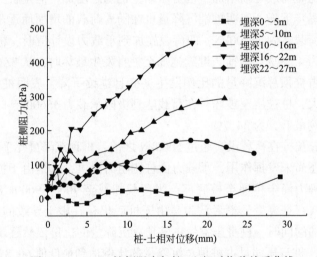

图 3.50 SZ2-1 桩侧阻力与桩-土相对位移关系曲线

　　从图 3.49 中可以发现，桩-土相对位移随桩顶荷载量线性增加，与埋深成反比。桩底部的桩-土相对位移主要是由于桩端发生沉降，桩身上部的桩-土相对位移则受桩身压缩量和桩端沉降量共同影响。因此桩顶荷载越大，桩身压缩量和桩端沉降量越大，桩-土相对位移值越大；埋深越小，截面以下的桩身压缩量越大，桩-土相对位移值越大。

　　从图 3.50 中可以发现，不同埋深处的桩侧阻力与桩-土相对位移的曲线形式有所不同；在桩-土相对位移不大时，桩侧阻力与桩-土相对位移两者呈线性关系，当桩-土相对位移持续增大时，在不同深度处的桩侧阻力表现出不同的状态：埋深为 5~10m 范围内的细砂层桩侧阻力在相对位移较大时增长速率明显放缓，当桩-土相对位移继续增加时，桩侧阻力不增反降，曲线呈现软化型；深度为 16~22m 范围内的细砂层桩侧阻力则随相对位移的增加而持续增加，没有出现增长放缓的趋势，曲线呈现硬化型。曲线呈现软化型的原因主要是桩-土接触面所产生的相对位移过大，静摩擦力转化成为滑动摩擦力，导致桩侧阻力软化。

在桩-土相对位移较小时，桩身下部的桩侧阻力增长速率显著高于桩身上部。对比图 3.50 中不同埋深的曲线，由于埋深较浅处的桩-土相对位移值较大，随桩-土桩侧阻力相对位移增加，桩侧阻力在桩身上部发挥至极限；此时埋深较大处的桩-土相对位移值较小，桩身下部的桩侧阻力尚未充分发挥，仍处于增长阶段。

3.5.4.6 桩长变化对单桩承载力的影响分析

通过钢筋应力计和沉降杆分别计算桩顶下埋深-10.00m 处的轴力值和沉降值，计算 SZ2-1 桩身下部 18m 范围内的荷载-沉降试验数据如表 3.35 所示。

SZ2-1 在相对标高-10.00m 处的静载试验数据（加载部分）　　表 3.35

序号	荷载（kN）	历时（min）		沉降（mm）	
		本级	累计	本级	累计
0	0	0	0	0	0
1	1430	120	120	0.1	0.10
2	2510	120	240	0.1	0.15
3	3556	120	360	1.4	1.59
4	4606	120	480	1.1	2.64
5	4934	180	660	0.4	3.00
6	5615	120	780	0.6	3.62
7	6363	180	960	0.5	4.08
8	7133	150	1110	2.4	6.44
9	7994	150	1260	1.3	7.72
10	8870	120	1380	0.7	8.39
11	9692	120	1500	0.9	9.24
12	10622	150	1650	1.2	10.41
13	11602	210	1860	1.4	11.81
14	12511	150	2010	1.7	13.49
15	13459	240	2250	1.2	14.71
16	14264	270	2520	3.1	17.77

SZ2-1 去除桩身上部 10m 范围内的桩侧阻力后，桩身下部 18m 范围内的承载力为 14264kN，与桩长 18m 的 SZ1-1 承载力 15600kN 相比约相差 1400kN。

可以发现，当桩发生破坏的情况下，短桩在 18m 范围内所提供的桩侧阻力与桩端阻力大于长桩在相同埋深范围内所提供的桩侧阻力和桩端阻力，进一步说明了短桩能够更好地发挥桩身下部桩侧阻力和桩端阻力，达到提高承载力的目的。

3.5.5   小结

（1）通过分析后注浆桩的桩身轴力可知，桩为摩擦桩，桩侧阻力承担了大部分桩顶荷载，当桩顶荷载达到一定水平时，荷载才能传递到桩端，桩端阻力的发挥具有一定迟滞性，且直至桩身发生破坏桩端阻力始终没有得到充分发挥。

（2）通过对桩端沉降量、桩身压缩量和桩顶沉降量的分析可以发现，桩长越大的桩桩身压缩量越大，桩身压缩量占桩顶总沉降量的比例也越大，可以认为通过降低桩长能够有效控制桩身压缩量，防止桩身上部出现侧阻软化现象，提高极限承载力。

（3）通过对桩-土相对位移与桩侧阻力发挥的分析可以发现，桩-土相对位移受桩端沉降量和桩身压缩量影响，与荷载成正比，与截面埋深成反比。桩身上部桩侧阻力随桩-土相对位移的增加，曲线呈流变型，桩身上部的桩侧阻力发挥至极限，而桩底附近的桩侧阻力则没有完全发挥。

（4）通过对比不同桩身竖向刚度后注浆桩的承载力可知，桩长 18m 的短桩单桩极限承载力为 15600kN，桩长 28m 的长桩单桩极限承载力接近 17000kN，可以认为，试验条件下增大桩长对承载力的提升效果有限。主要原因与长桩下部桩侧阻力和桩端阻力未能充分发挥有关；次要原因是桩身压缩量较大的桩身上部桩侧阻力可能已经进入软化或流变状态。

（5）是否进行桩端注浆对桩承载力的影响相对显著，注浆量对桩的承载力也存在影响，增大桩端注浆量能够有效提升单桩承载力。

3.6   基于变形控制的根固混凝土灌注桩优化设计

3.6.1   概述

后注浆技术是指成桩后由预埋注浆通道用高压注浆泵将一定压力的水泥浆压入桩端土层和桩侧土层，通过浆液对桩端沉渣和桩端持力层及桩周泥皮的渗透、填充、压密、劈裂、固结作用来增强桩端土和桩侧土的强度，从而达到提高桩基极限承载力、减少群桩沉降量的目的[1,2]。

近年来，根据理论推导结合工程实践与室内试验，专家学者们围绕桩端后注浆、桩侧后注浆及桩端桩侧联合注浆方面进行了大量研究，有大量的新成果、新技术、新工艺应用到实际工程中。目前有关灌注桩后注浆的研究与探索方向主要瞄准施工工艺工法与作用机理方面，普遍认为桩端阻力和桩侧阻力在发挥过程中存在异步性，桩侧阻力与桩端阻力的发挥则与桩-土相对位移量相关。在工程设计中考虑通过优化桩长与桩径控制桩身压缩量，可以有效控制桩顶沉降量，缓解桩端阻力与桩侧阻力异步发挥及侧阻软化问题。因此，开展基于桩身压缩量的后注浆灌注桩优化设计研究具有重要的理论价值与工程意义。

桩端后注浆技术通过对桩端沉渣和桩侧泥皮的处理，可以有效提高桩端及桩周土体的物理力学性能，有效控制桩顶沉降量，提高桩基承载力。近年来，为了进一步提高单桩竖向承载力，灌注桩朝着超长桩的方向发展，目前已施工的钻孔灌注桩最大桩长已超过

150m。研究表明，超长后注浆桩的桩顶沉降主要以桩身压缩为主，因此在后注浆灌注桩设计过程中必须考虑桩身压缩量对承载力所造成的影响。

3.6.2 桩的荷载传递与沉降变形控制准则

3.6.2.1 桩−土荷载传递理论

虽然桩基竖向荷载传递的方式受土层条件、桩型选择、施工工艺、桩身参数等多种不同因素的影响，但从总体上来说，竖向受荷灌注桩都是通过桩侧土体和桩端土体来传递桩顶荷载。当桩顶承担上部荷载时，桩因为混凝土自身的压缩而产生桩身压缩量，使得桩身产生相对于土的位移，这种相对于土体向下的位移产生抵抗桩身向下位移的正摩阻力。在荷载沿桩身向下传递的过程中，荷载通过桩侧的侧摩阻力传递到周围的土层中，使得桩身轴力随截面深度的增加而减少，轴力减少导致截面上的桩身压缩量也随深度的增加而减少。

因此当桩顶荷载较小时，桩身压缩量更多地产生在桩身上部，桩身上部与周围土体发生相对位移，桩身上部的桩侧阻力逐步开始发挥；此时由于荷载还未沿桩身传递至桩下部，使得桩下部的桩身压缩量较小，桩下部与周围土体所产生的桩−土相对位移量较小，所以桩身下部的桩侧阻力尚未开始发挥作用。

而随着桩顶荷载的逐步增加，荷载随桩身逐渐传递至桩下部，桩下部的桩身压缩量逐渐加大，与周围土体产生相对位移，桩身下部的桩侧阻力逐步开始发挥；桩底受压，与桩底土层发生挤压，桩端阻力逐步开始发挥。当桩顶荷载增加到一定水平时，桩身上部的桩−土相对位移逐渐增大到某一极限位移，桩身上部的桩侧阻力达到极限或呈现侧阻软化现象，而桩身下部的桩侧阻力仍呈现增长趋势，桩端阻力也进一步发挥（此时桩身上部的桩周土体抗剪强度由峰值强度衰落至残余强度）。

可以发现随着荷载的增大，桩侧摩阻力自上而下逐步开始发挥，桩身上部和桩身下部由于荷载传递深度不同，导致桩侧阻力的发挥不同步。

桩侧阻力的发挥受桩顶荷载的影响：当桩顶荷载较小时，桩侧阻力尚未达到极限水平，桩侧阻力随桩顶荷载的增加而增大；桩顶荷载达到某一水平时，桩侧阻力达到峰值；随着荷载进一步增大，桩侧阻力的发挥会有一定程度的减弱，或者侧阻产生软化。同理，随着荷载增大，桩身轴力沿桩身逐步向下传递，桩端阻力逐步开始发挥。

3.6.2.2 桩侧阻力影响因素

1. 侧阻软化

桩侧阻力达到峰值后，随上部荷载（桩−土相对位移）增加而逐渐降低，最后达到并维持一个残余强度。这种桩侧阻力超过峰值进入残余值的现象就是桩侧阻力的软化[3]。图 3.51 为一典型桩侧阻力软化荷载−沉降曲线。

桩与桩侧土体间的关系是研究桩侧阻力的重点，研究表明桩侧阻力的发挥与桩−土相对位移密切相关。

如图 3.52 为注浆桩和未注浆桩的桩侧阻力在不同埋深和不同阶段的发挥情况，可以看出：在桩顶荷载较小的情况下，第一阶段注浆桩与未注浆桩沉降曲线基本保持一致，桩顶荷载主要来自桩身压缩量，桩底沉降量为零，此时桩侧阻力仍处于尚未完全发挥阶段；

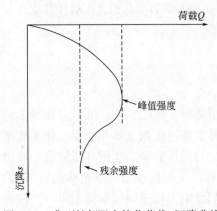

图 3.51　典型桩侧阻力软化荷载-沉降曲线

随着桩顶荷载逐渐增大，第二阶段未注浆桩在桩顶 A 处的桩侧阻力已经达到峰值强度，桩身中部 B 处和桩底 C 处的桩侧阻力还在增长，对于注浆桩，由于水泥浆液对桩底沉渣的渗透、压密、加固作用，使得桩端沉降量比未注浆桩小，此时桩身各处的桩侧阻力都尚未完全发挥；当桩顶荷载继续增大至第三阶段时，注浆桩由于桩端沉降量得到较好控制，桩端 A 处桩侧阻力发挥至峰值强度，桩身中部 B 处和桩底 C 处桩侧阻力尚未发挥至峰值强度，相对的未注浆桩桩身压缩量和桩底沉降量继续增大，此时桩顶 A 处的桩-土相对位移最大，桩侧阻力已经由

峰值强度逐步降低至残余强度，发生侧阻软化现象，桩身中部 B 处还未出现侧阻软化现象，桩底 C 处侧阻仍然尚未过多发挥。

可以发现，桩身不同位置处的桩侧阻力发挥程度是有所区别的，桩顶的桩侧阻力最先发挥，桩底的桩侧阻力发挥最晚；当桩顶附近桩侧阻力开始出现侧阻软化现象时，桩底附近的桩侧阻力刚开始发挥。可以认为桩侧阻力的发挥，在不同桩身位置处和不同荷载条件下都具有异步性。

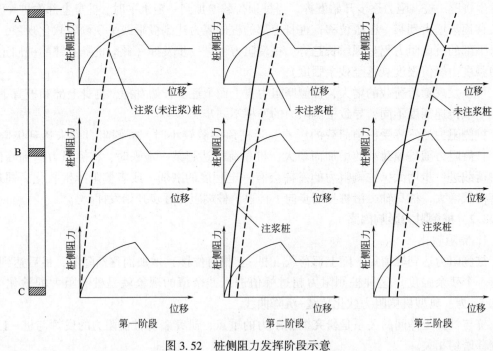

图 3.52　桩侧阻力发挥阶段示意

如图 3.53 所示，为郑州市某工程[4]灌注桩在各级荷载作用下的桩侧阻力实测曲线。可以发现，在桩顶荷载为 4000～14000kN 时，桩深 10m 处桩侧阻力基本保持在极限值附

近，几乎不再增长；随着荷载继续增大至 18000kN，桩深 10m 处的桩侧阻力出现降低的情况，可以认为在埋深 10m 处桩侧阻力出现了侧阻软化现象。同时可以注意到荷载增大至 20000kN 时，埋深 17m 处的桩侧阻力也出现软化的情况，而此时埋深 27m 处的桩侧阻力仍在继续随荷载的增大而增长，桩底沉渣降低桩侧阻力的同时也导致桩侧阻力出现软化现象，使桩侧阻力无法有效地发挥。这也侧面印证了桩侧阻力发挥存在异步性。

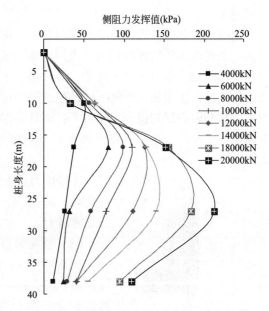

图 3.53　郑州某灌注桩侧阻力实测曲线

2. 桩侧阻力影响因素

桩顶受到竖向荷载时桩身混凝土受压产生压缩，桩-土界面产生一种向上的桩侧阻力。在我国现行标准中，桩侧阻力的确定是以土体的各项物理性质和室内试验结果为参考的，但是越来越多的研究表明影响桩侧阻力发挥受到桩周土体性质、桩端土体性质、桩-土界面性质、桩-土相对位移、桩长与桩径等因素的影响。下面对桩侧阻力的主要影响因素进行分析。

（1）桩侧土体的力学性质

桩侧土体的力学性质是影响桩侧阻力的决定性因素。一般而言，灌注桩发生剪切破坏的形式有两种：一种是发生在桩-土界面上，另一种发生在桩侧土体中[5]。

当剪切破坏发生在桩-土界面时，由于桩侧阻力完全由桩-土界面的强度决定，此时桩-土交界处摩擦力已经发挥至极限，桩-土界面发生剪切破坏，桩土界面强度，如摩擦阻力、黏聚力等成为影响桩侧阻力的主要因素。当剪切破坏发生在桩侧土体中时，由于土颗粒间需要有足够大的抗剪强度防止桩侧土体发生剪切破坏，当由桩身传递给桩侧土体的侧阻力较大时，桩侧土的剪切强度超过了其抗剪强度，导致桩侧土体发生破坏，这时桩侧土体的力学性质是影响桩侧阻力的主要因素。当桩侧土的抗剪强度越大时，桩侧土体相对应地能提供给桩更大的桩侧阻力。

同时，桩侧阻力还受桩侧土体水平土压力的影响，根据下式可知，两者呈线性关系。

$$q_s = \sigma'_h \tan\delta \qquad (3.9)$$

式中　　σ'_h——桩侧土侧向有效应力；

　　　　δ——桩土接触面间的摩擦角。

（2）桩端土体的力学性质

桩端土体的性质不仅影响桩端阻力，同时也对桩侧阻力的发挥产生影响。在相同桩侧土体的条件下，桩端持力层强度越高，相对应的桩侧阻力也会得到一定的提高，这种现象被称为桩侧阻力的增强效应。这是由于桩端持力层强度增加使得桩端沉降量降低，桩身与桩侧土体的相对位移降低，桩端以上一定高度桩侧土体受到的侧向作用力较高，桩侧阻力也就越高。

也有学者分析认为，桩端承受荷载时，桩端持力层受到压缩形成压缩区，随着荷载的增大，若桩端土体的强度相对于桩侧土体强度大得多时，桩端产生的变形量相对较小，此时在桩端附近产生应力集中现象，导致桩端平面以上部分产生应力拱作用（图3.54）。应力拱作用的产生增加了桩侧土体的附加径向应力，在成拱影响范围内桩侧土体水平土压力增大，桩侧阻力得到提升。而且，桩端持力层承载力越高，成拱范围越大，桩侧阻力的提升越明显。同理，这个研究结果也可以解释为何在桩端以上一定范围桩侧阻力会有显著提升[6]。

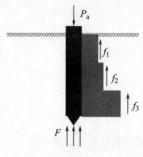

图3.54　桩端应力示意

桩端持力层土体压缩量大时，在荷载作用下，桩端沉降量较大时，桩-土相对位移较大，易产生侧阻软化现象，从而降低桩侧阻力。

（3）桩端阻力对桩侧阻力的影响

文献［7~9］成果显示，对后注浆灌注桩，通过桩底注浆加固桩底沉渣和一定范围的土体，在增加桩端承载力的同时能够显著减少桩底沉降位移，有效抑制桩身上部的桩侧阻力软化现象，增加了桩侧阻力。这也侧面验证了桩端阻力和桩侧阻力并不是两个独立的个体，两者的发挥过程实际上是一个互相耦合的过程。

（4）桩身竖向刚度对桩侧阻力的影响

桩周土体提供桩侧阻力的前提是有桩-土间相对位移，相对位移使桩-土界面间产生向上的摩阻力，桩-土间相对位移过大时，可能产生桩侧阻力的软化。这部分相对位移主要由桩身压缩量和桩端位移两部分组成。大量工程试验数据表明，当桩顶荷载低于单桩极限承载力时，后注浆灌注桩桩身压缩量占桩顶沉降量的百分比约在80%以上[10]，桩身压缩是桩顶沉降的主要组成部分。因此，应对桩身压缩量进行控制。

3.6.2.3　桩身竖向刚度与桩身压缩量

1. 桩身竖向刚度

桩身竖向刚度 K 可以表示为：

$$K = \frac{E_p A_p}{L} \tag{3.10}$$

式中　A_p——截面面积；

　　　L——桩长；

　　　E_p——桩身弹性模量。

桩身弹性模量受桩身材料影响，可按下式计算：

$$E_p = E_s \rho + E_c (1 - \rho) \tag{3.11}$$

式中　E_s——纵筋弹性模量；

　　　E_c——混凝土弹性模量；

　　　ρ——配筋率。

将式（3.11）代入式（3.10）中，则桩身竖向刚度 K 可以表示为[11]：

$$K = \frac{[E_s\rho + E_c(1 - \rho)]\pi d^2}{4L} \tag{3.12}$$

可以发现，桩身竖向刚度 K 与桩身弹性模量、桩长和桩径有关。按照《建筑桩基技术规范》JGJ 94—2008[12] 中要求，正截面纵筋配筋率在 $0.65\% \sim 0.2\%$ 之间，认为桩身弹性模量受桩的配筋率的影响不大，主要还是由混凝土的弹性模量起主导作用。

2. 桩身压缩量

目前桩身压缩量的简化计算方法有综合系数法、分层总合法、弹性理论法等[13]，其中应用最广泛的是综合系数法。

综合系数法将桩身视为弹性构件，根据胡克定律桩身变形量 $\Delta = PL/E_pA_p$，考虑到桩身压缩量与施工工艺、桩身参数、地质情况等因素有关，将 Δ 乘以综合影响系数 ξ 得到桩身压缩量[1]：

$$s_L = \xi\frac{PL}{E_pA_p} \tag{3.13}$$

式中 ξ——桩身压缩量的综合系数，可按《建筑桩基技术规范》JGJ 94—2008[12] 中规定取值：端承桩取 $\xi = 1.0$；摩擦型桩可按照长径比确定 ξ，当 $L/d < 30$ 时，$\xi = 2/3$，当 $L/d \geqslant 80$ 时，$\xi = 1/3$，当 $30 < L/d < 80$ 时，ξ 按线性内插法取值；

P——桩顶竖向荷载；

L——桩长。

将式（3.10）代入式（3.13）中，得到桩身压缩量与桩身竖向刚度的关系：

$$s_L = \xi\frac{P}{K} \tag{3.14}$$

从式（3.14）中可以发现，桩身压缩量与桩身竖向刚度成反比。通过增大桩身竖向刚度可以实现降低桩身压缩量的目的，而桩身竖向刚度又与桩的截面积成正比，与桩长成反比。因此桩身压缩量与桩身直径的平方成反比，可以通过增大桩径降低桩身压缩量；同时桩身压缩量与桩长成正比，可以通过降低桩长的方式减少桩身压缩量。

3.6.2.4 沉降变形控制准则

1. 桩端沉降量控制准则

《铁路桥涵设计规范》TB 10002-2017[14] 和《公路桥涵地基与基础设计规范》JTG 3363—2019[15] 中桩端沉降量 s_p 可按式（3.15）计算：

$$s_p = \frac{P}{C_0A_0} \tag{3.15}$$

式中 A_0——自地面（桩顶）以 $\overline{\varphi}/4$ 角扩散至桩端平面处的扩散面积；

C_0——桩端处土的竖向地基系数，当桩长 $L \leqslant 10\text{m}$ 时，取 $C_0 = 10m_0$，当桩长 $L > 10\text{m}$ 时，取 $C_0 = Lm_0$；m_0 为随深度变化的比例系数，根据表 3.36 取值[16]。

根据深层荷载板试验经验，优化设计时，为充分发挥桩端阻力，桩端沉降量应控制在桩径的 $0.01 \sim 0.015$ 倍。

土的名称	土的 m_0 值（kN/m⁴）
流塑黏性土,$I_L>1$,淤泥	1000~2000
软塑黏性土, $1>I_L>0.5$,粉砂	2000~4000
硬塑黏性土,$0.5>I_L>0$,细砂,中砂	4000~6000
半干硬性的黏性土,粗砂	6000~10000
砾砂,角砾土,碎石土,卵石土	10000~20000

m_0 取值 表 3.36

2. 桩-土相对位移量控制准则

在荷载作用下，桩顶沉降量由桩身压缩量和桩端沉降量两部分组成，桩发生竖直向下的位移时与桩周土体产生侧阻力，这会使桩周土体也产生少量的竖向位移。为了简化分析，认为桩周土体的竖向位移很小，忽略不计。

在第 i 级荷载作用下，某埋深位置处的桩-土相对位移可以认为是桩底沉降量与该埋深以下的桩身压缩量的和[1]，桩-土相对位移 Δs 可按下式进行计算：

$$\Delta s = \frac{4}{\pi d^2 E_c} \int_z^l \left[P - \pi d \int_0^z q_s(z) \, \mathrm{d}z \right] \mathrm{d}z + s_p \tag{3.16}$$

式中 E_c——桩身混凝土弹性模量；

$q_s(z)$——桩侧阻力随深度变化函数；

d——桩身直径；

s_p——桩端沉降量。

根据桩侧阻力软化与荷载传递理论，优化设计时，为充分发挥桩侧阻力，桩土相对位移应控制在一定范围内。

3. 桩顶沉降变形控制准则

对于桩底注浆根固混凝土灌注桩，为了获得较高的桩侧阻力、桩端阻力，应采取措施将桩土相对位移控制在"极限位移"范围内，同时保证桩端具有相当的压缩变形量。为此需要按下式控制桩顶沉降量：

$$s = s_p + s_L \tag{3.17}$$

$$s \leqslant [s] \tag{3.18}$$

式中 s_p——桩端沉降量；

s_L——桩身压缩变形量；

s——桩顶沉降量；

$[s]$——桩顶沉降量控制值，一般不大于 40mm，大直径桩不大于 60mm。

可采取的措施有：

（1）选择合适的桩端持力层；

（2）加大桩端注浆量；

（3）合理确定桩径、桩长，加大竖向刚度，提高荷载传递能力，减少桩身压缩量。

3.6.3 桩底注浆灌注桩优化设计理论方法

本章从桩基实际工程设计工作考虑，结合第 3.5 节不同桩长后注浆灌注桩现场试验和第 3.4 节变桩长桩径后注浆灌注桩现场试验结果，以及目前国内相关标准，提出一些后注浆灌注桩优化设计方向与建议，并给出了一种基于桩身压缩量控制的承载力复核方法。

3.6.3.1 基于桩身压缩变形的桩底注浆灌注桩优化设计理论

现场试验结果表明，在桩长减少了 10m 的条件下，两组后注浆灌注桩单桩极限承载力相差不大；桩长不变增加桩径，单桩承载力增加幅度明显。以上成果为后注浆灌注桩进行设计优化提供了理论依据。以下从桩身压缩量控制、桩土相对位移控制进行分析。

1. 桩端刺入变形量与桩身压缩量控制

如式（3.17）所示，桩顶沉降量由桩端沉降量和桩身压缩量两部分组成。

根据《建筑基桩检测技术规范》JGJ 106—2014 中对单桩竖向抗压极限承载力的规定，桩顶总沉降量超过 40mm 时可以认为已经达到极限承载力。因此控制桩顶沉降量是获得较高单桩竖向承载力的重要手段。

通过对灌注桩进行桩底注浆，直接目的是固化桩底沉渣，提高桩端阻力，但更重要的是可以阻止桩端向土中发生较大的刺入变形，能够起到有效控制桩顶沉降量、降低整个桩身桩土相对位移量的作用。

因此，后注浆灌注桩优化设计的方法之一是增加桩底有效注浆量。本书第 3 章的试验桩桩底注浆量大约为《建筑桩基技术规范》JGJ 94—2008 中要求的注浆量的 2 倍，且使用了二次加压注浆的施工方法。可见，高注浆量和高注浆压力的施工工艺在实际工程中起到了良好的技术效果。

现场试验结果表明，桩顶荷载相同条件下，增加桩长或减小桩径均使桩身压缩量占总沉降量的比例增加，从而增加桩-土相对位移。桩身压缩量与桩身竖向刚度成反比，通过增大桩身竖向刚度可以降低桩身压缩量。有利于荷载向桩身下部传递，使桩身下部的桩侧阻力和桩端阻力能够充分发挥。

因此，通过调整桩长和桩径增加桩身竖向刚度，是进行后注浆灌注桩优化设计的方法之一。

2. 桩-土相对位移目标值

在进行后注浆灌注桩设计的过程中，并非桩越长单桩极限承载力就会无限提高，而是存在有效桩长概念：即当桩长超过某一极限值时，再增加桩长对承载力的提高非常有限。分析其原因，主要是在荷载传递过程中桩身下部所产生的桩-土相对位移较小，桩身下部的桩侧阻力发挥程度有限。

桩侧阻力的发挥与桩-土相对位移密切相关，桩-土相对位移除与桩侧土体剪切位移有关外，主要受桩端沉降量和桩身压缩量的影响。当桩身上部的桩-土相对位移较大时，桩身上部的桩侧阻力发挥至极致不利于桩身上部桩侧阻力的发挥。因此，控制桩-土界面的位移也是进行后注浆灌注桩设计优化的方法之一。

有研究结果表明：桩侧阻力充分发挥时的桩-土相对位移要明显大于桩端阻力充分发挥时的桩-土相对位移值，桩端阻力的发挥要滞后于桩侧阻力发挥，有关桩侧阻力发挥至极限时桩–土相对位移研究成果如表 3.37 所示。

有关桩侧阻力发挥至极限时桩–土相对位移研究成果汇总 表 3.37

成果来源	桩侧阻力至达极限时的桩–土相对位移
Whitaker 和 Cooke[17]	黏土中 6mm
Vesic[18]	砂土中 10mm
Tauma 和 Reese[17]	砂土中 13mm
邱钰[17]	嵌岩桩中 5~10mm
洪毓康,陈强华[19]	3~12mm,且砂土大于黏土
童金荣,林胜天,戴一鸣[20]	粗砂、碎卵石、圆角砾层中 7~8mm
刘利民,张建新[21]	2~10mm
张忠苗[22]	黏性土中 5~8mm,砂性土中 8~12mm
丁建文[23]	黏性土中 10~15mm,砂性土中 15~20mm
席宁中[24]	黏性土中 5~7mm,砂性土中约为 10mm

现场试验中,桩侧阻力发挥至极限值时的桩–土相对位移值约为 6~15mm;分析本书有限元模拟结果,桩侧阻力发挥至极限值时的桩–土相对位移值约为 6~14mm。结合现有的研究成果,通过控制桩身压缩量进行优化设计时,应该使某一深度 Z 处的桩–土相对位移值小于该土层的相对位移极限值。这一相对位移极限值在黏性土中可取 6~8mm,砂性土中可取 10~12mm。

某一深度位置处的桩–土相对位移量是该埋深以下的桩身压缩量和桩端沉降量之和。桩身压缩量和桩端沉降量可分别按照式 (3.13) 和式 (3.15) 进行计算。

3. 桩侧阻力与桩端阻力发挥系数

在《建筑桩基技术规范》JGJ 94—2008 中,后注浆单桩极限承载力标准值可按下式估算:

$$Q_{uk} = u \sum q_{sjk} l_j + u \sum \beta_s q_{sik} l_{gi} + \beta_p q_{pk} A_p \qquad (3.19)$$

式中 u——桩周长;

l_j——后注浆非竖向增强段第 j 层土厚度;

l_{gi}——后注浆竖向增强段第 i 层土厚度;

q_{sik}、q_{sjk}、q_{pk}——分别为后注浆竖向增强段第 i 层土初始极限侧阻力标准值、非竖向增强段第 j 层土初始极限侧阻力标准值、初始极限端阻力标准值;

β_s、β_p——分别为后注浆侧阻力、端阻力增强系数,无当地经验时,可按表 3.38 取值。对于桩径大于 800mm 的桩,应进行侧阻和端阻尺寸效应修正。

后注浆侧阻力增强系数 β_s、端阻力增强系数 β_p 表 3.38

土层名称	淤泥质土	黏性土粉土	粉砂细砂	中砂	粗砂砾砂	砾石卵石	基岩
β_s	1.2~1.3	1.4~1.8	1.6~2.0	1.7~2.1	2.0~2.5	2.4~3.0	1.4~1.8
β_p	—	2.2~2.5	2.4~2.8	2.6~3.0	3.0~3.5	3.2~4.0	2.0~2.4

本书提出一种基于桩身压缩量控制的方法进行承载力计算，这种方法是通过计算出桩身某一埋深处的桩-土相对位移值，并与该处土层的相对位移极限值进行比较，判断出该处的桩侧阻力发挥水平，若经过判断该处桩侧阻力尚未完全发挥则可对桩侧阻力增强系数进行适当折减。每层土的桩侧阻力与桩端阻力可采用下式进行计算：

$$Q_{si} = \lambda_{si}\beta_s q_{sik} \tag{3.20}$$

$$Q_p = \lambda_p\beta_p q_{pk} \tag{3.21}$$

式中 λ_{si}、λ_p——桩侧阻力发挥系数和桩端阻力发挥系数。

黏性土中桩-土相对位移达到 8mm 时桩侧阻力发挥至极限，砂性土中桩-土相对位移达到 12mm 时桩侧阻力发挥至极限，取桩端阻力发挥到极限时的桩端沉降量为 1%D。当该层土的平均桩-土相对位移在砂土中大于或等于 12mm 或者粉质黏土中大于或等于 8mm 时取 $\lambda_{si} = 1.0$；若相对位移小于目标值时，λ_{si} 按内插法进行计算。当桩端的桩-土相对位移达到 1%D 时，取 $\lambda_p = 1.0$，若相对位移小于目标值时，λ_p 按内插法进行计算。

3.6.3.2 基于桩身压缩量控制的优化设计方法

优化设计步骤如图 3.55 所示。

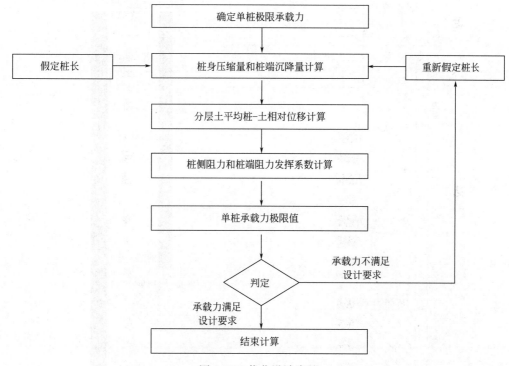

图 3.55 优化设计步骤

第一步，根据桩顶荷载和桩径设计与布置方法，确定单桩极限承载力，并根据持力层的选择方案确定桩长；

第二步，按照桩身参数与地质情况，分别按式（3.13）和式（3.15）进行桩身压缩量和桩端沉降量计算；

第三步，进行分层土桩-土相对位移平均值计算，各埋深处的桩-土相对位置值可以采用式（3.16）计算，计算条件有限时可假设桩-土相对位移量呈倒梯形变化；

第四步，可通过 3.6.3.1 节中的准则计算各层土的桩侧阻力发挥系数和桩端阻力发挥系数；

第五步，分别按式（3.20）和式（3.21）计算各层土中的桩侧阻力和桩端阻力，得出单桩承载力极限值；

第六步，将计算出的单桩承载力与设计要求进行复核，如不满足设计要求则可以重新假定桩长，并从第二步开始重新试算，直至计算出的单桩承载力满足设计要求。

3.6.3.3 优化设计算例

该工程原设计试验有效桩长 28m，理论计算单桩承载力特征值 5500kN，采用本书方法进行设计优化，初步估算优化后桩长为 18m。

如图 3.56 所示，取 $l_1 = 18\text{m}$、$l_2 = 28\text{m}$ 两个桩长进行试算。

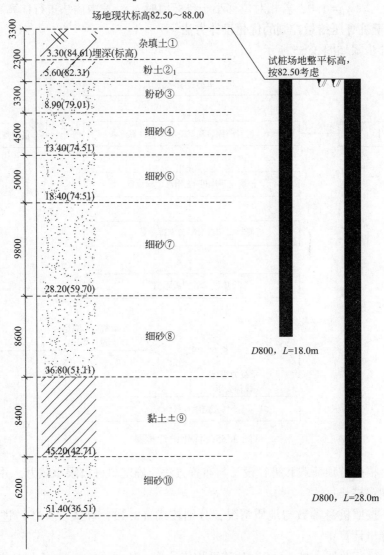

图 3.56 不同桩长空间位置

1）根据桩顶荷载和桩径设计与布置确定单桩极限承载力

本工程设计桩径为800mm，桩间距2.4m，要求单桩极限承载力为13200kN。

2）桩身压缩量和桩端沉降量计算

分别按式（3.13）和式（3.15）进行桩身压缩量和桩端沉降量的计算，求得18m桩的桩身压缩量为9.69mm，桩端沉降量为9.25mm；28m桩的桩身压缩量为14.30mm，桩端沉降量为5.00mm。

3）分层土桩-土相对位移平均值计算

为了简便计算，假设桩-土相对位移量呈倒梯形变化，绘制简化后的两桩桩-土相对位移分布曲线如图3.57所示，计算得两桩各层土的平均桩-土相对位移量与发挥系数分别如表3.39和表3.40所示。

4）桩侧阻力和桩端阻力发挥系数计算

根据图3.57中各层土的平均桩-土相对位移量，与相对位移极限值对比后，给出不同土层中的λ_{si}与λ_p，如表3.39和表3.40所示。

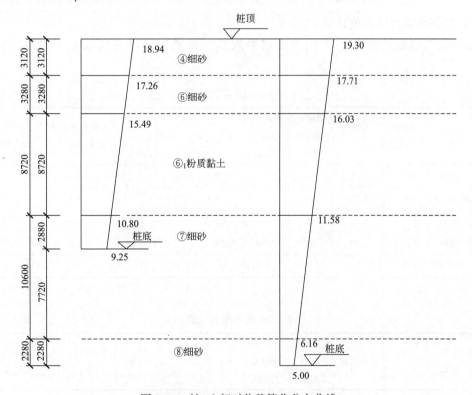

图3.57 桩-土相对位移简化分布曲线

18m桩平均桩-土相对位移量与发挥系数 表3.39

土层	土层名称	平均桩-土相对位移量（mm）	λ_{si}	桩端沉降量（mm）	λ_p
⑥	细砂	18.1	1.00	—	—
⑥₁	粉质黏土	16.38	1.00	—	—

续表

土层	土层名称	平均桩-土相对位移量（mm）	λ_{si}	桩端沉降量（mm）	λ_p
⑦	细砂	13.15	1.00	—	—
⑧	细砂	10.62	0.89	9.25	1.00

28m桩平均桩-土相对位移量与发挥系数 表3.40

土层	土层名称	平均桩-土相对位移量（mm）	λ_{si}	桩端沉降量（mm）	λ_p
⑥	细砂	18.51	1.00	—	—
⑥₁	粉质黏土	16.87	1.00	—	—
⑦	细砂	13.81	1.00	—	—
⑧	细砂	8.87	0.74	—	—
⑩	细砂	5.58	0.47	5.00	0.63

5) 单桩承载力极限值计算

取侧阻力增强系数 β_{si}、端阻力增强系数 β_p、承载力计算方式如表3.41和表3.42所示。

18m桩承载力计算 表3.41

土层	土层名称	层底标高	厚度（m）	极限桩侧阻力（kPa）	极限桩端阻力（kPa）	λ_{si}	β_{si}	λ_p	β_p	本段桩侧极限承载力（kN）	桩端极限承载力（kN）
⑥	细砂	69.38	6.4	64	—	1.00	2	—	—	2056	—
⑥₁	粉质黏土	66.1	3.28	64	—	1.00	1.5	—	—	790	—
⑦	细砂	57.38	8.72	75	—	1.00	2	—	—	3283	—
⑧	细砂	46.78	2.88	80	4000	0.89	2	1.00	3	1029	6032
总桩侧阻力 $Q_{sk} = 7159$kN				桩端阻力 $Q_{pk} = 6032$kN						$Q_{uk} = 13191$kN	

28m桩承载力计算 表3.42

土层	土层名称	层底标高	厚度（m）	极限桩侧阻力（kPa）	极限桩端阻力（kPa）	λ_{si}	β_{si}	λ_p	β_p	本段桩侧极限承载力（kN）	桩端极限承载力（kN）
⑥	细砂	69.38	6.4	64	—	1.00	2	—	—	2056	—
⑥₁	粉质黏土	66.1	3.28	64	—	1.00	1.5	—	—	790	—
⑦	细砂	57.38	8.72	75	—	1.00	2	—	—	3283	—
⑧	细砂	46.78	10.6	80	—	0.74	2	—	—	3150	—
⑩	细砂	36.52	5.58	80	4000	0.47	2	0.63	3	1053	3800
总桩侧阻力 $Q_{sk} = 8277$kN				桩端阻力 $Q_{pk} = 3800$kN						$Q_{uk} = 12077$kN	

从两表中可以算出，在桩顶荷载为 13200kN 时，18m 桩承载力计算值为 13191kN；在桩顶荷载为 13000kN 时，28m 桩承载力计算值为 12077kN。

实际工程中，采用了桩底后注浆且进行二次注浆的技术，设计有效桩长为 18m，单桩承载力极限值试验结果为 16800kN（见第 3.4 节）。节省工程造价 30% 以上。试验结果比理论结果大的原因是桩身多处实际桩径大于设计桩径，实际桩径平均值达到 828mm（见第 3.4 节）。

3.7　研究结论

桩底注浆讨论了根固混凝土灌注桩的工作机理和技术优势，通过现场试验研究分析了不同刚度的桩底注浆根固混凝土灌注桩承载力性状、桩端阻力与桩侧阻力发挥情况、桩-土相对位移与桩侧阻力发挥之间关系等，基于桩顶沉降量控制、桩侧阻力软化控制等制定了桩身压缩量与桩端沉降位移设计准则，在此基础上对根固混凝土灌注桩提出了一种优化设计方法，主要结论如下：

（1）桩身竖向刚度是影响桩侧阻力、桩端阻力发挥的一个重要参数，持力层条件允许时，通过减少桩长或增加桩径提高桩身竖向刚度，有助于桩身荷载有效传递，使下部桩侧阻力和桩端阻力更能够有效发挥。

（2）桩-土相对位移受桩身压缩量和桩端沉降量控制，进行优化设计时，应根据桩侧阻力计算准则控制桩-土相对位移。

（3）当持力层确定后，桩端阻力取决于桩底注浆质量和桩端土体压缩变形量，可通过二次注浆、提高二次注浆压力和注浆量，提高桩端阻力及其发挥度。

（4）本项目研究提出的基于沉降变形控制的桩底注浆根固混凝土灌注桩优化设计理论可行，方法可靠。

（5）后注浆灌注桩设计优化是个复杂、系统性的工作，在实际工程中，桩底注浆压力、注浆量、水泥浆配合比、浆液上返高度、浆液在桩侧形成的压密层厚度、桩端劈裂注浆体的强度等一系列因素都会对承载力产生影响，需要进一步研究。

本章参考文献

[1] 张乾青，张忠苗. 桩基工程［M］. 2 版. 北京：中国建筑工业出版社，2018.

[2] 邹健. 桩端后注浆浆液扩散机理及残余应力研究［D］. 杭州：浙江大学，2010.

[3] 张忠苗，张乾青. 后注浆抗压桩受力性状的试验研究［J］. 岩石力学与工程学报，2009，28（03）：475-482.

[4] 城市快速路工程施工工艺工法研究与应用桩基后注浆技术试验与应用研究［R］. 郑州：郑州大学，2012.

[5] 董晓星. 桩端桩侧后注浆钻孔灌注桩竖向承载机制研究［D］. 郑州：郑州大学，2012.

[6] 张建新，吴东云. 桩端阻力与桩侧阻力相互作用研究［J］. 岩土力学，2008（02）：541-544.

[7] 辛公锋. 大直径超长桩侧阻软化试验与理论研究［D］. 杭州：浙江大学，2006.

[8] 方鹏飞，姜珂，朱向荣，孔清华. 软土地区桩端后注浆桩承载性状对比试验研究［J］. 工程地质学报，2009，17（02）：280-283.

[9] 王忠福，刘汉东，何思明，黄志全. 后注浆超长灌注桩竖向承载特性载荷试验研究［J］. 地下空间

与工程学报，2013，9（02）：253-257+262.

［10］辛公锋. 竖向受荷超长桩承载变形机理与侧阻软化研究［D］. 杭州：浙江大学，2003.

［11］位俊俊. 桩身刚度对超长单桩竖向承载特性影响研究［D］. 开封：河南大学，2013.

［12］中华人民共和国建设部. 建筑桩基技术规范：JTJ 94—2008［S］. 北京：中国建筑工业出版社，2008.

［13］邓友生，郑建强，鄢红良，田青芸. 超长桩桩身变形量的计算方法研究［J］. 湖北工业大学学报，2011，26（02）：105-107，122.

［14］国家铁路局. 铁路桥涵设计规范：TB 10002-2017［S］. 北京：中国铁路出版社，2017.

［15］中华人民共和国交通运输部. 公路桥涵地基与基础设计规范：JTG 3363—2019［S］. 北京：人民交通出版社，2019.

［16］王利民. 后注浆超长钻孔灌注桩单桩承载力计算方法研究［C］.《建筑结构》编辑部，2015：830-833.

［17］邱钰，深长大直径嵌岩灌注桩承性状及应用研究［D］. 南京：东南大学，1999.

［18］A. S. Vesic. 桩与土体系中的荷载传递，地基与基础译文集［M］. 洪毓康，陈强华，译，俞调梅，校. 北京：中国建筑工业出版社，1982.

［19］洪毓康，陈强华. 钻孔灌注桩的荷载传递试验研究［R］. 同济大学科学技术情报站，1983.

［20］董金荣，林胜天，戴一鸣. 大口径钻孔灌注桩荷载传递性状［J］. 岩土工程学报，1994（06）：123-131.

［21］刘利民，张建新. 灌注桩临界位移的探讨［J］. 岩土工程技术，1997（03）：19-20+35.

［22］张忠苗. 软土地基超长嵌岩桩的受力性状［J］. 岩土工程学报，2001（05）：552-556.

［23］丁建文. 大直径深长钻孔灌注桩承载性状及工程应用研究［D］. 南京：东南大学，2005.

［24］席宁中. 桩端土刚度对桩侧阻力影响的试验研究及理论分析［D］. 北京：中国建筑科学研究院，2002.

第4章 根固混凝土预制桩

根固混凝土预制桩（Root Reinforced Precast Piles），即采用孔内灌浆或桩底后注浆方法，在桩端形成灌浆挤密扩体、水泥土扩体或对桩端土体进行加固形成的混凝土预制桩。与传统预制桩相比，根固混凝土预制桩技术不仅解决了砂砾层等硬土层无法穿透与沉桩时桩头易破坏的问题，而且可有效减小沉桩挤土效应，极大地扩展了预制桩的应用范围，如城市周边建筑、管网等密集区域。与钻孔灌注桩等非挤土桩相比，采用的预制桩在成桩质量以及质量控制上有保障，且无泥浆污染，具有施工高效快捷、机械化程度高等优点，单桩承载力约为同尺寸钻孔灌注桩的 1.2~1.5 倍。

4.1 工作机理

依施工方法和工艺根固混凝土预制桩分为孔内灌浆植入法、底部注浆植入法、桩底注浆法、中掘法。根固混凝土预制桩在成桩施工过程中，沿桩全长进行了钻孔取土，且采用了桩端扩体灌浆技术，其单桩竖向承载机理有别于其他桩型。

4.1.1 桩-土阻力作用机制

根固混凝土预制桩的桩-土阻力作用机制与一般的钻孔灌注桩不同，桩周没有泥皮；同时，与一般的预制桩也不同，除底部灌浆植入法外，预制管桩桩侧没有直接与土层联结，挤土效应较弱。由上述成桩工艺可知，预制管桩与钻孔壁径向存在空隙，且该空隙被预先灌注的胶结固化液（如水泥浆等）填充，预制桩通过固化液结石体与桩周土联结，从而将上部荷载通过桩-固化液结石体界面阻力传递至土层中，其力学传递机制如图 4.1 所示。

除底部灌浆植入法外，根固混凝土预制桩桩侧-土结构与第 5 章"根固混凝土扩体桩"的径向结构比较类似，存在两个接触面：预制桩-灌浆结石体接触面和灌浆结石体-土接触面。由此导致根固混凝土预制桩桩侧-土结构潜在破坏模式为：预制桩-灌浆结石体接触面上的剪切破坏、灌浆结石体材料内部的剪切破坏、灌浆结石体-土接触面上的剪切破坏和桩周土内部的剪切破坏。实际工程中到底发生何种破坏则与预制桩-灌浆结石体-土三者的剪切特性密切相关。已有水泥土组合桩试验

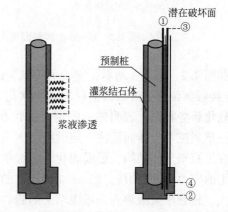

图 4.1 根固混凝土预制桩-土力学传递机制示意

研究表明，当水泥土强度达到某一强度 f_{cu} 时，预制桩与水泥土之间的极限侧摩阻力值至少可以达到 $0.194f_{cu}$，而实际工程中水泥土与周围土的极限侧摩阻力仅约 50kPa，小于预制桩与水泥土之间的剪切强度。因此，一般认为根固混凝土预制桩桩周的灌浆结石体与其内部预制桩共同作用，即桩周灌浆结石体自身及其与预制桩的接触面不会首先发生剪切破坏，桩侧剪切破坏一般发生在灌浆结石体–土接触面上或桩周土内部，根固混凝土预制桩桩周灌注固定液对单桩竖向承载具有扩径效应。

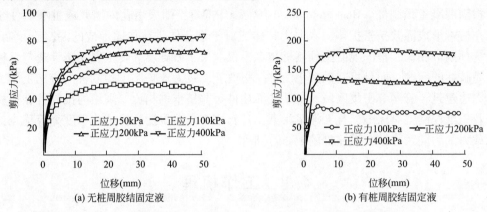

图 4.2　桩–粉质黏土接触面应力–应变曲线 （胡贺松等，2018）

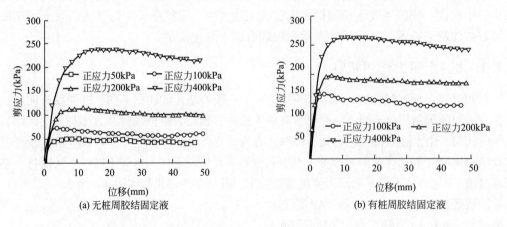

图 4.3　桩–砂土接触面应力–应变曲线 （胡贺松等，2018）

　　如图 4.2、图 4.3 所示，室内剪切试验研究表明，桩周灌注固定液后根固混凝土预制桩–土接触面位移强度曲线呈现出剪切软化现象，这与结构致密的结构性土体表现出来的剪切软化趋势相同，表明桩周固定液的存在使根固混凝土预制桩–土的结构层变得密实。因为在预制桩与土体间灌注一定的胶结固定液（如水泥浆等），胶结固定液渗入周围土体中改变了原来土体结构，形成固化土纤维结构，使得土体转为硬化材料，出现了类似于超固结土的应力–应变曲线。Ebadi（2015）的接触面试验也得到相同的趋势，认为土的孔隙率越大，越利于浆液渗入，超固结土的趋势越明显。因此，根固混凝土预制桩–土接触面的强度位移曲线一般呈现出软化现象。

　　同时，由试验结果的对比分析也可以得出，当桩周有胶结固定液时桩–土接触面峰值强度对应的剪切破坏位移减小，剪切脆性增加，说明了桩周胶结固定液使得根固混凝土预制桩-土的结构层的刚度变大。由于桩周胶结固定液凝结，使得接触面周围的土体形成较大颗粒，根固混凝土预制桩桩-土的结构层刚度变大。

4.1.2 桩端阻力作用机制

采用预先引扩孔压灌根固液、后植入预制桩的施工工艺对桩端承载特性具有增强作用，主要表现在预制桩后植入时根固液对桩端土体的加固作用、根固液的扩径作用及预制桩后沉桩时的预压作用等方面。

预制桩后植入时根固液对桩端土体的加固作用对增强桩端阻力至关重要。如图 4.4 所示，根固液在沉桩压力作用下，对桩底土层、桩底沉渣及桩底附近的桩周土体产生压密、渗透、劈裂等不同作用，可有效加固桩底土层和沉渣，提高桩底持力层的强度和刚度，进而提高桩端阻力。根固液在沉桩压力作用下压入桩底，在桩底或桩端扩径段附近向下、向四周扩散，或形成挤密土体。即使桩端为粉质黏土等注入性较差的土层，根固液也会在沉桩压力的作用下挤密桩端附近土层形成根固灌浆结石体，从而增大桩端面积，起到扩径的作用。与此同时，沉桩过程中在根固灌浆液的挤扩作用下，将对桩底土层、桩底沉渣及桩底附近的桩周土体产生预压作用，使得桩端附近土层预先完成一部分变形，进而桩端阻力可提前参与作用。

根据上述预制桩后植入成桩工艺对桩端承载性状的影响及桩端阻力增强作用机理分析，绘制桩端阻力增强效应作用机制曲线，如图 4.5 所示。曲线 OA 表示沉桩前桩端阻力-桩端位移曲线，当预制桩后植入桩端根固胶结液或扩径段时对桩端起到预压作用，曲线 OB 部分表示预制桩沉桩过程。沉桩结束后，桩端压力逐渐消散，从点 B 回弹至点 C 时压力完全消散。当桩顶受到上部结构荷载作用时，荷载传递至桩端，桩端阻力随桩端位移的变化形态沿着曲线 CD（即 OE），在同一桩端承载力作用下，无后植桩根固挤密效应的桩端位移 s_b 明显大于后植桩根固挤密时的桩端位移 s'_b，说明桩端根固挤密后较小的桩端位移就能发挥较大的桩端阻力。桩端根固挤密后，由于根固浆液对桩端土层的压密、劈裂等作用，有效地加固桩端土层，提高了桩端土层的强度和刚度，使桩端土的初始刚度从压浆前 k_b 增加至 k'_b，从而根固混凝土预制桩的端阻力相比未根固挤密时的端阻力增加了 Δq_b，进而改善了桩端承载性能。

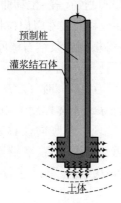

图 4.4 桩端受力机理

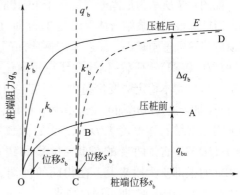

图 4.5 桩端阻力增强效应作用机制

由此可见，根固混凝土预制桩的后植入工艺或桩端后注浆工艺对桩端土体具有预压作用，能有效减少桩端阻力发挥所需的位移，可改善桩侧阻力与桩端阻力发挥的异步性和不协调性，促进了端阻力的发挥，从而降低了工作荷载作用下桩基的沉降。

4.1.3　桩端扩体的破坏模式

鉴于根部扩大段的设置对根固混凝土预制桩的承载特性影响明显，开展桩端根部扩大段的受力机制与破坏模式研究，重点考虑根固灌浆结石体强度、桩端根固灌浆结石体厚度等因素的影响。

如图 4.6 所示为根固混凝土预制桩根部扩大段模型试验试件。桩周土采用相对密度为 1.111~1.176 的砂土，根固灌浆料强度 15MPa；桩端下部根固灌浆结石体厚度 L 分别为 0mm，25mm 和 40mm（即 $L/D = 0$，0.83 和 1.30）；对内部预制圆桩施加轴向力直至试件破坏，以获取模型试件荷载-位移曲线并观察模型试件的破坏模式。

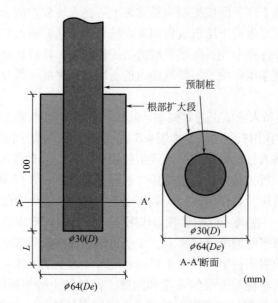

图 4.6　根固混凝土预制桩根部扩大段模型试验试件示意

如图 4.7 所示为根固液强度等于 15MPa 时根部扩大段模型试件荷载-位移曲线。可以看出，当桩端根固灌浆结石体厚度为 0mm 时（$L/D = 0$），荷载-位移曲线在竖向位移为 1mm 处桩顶荷载发生急剧减小，而后呈缓慢增加的变化趋势；当桩端根固灌浆结石体厚度为 25mm 时（$L/D = 0.83$），荷载-位移曲线在竖向位移为 5mm 处桩顶荷载发生降低，至竖向位移为 6.5mm 后呈基本稳定的变化趋势；当桩端根固灌浆结石体厚度为 40mm 时（$L/D = 1.30$），荷载-位移曲线呈持续增加的变化趋势。同时，对比桩端根固灌浆结石体厚度 $L/D = 0.83$ 和桩端根固灌浆结石体厚度 $L/D = 1.30$ 的荷载-位移曲线可以发现，在竖向位移发展至 3mm（$= 0.1D$）之前，两者的荷载-位移曲线基本重合，表明对于根固灌浆结石体强度为 15MPa 的根部扩大段来说，在相同的桩端位移控制标准（$\leqslant 0.1D$）下，桩端根固灌浆结石体厚度 $L/D = 0.83$ 即可满足要求。

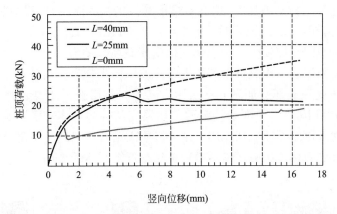

图 4.7　根部扩大段模型试件荷载-位移曲线（根固液强度等于 15MPa）

进一步观察各试件的破坏现象，如图 4.8 所示。可以看出，桩端根固灌浆结石体厚度不同时，根部扩大段表现的破坏模式不同。

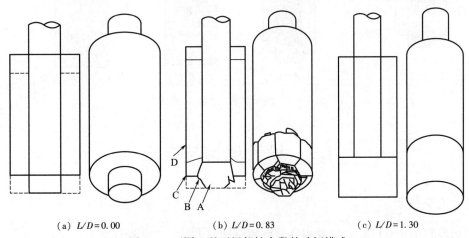

(a) $L/D=0.00$　　　　　(b) $L/D=0.83$　　　　　(c) $L/D=1.30$

图 4.8　不同工况下根部扩大段的破坏模式

当 $L/D=0$ 时，内部预制桩与周围扩体灌浆结石体之间开裂，且预制桩桩端相对扩体灌浆结石体突出，相对位移为 14mm，此时扩大段的破坏主要是沿着预制桩与结石体接触面开展，可称之为"剪切破坏"，但值得注意的是，虽然预制桩与结石体之间发生开裂，但预制桩很难从根固结石体中拔出，说明尽管预制桩与结石体之间发生了剪切破坏，两者之间仍存在较大的摩阻力。

当 $L/D=0.83$ 时，预制桩桩端相对扩体灌浆结石体突出，呈阶梯状。其中，突出部分中心 A 点距预制桩的距离约 25mm，在预制桩的竖向挤压作用下下部结石体沿 AB 发生开裂，并于预制桩下端附近向桩侧结石体开展至 C 点，A 点与 C 点的相对竖向位移约 12mm；与此同时，扩体灌浆结石体与桩周土接触面处 D 点也发生剪切破坏。因此，该工况下根部扩大段的破坏形式可称之为"冲切破坏"。

当 $L/D=1.30$ 时，根部扩大段在预制桩桩端附近出现水平裂缝，扩大段下部并无明显突出，表明内部预制桩的下压力已超过根固结石体自身的抗拉强度，该工况下根部扩大段的破坏形式可称之为"拉裂破坏"。据此不难推断，当根固灌浆结石体强度相对较低且桩端根固结石体相对较厚（≥1.30）时，桩端根部扩大段亦存在预制桩下压力超出根固结石体自身抗压强度的情况，即发生"结石体整体受压破坏"的潜在可能。

综上，可将根固混凝土预制桩根部扩大段的破坏形式分为剪切破坏、冲切破坏、拉裂破坏和结石体整体受压破坏，如图4.9所示。其中，剪切破坏主要表现为根固灌浆结石体-桩周土之间的剪切破坏，主要受接触面剪切强度及桩端土体刚度影响；冲切破坏主要表现为预制桩端对下部结石体冲切作用，主要受根固结石体强度、厚度及桩端土体刚度的影响；拉裂破坏和结石体受压破坏是预制桩桩端附近结石体的破坏形式，主要受根固灌浆结石体强度的影响。

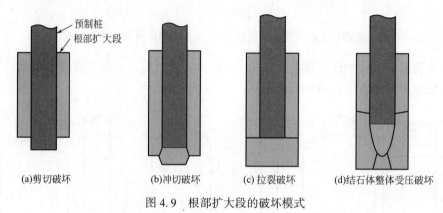

(a)剪切破坏   (b)冲切破坏   (c)拉裂破坏   (d)结石体整体受压破坏

图4.9 根部扩大段的破坏模式

4.2 设计理论与方法

4.2.1 工艺设计

根固混凝土预制桩除满足常规预制桩的设计要求外，工艺设计要点如下：

（1）孔内灌浆植入法，宜采用长螺旋钻孔压灌法工艺，灌浆材料，可采用水泥浆、水泥-膨润土浆液；地下水流速大或上部存在杂填土时，宜采用流态水泥土浆液。

（2）底部灌浆植入法，宜采用长螺旋钻孔压灌法工艺，灌浆材料宜采用水泥-膨润土浆液；也可采用长螺旋钻孔喷射搅拌法工艺，注浆材料为水泥浆。

（3）桩底注浆法，可采用长螺旋钻孔压灌法或旋挖取土成孔工艺，桩底注浆材料应采用水泥浆。

（4）中掘法，应采用随钻跟管工艺，桩端扩大段可采用深层搅拌水泥土工艺或喷射搅拌水泥土工艺。

（5）当采用孔内灌浆植入法、底部灌浆挤扩法时，预制桩宜采用静压、锤击或振动锤击法植入。

（6）预制桩植入终压值或贯入度收锤标准应通过试验性施工确定，也可根据经验确定。

同时，当遇到下列情况时，施工工艺的选择应通过工艺性试验确定。

（1）桩穿越土层中含有砂卵石、胶结黏土等坚硬夹层，或桩端为塑性指数高的黏土及遇水软化较严重的土层。

（2）桩端为密实砂土、碎石土、强风化岩，或含水量高的黏性土。

（3）存在影响孔壁稳定性的降水、振动等外部条件。

工艺性试验设计则应符合下列规定：

（1）应选择有代表性的区域进行，试验数量宜根据土层条件、设计的桩型等因素确定；相同条件下不宜少于2根，有承载力试验要求时，不宜少于3根。

（2）试验的成果检验应符合下列规定：通过桩顶标高测量检查桩入土深度是否满足设计要求；通过桩身完整性检验检查植入工艺对预制桩损伤程度；通过承载力载荷试验检查根固质量能否满足承载力设计要求，确定的终压值或贯入度控制指标是否可行。

（3）当工艺性试验效果达不到设计要求时，应会同勘察、施工单位查明原因，采取改进措施，必要时调整设计方案。

4.2.2 抗压极限承载力计算

桩竖向抗压极限承载力标准值，可采用经验参数按下式估算：

$$Q_{uk} = \sum \pi d l_i q_{sik} + \beta_{sj} \sum \pi D l_j q_{sjk} + \beta_p A_p q_{pk} \qquad (4.1)$$

式中　d——非根固段桩径（m）；

D——根固段桩径（m），孔内灌浆植入法取成孔直径，中掘法应取桩端部水泥土直径；孔底灌浆挤扩法应通过计算或经验确定；

l_j——根固段第j层土厚度（m）；

q_{sik}、q_{sjk}——非根固段、根固段极限桩侧阻力标准值（kPa），可按本书附录A取值；

q_{pk}——极限桩端阻力标准值（kPa），可按表4.1选用；

A_p——桩端阻力计算面积，桩底注浆法、孔内灌浆植入法应取预制桩截面面积（管桩取闭口后面积）；中掘法、底部灌浆植入法可取桩底扩大端截面面积（m²）；

β_{sj}——桩侧阻力系数，孔内灌浆植入法宜取1.3~1.6；桩底注浆法宜取1.3~1.5；中掘法、底部灌浆植入法非扩径段宜取1.0，扩径段可取1.3~1.5；砂性土取高值、黏性土取低值；

β_p——桩端阻力系数，可取0.5~0.8；高频振动取低值，锤击、静压、振动锤击取高值；桩底注浆法可1.0。

极限桩端阻力标准值 q_{pk}（kPa）　　　　　表4.1

桩入土深度（m）	标准贯入实测击数（击）					
	70	50	40	30	20	10
15	9000	8200	7800	6000	4000	1800
20		8600	8200	6600	4400	2000
25	11000	9000	8600	7000	4800	2200
30		9400	9000	7400	5000	2400
>30		10000	9400	7800	6000	2600

注：1. 表中数据可内插；

2. 对Q_2、Q_3地层，表中值可适当提高。

单桩承载力特征值，也可采用标准贯入、土体无侧限抗压强度等指标按下式估算：

$$R_a = \frac{1}{K}(\beta\Sigma u_i N_i L_i + \lambda\Sigma u_j q_{uj} L_j + \alpha\bar{N}A_p) \tag{4.2}$$

式中　N_i——桩侧第 i 层砂性土的标贯击数；

　　　$\bar{N}$——桩端标高上、下 $3d$ 范围内土标贯击数平均值；

　　　u_i——第 i 层砂性土桩侧周长；

　　　u_j——第 j 层黏性土桩侧周长；

　　　L_i——第 i 层砂性土厚度；

　　　L_j——第 j 层黏性土厚度；

　　　q_{uj}——桩侧第 j 层黏性土无侧限抗压强度标准值；

　　　α——桩端阻力系数，$\bar{N}\leqslant60$ 时，取 270；$\bar{N}>60$ 时，应通过试验确定；

　　　β——砂土侧阻力系数，$\bar{N}\leqslant30$ 时，取 4.0；$\bar{N}>30$ 时，应通过试验确定；

　　　λ——黏性土侧阻力系数，$q_{uj}\leqslant200\text{kPa}$ 时，取 0.5；$q_{uj}>200\text{kPa}$ 时，应通过试验确定；

　　　K——安全系数，不应小于 2.0。

4.2.3　抗拔极限承载力计算

当采用根固混凝土预制桩用于抗浮结构设计时，单桩抗拔极限承载力标准值可按下式估算：

$$T_{uk} = \Sigma\lambda_i\beta_i q_{sik}u_i l_i \tag{4.3}$$

式中　λ_i——第 i 层土承载力抗拔系数，可按表 4.2 选取；

　　　u_i——第 i 层土桩身周长，宜取钻孔直径计算周长；桩端扩径段可取扩径计算周长，不考虑扩径作用时取上部桩孔直径计算周长；

　　　β_i——桩侧阻力系数，同式（4.1）中 β_{sj} 的取值。

表 4.2

抗拔系数 λ

土类	抗拔系数 λ
$\varphi>300$ 的密实砂土	0.50~0.60
中密、稍密砂土	0.60~0.70
黏性土、粉土	0.70~0.80
$\varphi<100$ 的饱和软土	0.80~0.90

4.3　施工与质量控制

4.3.1　施工控制要点

4.3.1.1　施工前准备

根固混凝土预制桩施工，应具备下列资料：

（1）建筑场地岩土工程勘察报告，已完成并形成的邻近区域内的地下管线、地下构筑物等的周边环境调查资料。

（2）经审查批准的施工图设计文件及图纸会审纪要。

（3）包括主要施工机械及其配套设备性能、施工方法、工艺参数等内容的施工组织设计文件。

（4）作业人员的安全、技术交底签字文件。

（5）水泥、砂、石、钢筋、预应力管桩等原材料及其制品的质检报告。

施工设备配备应符合下列规定：

（1）配备的长螺旋钻机、旋挖钻机，应具备进入相应持力层的施工能力。

（2）孔内灌浆植入法、下部灌浆植入法配置的长螺旋钻机钻杆、钻头应能满足压灌施工或旋喷注浆施工的要求。

（3）中掘法施工宜选择宜自带桩锤的桩架。

正式开始工程桩施工前，应进行工艺试验性施工以确定施工参数。

4.3.1.2 孔内灌浆注入法

孔内灌浆植入法施工步骤如图4.10所示。

施工时应注意以下要点：

（1）孔内注浆材料可采用水泥浆、水泥土、水泥-膨润土浆液或水泥浆；也可在下部采用水泥土、水泥-膨润土浆液，上部采用水泥浆。

（2）空孔部分孔壁稳定性差时，宜将浆液灌注至孔口或不易塌孔处。对容易产生剪切液化的土层，可在钻进过程中泵送低浓度的膨润土浆液。

（3）采用旋挖、洛阳铲成孔时孔内灌浆应采用导管自下而上进行。灌浆水泥用量可按下式计算：

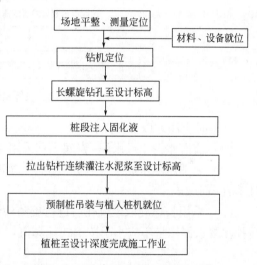

图4.10 孔内灌浆植入法施工步骤

$$M = \frac{1}{4}\pi(D^2 - d^2)L\gamma n \qquad (4.4)$$

式中 M——实际注浆水泥用量（kg）；

D——引孔直径（m）；

d——管桩外径（m）；

γ——水泥浆固结体重度，可取 20kN/m³；

n——注浆量系数，可取 1.2~1.3；

L——桩引孔长度（m），可取设计桩长。

（4）静压或锤击植桩，应按工艺试验结果或设计要求控制终压值或贯入度，振动植桩应控制桩长。

4.3.1.3 底部灌浆植入法

底部灌浆植入法施工步骤如图 4.11 所示。

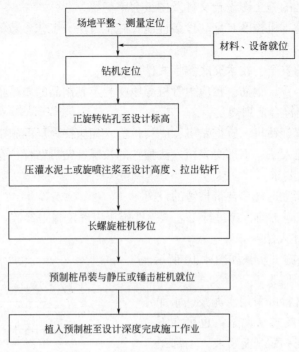

图 4.11 底部灌浆植入法施工步骤

施工时应注意以下要点：

（1）流态水泥土或水泥-膨润土宜采用工厂化生产，并应满足泵送要求。

（2）底部压灌水泥土或水泥-膨润土浆液、旋喷注浆形成灌浆体的高度不应小于 4d，且不宜小于 2m。

（3）采用长螺旋取土成孔后进行旋喷注浆施工，应采取坐底旋喷工艺，并且底部旋喷搅拌注浆水泥用量不应小于按下式计算值：

$$M = \frac{1}{4}\pi D^2 h\gamma\alpha n \qquad (4.5)$$

式中 M——水泥用量（kg）；

D——底部旋喷搅拌水泥土固结体直径（m）；

α——旋喷搅拌注浆单位体积水泥掺量比，不应小于水泥土固结体重度的 30%；

n——损失系数，可取 1.3；

h——底部旋喷注浆固结体高度（m）；

γ——水泥土固结体重度，可取 20~24kN/m³，黏土、砂土取小值，碎石、卵石取大值。

4.3.1.4 桩底后注浆法

桩底后注浆法施工步骤如图 4.12 所示。

施工中应注意以下要点：

（1）成孔后及预制桩安装期间至注浆前，应采取防止塌孔、雨水入侵措施。

（2）底部注浆装置应事先与管桩端板固定，注浆管宜置于管桩孔内，底部注浆装置、注浆管应与预制桩底部端板连接牢靠并封闭，并且随预制桩一起安装。

（3）浆液宜采用水泥浆，注浆水泥用量可根据同类工程经验或通过试验确定，初步设计时可按下式估算：

$$M = m_c \left(\frac{1}{4}\pi d^2 t \alpha + \pi d \Delta h \right) \quad (4.6)$$

式中 M——水泥用量（kg）；

m_c——注浆体水泥含量（kg/m³）；

α——桩端注浆量系数，宜按表4.3 选用；

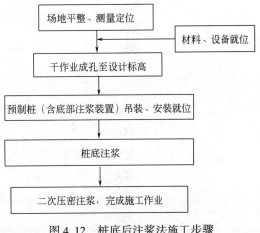

图4.12 桩底后注浆法施工步骤

d——有效注浆上泛段桩径（m），对于下部扩径段应取扩径段直径；

t——桩底注浆固结体高度（m），可取 0.8～1.0m；

h——桩底注浆有效上泛高度（m），可根据土层和地下水条件，桩底埋置深度等按经验取值；正常固结的黏性土、粉土、砂土，在本标准规定的压力条件下不宜小于20m，桩长小于20m时应取设计桩长；

Δ——桩侧浆体计算厚度，可取 30～50mm。

桩端注浆量系数 表4.3

持力层	黏性土、粉土	砂土	碎石土
α	≥3.0	3.0～5.0	≥4.0

（4）应进行二次注浆，二次注浆应在一次注浆浆液初凝后进行。

4.3.1.5 中掘法

中掘法施工步骤如图4.13所示。施工中应注意以下要点：

（1）管桩应选择内壁均匀、光滑浮浆厚度不大于2mm的优质产品。

（2）螺旋钻引导孔直径宜略小于管桩外径，需要进行桩侧注浆时，螺旋钻引导孔直径宜为（d+40）mm。

（3）钻机钻进过程中，不得反转或提升钻杆；当遇到卡钻、钻机摇晃、偏斜或发生异常时，应立即停钻，查明原因，采取相应措施后方可继续作业。

（4）管桩跟进速度应与钻机成孔同步，钻杆及钻头入土深度和管桩入土深度应一致。

（5）击打或激振后的预应力管桩入土深度应满足《根固混凝土桩技术规程》相关要求。

4.3.2 质量控制与检验

4.3.2.1 质量控制要点

（1）灌浆施工参数的选取。当采用孔内灌浆植入法时，注浆压力宜为 0.5～1.0MPa，

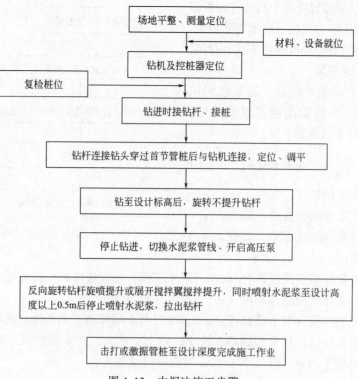

图 4.13 中掘法施工步骤

注浆水灰比宜为 0.45~0.65；当采用中掘法形成扩体时，注浆压力应根据土层条件和扩体直径确定，宜为 10~20MPa，水灰比宜为 0.8~1.0；当采用长螺旋成孔坐底旋喷时，旋喷注浆压力不宜小于 10MPa，水灰比宜为 0.8~1.0；当采用桩底预埋装置进行注浆时，注浆压力宜为 0.5~2MPa，注浆水灰比宜为 0.55~0.80。桩端持力层为硬黏土时，水灰比不宜大于 0.60；此外，有特殊设计需要时应通过试验确定。

（2）孔内灌浆植入法施工过程中采用不同灌浆材料时，应注意不同灌浆的切换衔接。

（3）中掘法搅拌翼钻头钻杆拉出桩孔后，应及时击打预制桩至水泥土底或原状土中一定深度。

（4）孔底灌浆法施工采用长螺旋压灌工艺时，应采取措施防止塌孔及弃土掉入桩孔内；当采用高压旋喷工艺时，坐底旋喷施工时间不宜小于 2min。

（5）桩底注浆法工艺，应控制好二次注浆压力和桩底注浆量。

（6）桩垂直度控制符合要求，接桩时应检查第一节桩的垂直度；当垂直度偏差大于 0.5% 时，宜进行校正；送桩前，应对桩身垂直度进行检查。

（7）植入施工需要送桩时，不宜采用预制桩替代送桩器。

（8）桩的施工记录应及时、准确，并应符合下列规定：当配置施工自动记录仪时，应对自动记录仪的工作状态、所记录的各种施工数据进行核实，分析判断其可靠性；当采用人工记录时，应对作业班组所安排专人记录的内容进行检查；各班组施工完成后，施工记录应经旁站人员签名确认。

（9）软土场地桩的上浮量超过 100mm 时，宜采取复压措施。

4.3.2.2 质量检验内容

（1）施工前检验。现场预制混凝土桩，应对原材料、钢筋骨架、混凝土强度进行检验；成品桩进场后应检查产品合格证、成品桩的规格和型号、外观质量；成品桩外观质量检查应包括直径、长度，端板厚度、斜度，混凝土表面观感等；应对接桩用机械连接接头质量、焊条等材料进行检验；应检查灌浆原材料的配合比、力学性能与施工性能试验报告。

（2）施工中检验。应检查预制桩植入深度、桩身垂直度；应检查接桩质量；采用焊接时，应检查焊条的质量和直径，电焊坡口的尺寸，记录并监控焊接所用的时间，检查焊缝的质量、焊完后植入前停歇时间等；预制桩采用锤击法植入时，应检查最后 1.0m 进尺锤击数，最后三阵贯入度及桩尖标高；采用静压法植入时，应检查复压次数、终压值；应检查灌浆压力、水灰比、灌浆量记录；应检查试件留置数量及制作养护方法、试块抗压强度。

4.3.2.3 质量检验标准

（1）预制桩桩位偏差应满足表4.4的要求。

桩位验收标准 　　　　　　　　　　　　　　　　　　　　　表 4.4

项目		允许偏差（mm）
带有基础梁的桩	垂直基础梁的中心线	$100+0.01H$
	沿基础梁的中心线	$150+0.01H$
桩数为 1～3 根桩基中的桩		$100+0.01H$
桩数为 4～16 根桩基中的桩		1/2 桩径或边长
桩数大于 16 根桩基中的桩	最外边的桩	1/3 桩径或边长
	中间桩	1/2 桩径或边长

注：H 为施工作业面至设计桩顶标高的距离。

（2）桩的垂直度、桩顶标高、收锤标准或终压值标准、上下节平均偏差、节点弯曲矢高、填芯混凝土质量等检验标准应满足表4.5的要求。

根固混凝土预制桩质量检验标准 　　　　　　　　　　　　　表 4.5

编号	检查项目	允许偏差或允许值（mm）	检查方法和要求
1	垂直度	≤1/100	经纬仪
2	桩顶标高	±50	水准测量
3	上下节点平均偏差	≤10	钢尺量
4	节点弯曲矢高	同桩体弯曲要求	钢尺量
5	收锤标准	设计要求	实测或检查施工记录
6	终压标准	设计要求	实测或检查施工记录
7	孔径	设计要求	量钻杆或钻头外径
8	填芯混凝土	设计要求	检查灌浆量、钢筋笼质量
9	预制桩产品质量	在合格标准内	检查合格证、外观
10	灌（注）浆施工桩长	设计要求	检查停浆钻头施工面标高

（3）灌（注）浆质量检验标准应满足表4.6的要求。

灌（注）浆质量检验标准　　　　　　　　　　　　表4.6

项目	序号	检查项目		允许偏差或允许值		检查方法
				单位	数值	
主控项目	1	原材料	水泥	设计要求		检查产品合格证书、抽样送检
			灌浆用砂:粒径	mm	<2.5	试验室试验
			细度模数		<2.0	
			含泥量及有机物含量	%	<3	
			灌浆用黏土:塑性指数		>14	试验室试验
			黏粒含量	%	>25	
			含砂量	%	<5	
			有机物含量	%	<3	
			粉煤灰:细度	不粗于同时使用的水泥		试验室试验
			烧失量	%	<3	
			水玻璃:模数	2.5~3.3		抽样送检
	2	灌浆体强度		设计要求		取样检验
一般项目	1	各种灌浆材料称量误差		%	<3	抽查
	2	灌浆孔深或高度		mm	±100	量测注浆管长度
	3	混凝土坍落度		mm	±10	试验
	4	水泥浆水灰比		%	±10	称重
	5	总灌浆量		%	±30	计量
	6	水泥砂浆混合料、水泥土混合料稠度		%	5	标准试验
	7	水泥砂浆混合料、水泥土混合料、细石混凝土相对密度		%	10	测量
	8	灌浆压力(与设计参数比)		%	±10	检查压力表读数

4.4　工程应用实例一

4.4.1　工程概况

六安市太古·光华城位于六安市金安区梅山北路与光华路交口西北侧，项目场地临近淠河东岸，用地面积363亩，总建筑面积83万 m^2，主体为18~33层高层住宅，6~8层多层住宅，部分2~3层附属商业，设单层地下车库。项目平面如图4.14所示。

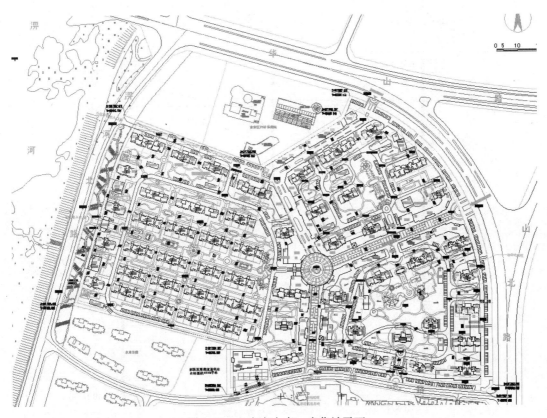

图 4.14　六安市太古·光华城平面

拟建场地地形略有起伏，杂填土下有较厚的粉土、砂土、中砂夹砾等土层。场地地下水埋藏类型主要为潜水，地下水埋深约为 0.5～1.5m。根据地质报告，场地类别为Ⅱ类，属抗震一般地段。场地土层的工程特性情况如下：

①层杂填土；

②$_1$层粉土夹粉砂：松散状态；

②层细砂：松散～稍密状态；

③层粉质黏土夹粉土：粉质黏土软塑状态，粉土稍密状态；

④层中砂：稍密～中密状态；

⑤层中砂夹砾：稍密～中密状态，主要成分为石英、长石等，局部夹少量颗粒粒径约 2.00cm 砾砂，含量少于 10%。

⑥层强风化砂岩：密实状态，地基承载力特征值 $f_{ak}=350kPa$；

⑦层中风化砂岩：岩性较均匀，层位较稳定，工程特性良好，铁钙质胶结，饱和抗压强度标准值为 16.17MPa，属较软岩，岩体较完整，地基承载力特征值 $f_{ak}=1000kPa$，层顶埋深 14.40～21.20m。

由典型土层断面 4.15 可以看出，在⑥层强风化砂岩以上覆盖有 12～13m 厚度的稍密至中密状态的中砂层和中砂夹砾石层，如采用一般的静压和锤击沉桩工法，管桩将难以穿透砂层。因此，本项目尝试采用中掘法沉桩工艺进行管桩施工。

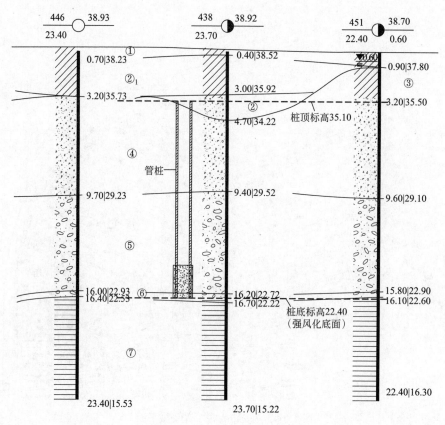

图 4.15　典型土层断面示意

4.4.2　设计选型与试桩

本项目一期工程的 10 号楼（33 层）、11 号楼（33 层）、14 号楼（33 层）、15 号楼（32 层）、17 号楼（33 层）、18 号楼（27 层）共六幢楼，采用了中掘法沉桩的根固混凝土预制桩基础，管桩规格为 PHC-800 AB 110。

为验证中掘法沉桩在该场地的适应性和施工工艺，获得为设计提供依据的单桩竖向极限承载力标准值，施工前在项目场地内做了三根试桩，如图 4.16 和图 4.17 所示。

其中，三根试桩桩长 16m，扩大头端长度分别为：S1 号桩 3.4m、S2 号桩 3.2m、S3 号桩 5.0m，扩大头底面都置于中风化基岩表面。

管桩进入扩大头段长度分别为 S1 号桩 3.2m、S2 号桩 1.8m、S3 号桩 4.4m。注浆材料为 42.5 级普通硅酸盐水泥，水灰比 0.6，注浆压力值 0.5MPa。

检测单位对三根试桩进行单桩竖向静载荷试验，试验方法采用慢速维持荷载法分级加载，做破坏性试验。结果显示 S1 号、S2 号、S3 号试桩的单桩竖向抗压承载力极限值分别为 8460kN、6580kN、8460kN。

S1 号、S2 号、S3 号试桩竖向静载试验结果汇总如表 4.7～表 4.9 所示。根据结果可知，S1 号试桩桩底至扩大头底面距离最小为 0.2m，从静载试验结果分析该桩承载力最高；

S2 号试桩桩端下水泥土高度最高，承载力最低；S3 号试桩极限承载力同 S1 号桩，桩底距扩大头底面 0.6m，但在最大加载级持荷时间短（仅 15min）。后两个桩的共同特点是有较高的桩端下水泥土，承载力表现均不如 S1 号桩。为防止在极限荷载作用下桩端底面的水泥土发生材料破坏，降低桩的承载力和增大沉降，决定工程桩的桩端下不留扩大头水泥土，即桩底与扩大头底面持平。

S1 号试桩竖向静载试验结果汇总　　　　表 4.7

序号	荷载(kN)	本级历时(min)	累计历时(min)	本级沉降(mm)	累计沉降(mm)
0	1880	120.00	120.00	3.16	3.16
1	2820	120.00	240.00	1.96	5.12
2	3760	120.00	360.00	2.30	7.42
3	4700	120.00	480.00	1.55	8.97
4	5640	120.00	600.00	1.83	10.80
5	6580	120.00	720.00	2.04	12.84
6	7520	120.00	840.00	4.16	17.00
7	8460	240.00	1080.00	5.57	22.57
8	9400	150.00	1230.00	34.48	57.05

图 4.16　试桩施工现场照片

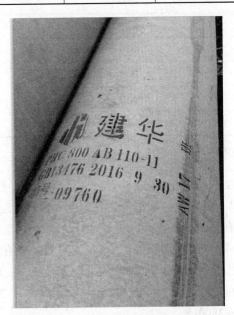

图 4.17　试桩规格

S2 号试桩竖向静载试验结果汇总　　　　表 4.8

序号	荷载(kN)	本级历时(min)	累计历时(min)	本级沉降(mm)	累计沉降(mm)
0	1880	120.00	120.00	4.33	4.33

续表

序号	荷载(kN)	本级历时(min)	累计历时(min)	本级沉降(mm)	累计沉降(mm)
1	2820	120.00	240.00	2.93	7.26
2	3760	120.00	360.00	3.09	10.35
3	4700	120.00	480.00	3.32	13.67
4	5640	120.00	600.00	3.40	17.07
5	6580	120.00	720.00	4.54	21.61
6	7520	60.00	780.00	38.42	60.03

S3 号试桩竖向静载试验结果汇总 表 4.9

序号	荷载(kN)	本级历时(min)	累计历时(min)	本级沉降(mm)	累计沉降(mm)
0	1880	120.00	120.00	3.05	3.05
1	2820	120.00	240.00	1.75	4.80
2	3760	120.00	360.00	1.85	6.65
3	4700	120.00	480.00	2.46	9.11
4	5640	120.00	600.00	2.77	11.88
5	6580	120.00	720.00	3.78	15.66
6	7520	120.00	840.00	3.43	19.09
7	8460	120.00	960.00	3.87	22.96
8	9400	15.00	975.00	20.87	43.83

根据试桩的静载试验结果和数据分析，确定中掘法大直径管桩用于设计的参数为：扩大头高度 3400mm，扩大头直径 960mm；桩端进入深度 3400mm（即桩底与扩大头底面持平）；要求桩端和扩大头底面进入强风化层的底面、中风化砂岩层的顶面。考虑到三根试桩在场地地表进行，桩长 16m，未开挖至设计标高，实际工程桩的桩顶标高比试桩约低 3~4m，按 4m 桩长计算极限侧阻力标准值约为 400kN，长度 16m 的 S1 号试桩竖向抗压承载力极限值为 8460kN，则长度 12m 的工程桩竖向抗压承载力极限值为 8460−400 = 8060kN，R_a 可取 4030kN。为适当提高工程桩的安全度，单桩竖向承载力特征值取 $R_a = 3800$kN。

图 4.18 为施工图设计时采用的中掘法大直径管桩构造。

预制管桩型号为 PHC-800 AB 110-12；注浆材料使用 42.5 级普通硅酸盐水泥，水灰比 0.6，注浆压力 0.5MPa，注浆量约为 2.04m³。采用平板式筏板基础厚度为 800mm，C35 混凝土；筏板底面持力层为②层细砂层，承载力特征值 $f_{ak} = 120$kPa。桩布置于剪力墙下，桩位平面布置如图 4.19 所示。

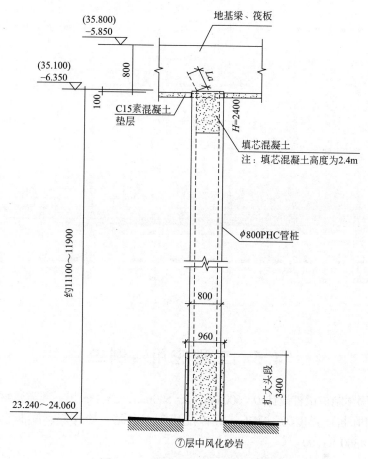

图 4.18 中掘法大直径管桩构造

4.4.3 应用效果评价

工程桩施工结束后,检测单位对六幢楼桩基进行了基桩完整性检测和单桩竖向抗压承载力检测,检测结果均符合设计要求;并对各主楼在施工和使用期间进行沉降观测,至建筑物沉降速率小于规范规定值后进入稳定阶段的观测结果显示,六幢主楼沉降量和差异沉降均满足规范要求。

同时,开展经济性比较和环境效益优势分析。对同一栋楼采用中掘法根固混凝土预制桩和钻孔灌注桩进行对比:

(1) 根固混凝土预制桩:数量 75 根,直径 800mm,桩长 12m,每米造价约 650 元,桩基总造价约 75×12×0.065=58.5 万元。

(2) 钻孔灌注桩:数量 71 根,直径 800mm,桩长 13m,每米造价约 1020 元,桩基总造价约 71×13×0.102=94.1 万元。

前者造价约为后者的 62%,经济性优势明显;并且避免了泥浆护壁钻孔灌注桩施工中产生的泥浆污染和排放,环境效益高。

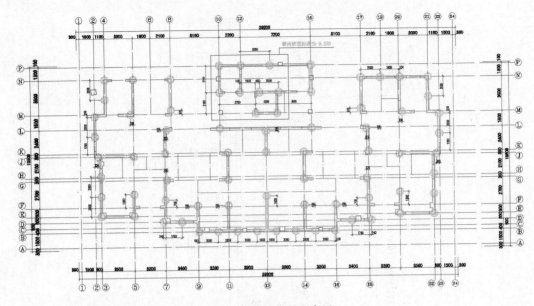

图 4.19 桩位平面布置

4.5 工程应用实例二

某工程根固预制桩试桩设计 $D=600mm$，$d=500mm$，$L=15m$。下部灌浆材料为水泥土混合料，28d 无侧限抗压强度为 10MPa；具体配比为：水泥：粉煤灰：膨润土：水：细砂 = 300：50：150：300：1200。

地质剖面及桩空间位置如图 4.20 所示。

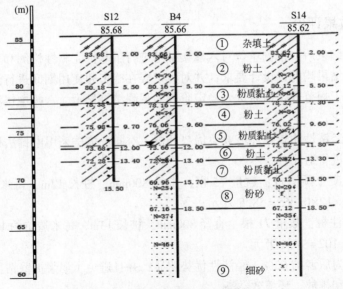

图 4.20 地质剖面及桩空间位置

②粉土（Q_4^{al}），地层呈褐黄色，稍湿，中密，干强度低，韧性低，无光泽，偶见黑色腐殖质斑点。局部夹粉砂，稍湿，稍密。

③粉质黏土（Q_4^{al}），地层呈褐黄色~褐灰色，稍湿~湿，稍密~中密，干强度低，无光泽，偶见少量蜗牛壳碎片。局部夹粉质黏土，褐灰色，软塑。

④粉土（Q_4^{al}），地层呈褐灰色，稍湿~湿，中密~密实，触摸有砂感，干强度低，韧性低，无光泽，偶见少量蜗牛壳碎片。

⑤粉质黏土（Q_4^{al}），可塑，局部夹粉砂薄层，湿，中密。

⑥粉土（Q_4^{al}），地层呈褐灰色，可塑状，切面稍有光泽，干强度中等，韧性中等，偶见少量蜗牛壳碎片。局部夹粉土，湿，中密。

⑦粉质黏土（Q_4^{al}），地层呈褐灰色~灰黑色，局部灰黄色，软塑~可塑，切面有光泽，干强度中等，韧性中等，含较多腐殖质和蜗牛壳碎片，含少量钙质结核，局部夹粉土，湿，中密。局部存在淤泥质土夹层，流塑状。

⑧粉砂（Q_4^{al}），地层呈褐灰色，灰黄色，饱和，密实为主，主要矿物成分为石英、长石，偶见螺壳碎片，平均厚度约3m。

⑨细砂（Q_4^{al}），饱和，密实。该层场地内连续均匀分布，厚度超过10m。

场地地下水类型可分为潜水及微承压水。勘察期间全标段潜水水位埋深为自然地面下约12.3~16.8m。

采用长螺旋成孔，桩下部灌注水泥土混合料，灌浆高度7.8m。管桩采用高频振动插桩机配合吊车作业插入。地质资料及土层条件查《高层建筑岩土工程勘察标准》JGJ/T 72—2017附录A.0.1得到桩侧阻力与桩端阻力取值如表4.10所示。

桩侧阻力与桩端阻力   表4.10

层号	土层名称	厚度（m）	标准贯入试验实测击数 N（击）	极限桩侧阻力 q_{sik}（kPa）	极限桩端阻力 q_{pk}（kPa）
②	粉土	3.5	7	50	—
③	粉质黏土	1.8	9	45	—
④	粉土	2.4	7	50	—
⑤	粉质黏土	2.3	7	40	—
⑥	粉土	1.4	8	42	—
⑦	粉质黏土	2.1	8	42	—
⑧	粉砂	1.5	25	80	7100

$D=0.7$m，桩侧阻力系数黏性土、粉土取1.5，砂土取1.8，桩端阻力折减系数取0.6，将参数代入下式：

$$Q_{uk} = \pi D l_j \beta_{sj} q_{sjk} + \beta_p \frac{\pi D^2}{4} q_{pk}$$

单桩承载力极限值计算结果：$Q_{uk} = 3626$kN。

施工完成后进行了两组单桩静载荷试验，试验Q-s曲线如图4.21所示。

极限承载力平均值：Q_{uk} = （3600+3600）/2 = 3600kN。

计算结果与试验结果基本接近，说明计算方法可行。

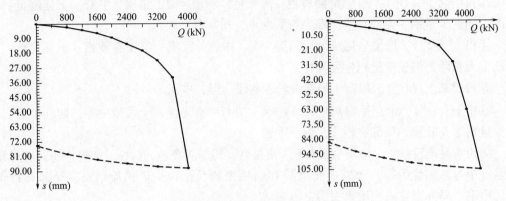

图 4.21 单桩承载力试验 Q-s 曲线

第5章　扩体桩设计理论与工程应用

5.1　扩体桩作用机理

近年来，基础设施建设发展速度快、建设规模大、营建标准高，对地基基础提出了更严格的安全、经济、绿色环保要求。钻孔灌注桩、预制桩等传统桩型虽然广泛应用于各领域的基础工程中，但其自身缺陷带来的诸多问题亦不容忽视。例如，钻孔灌注桩存在成桩工艺复杂、质量控制要求高和工程造价高等缺点，尤其采用泥浆护壁工艺时泥浆外运的环境问题直接限制其推广应用；预制桩超越硬土层困难，易引起爆桩，并且作为一种挤土桩，其对周围土体的扰动问题，以及施工中易引起已压入桩的上浮、偏移和翘曲等问题不容忽视。

扩体组合桩作为一种新型的桩基形式，由混凝土桩或型钢外包裹水泥土混合料、水泥砂浆混合料、低强度等级混凝土等固结体组成[1]，如图5.1所示。芯桩与包裹固结体共同承担上部荷载，具有较高的单桩承载力、良好的抗渗性和经济环保等优势，可应用于桩基工程、基坑支护、软土地基处理等领域，受到工程界和学术界的广泛关注。

广义上的扩体组合桩包含已有的混凝土芯水泥土搅拌桩[2~4]、劲性搅拌桩[5,6]、高喷插芯组合桩[7,8]等水泥土复合桩型，其结构特点与SWM工法型钢水泥搅拌桩、日本肋型钢管水泥土桩及欧美Pin Pile较为相似[9]。自20世纪70年代日本首次研发应用SWM工法型钢水泥土搅拌桩以来，国内外对此类在水泥土搅拌桩中插设混凝土桩或型钢的扩体桩开展了大量理论、试验和数值模拟研究[2~11]。研究成果表明：（1）内芯混凝土桩是主要承载构件，内芯混凝土桩与外包水泥土界面通常具有足够的剪切强度，将荷载有效地传递到桩周土体中[5,7,8,10,12]；（2）水泥土复合桩桩土界面侧摩阻力普遍比混凝土桩土界面摩阻力高[3,5]；（3）内芯混凝土桩与外包水泥土几何尺寸组合中，芯桩长度的影响效应高于芯桩横截面积的尺寸效应；并且外包水泥土强度对组合桩承载性能和破坏模式影响显著[10]。

已有的水泥土组合桩通过内芯混凝土桩和外包水泥土的协调工作，可较好地发挥刚性混凝土的承载力和水泥土对桩周土体的加固效应。然而，受搅拌工法（干喷、湿喷）和高压旋喷工法的限制，此类组合桩多适用于相对软弱的软土地基，对于硬黏土层、密实砂土层地基则成桩困难。周同和等[13,14]通过引入长螺旋压灌浆工艺和取土喷射搅拌扩孔（机械扩孔）工艺，研发了扩体桩的全置换植入法施工工艺（图5.2），并进一步提高芯桩包裹材料的强度（≥10MPa），将扩体组合桩应用于饱和软黏土等不宜直接采用预制桩的土层，以及硬黏土、密实粉土、密实砂土、卵石等直接采用预制桩施工较为困难的土层，拓展了扩体桩的工程应用领域。

目前，既有研究成果多集中于采用深层搅拌法或高压旋喷法形成的就地搅拌水泥土桩中插入预制桩的水泥土组合桩。为了进一步促进组合桩的应用，完善并发展组合桩的工程应用理论，本章对长螺旋压灌浆工艺下桩截面材料相对均一、扩体材料强度相对较高（≥10MPa）的扩体组合桩开展作用机理分析，提出其抗压承载力理论模型及计算参数，并通过现场试验与数值分析验证计算方法的可行性，为其在工程中的推广应用提供科学依据。

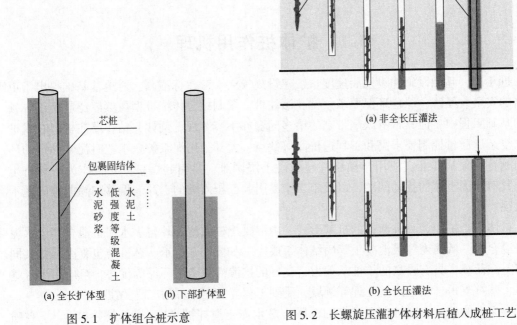

图 5.1　扩体组合桩示意

图 5.2　长螺旋压灌扩体材料后植入成桩工艺

5.1.1　作用机理

扩体组合桩采用长螺旋成孔后压灌水泥砂浆混合料、低强度等级混凝土或水泥土混合料，然后静压、锤击打入或高频振动插入预制混凝土桩的施工工艺，具有施工速度快、经济、绿色环保等优点，可以更好地发挥组合桩良好的承载性能，极大地拓展其工程应用范围。施工中，扩体材料为芯桩植桩提供了良好的施工条件，降低桩身损伤程度；受荷工作时，包裹在预制桩周围的扩体材料不仅对桩身混凝土具有约束作用，而且可进一步增强组合桩的桩侧阻力和桩端阻力。

5.1.2　桩侧作用机制

扩体组合桩具有芯桩-扩体材料和扩体材料-周围土体两个相互作用界面。在上部荷载作用下，刚性芯桩首先承担了较大部分的荷载，并通过剪应力的形式传递给扩体材料，然后扩体材料通过与土体的相互作用再将荷载传递至周围土体。已有水泥土组合桩试验研究表明，当水泥土达到某一强度 f_{cu} 时，芯桩与水泥土之间的极限侧摩阻力值至少可以达到 $0.194 f_{cu}$，而实际工程中水泥组合桩与周围土的极限侧摩阻力约 $50 \sim 150kPa$，远小于芯桩与水泥土之间的剪切强度。因此，可认为芯桩与扩体材料（水泥土）可形成共同作用。

Wonglert 等（2015）[10] 通过模型桩和数值模拟也得出了类似的结论：当芯桩周围水泥土强度较大时（>0.69MPa），剪切塑性区主要出现在水泥土周围土体和芯桩桩端处，如图5.3所示。本章所涉扩体组合桩的扩体材料强度不小于10MPa，芯桩与扩体材料的剪切强度更大，两者共同作用效应更为显著。

同时，针对此类扩体组合桩，由于预制混凝土桩的植入（或锤击，或高频振动插入）而存在一定的挤密效应，使得扩体材料和桩周土在一定程度上被挤密，部分扩体材料渗入桩周土体中，桩土界面粘结强度进一步增强，桩土界面侧阻力增大。

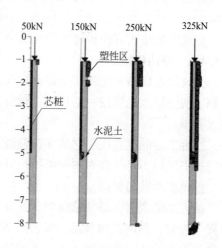

图5.3 扩体桩塑性区开展[10]

5.1.3 桩端作用机制

扩体组合桩中包裹材料对桩端阻力具有增强作用。芯桩与包裹材料的共同作用，不仅可将包裹材料的横截面面积视为增加了桩端持力面积，而且随着桩顶荷载的增大，桩端荷载逐渐增大，持力层塑性区逐渐开展，包裹材料的存在对桩端土塑性区的开展还具有一定的约束，因此对桩端阻力的发挥具有增强作用。同时，随着桩端土塑性区的开展，桩端0~5倍桩径范围会形成"土拱效应"，进而对桩端附近侧摩阻力具有较大的增强作用。

5.1.4 与已有技术的比较

5.1.4.1 劲性复合桩技术

2014年10月1日起，我国开始实施行业标准《水泥土复合管桩基础技术规程》JGJ/T 330—2014、《劲性复合桩技术规程》JGJ/T 327—2014。

前已述及，两标准中涉及的劲性桩均采用就地搅拌水泥土中打入预制桩的工艺，但对桩端根固的作用和做法缺少主观性。

5.1.4.2 中掘根固法

在预制管桩中放入钻杆，将钻杆伸到管桩底部，钻杆钻头螺旋成孔的同时，管桩随之下沉，分为随钻跟管法、扩底中掘法。

中掘法施工时，预应力管桩随钻头下钻而下沉，同时管桩本身能起到护壁作用，能有效防止塌孔。钻孔结束时沉桩完成，无需大量排土，施工现场比较整洁。但中掘法用于扩底施工形成根固预制桩时，要求钻头具备扩孔功能，目前国产钻机伸缩钻头容易破损，入岩难度大，是影响中掘法成桩的主要原因。

中掘法预应力管桩竖向荷载传递规律与其他桩型相似；相对于锤击法沉桩，中掘预应力管桩施工时挤土效应减弱，导致侧摩阻力减小，但其桩端旋喷注浆技术可以有效提高桩身承载能力；中掘预应力管桩的单桩极限承载力与同一场地的锤击桩较为接近。

在管桩直径和长度相等的情况下，常规锤击法管桩的单桩极限承载力较随钻跟管中掘法管桩高 10% 左右，但扩底中掘法管桩较钻孔灌注桩可提高 30% 以上。

采用锤击法施工，预制桩对桩周土体在水平方向和深度方向均产生明显的挤土效应，且挤土效应呈现出明显的规律性及土层差异性，而新型中掘管桩在沉桩后，桩周土体未发生明显挤土效应，土中孔隙水压力基本没有变化，对附近建筑物和环境未造成大范围影响。

扩底中掘法大直径管桩比传统沉桩法管桩具有更高的单桩竖向极限承载力。

5.1.4.3 静钻根植法

先通过螺旋钻预先钻孔至设计标高，并对桩底进行扩孔，同时将部分孔中土取出，再将剩下的土与水泥浆按一定比例进行混合搅拌，形成水泥搅拌桩，最后将预制桩依靠自重沾入其中。

这种工法的优点在于它能穿透较硬夹层使预制桩到达持力层，克服了锤击和静压难以穿透硬夹层的不足，在对预制桩损伤减小的同时，桩身和桩底水泥土可提高桩侧和桩端阻力，使单桩承载力提高。

研究结果表明，静钻根植竹节桩在荷载传递过程中桩侧理论破坏面应发生在水泥土与桩周土之间，预制桩和水泥土接触面不会发生破坏，静钻根植竹节桩的竖向载荷能力和桩侧摩擦性能均优于钻孔灌注桩。采用扩大头注浆时，静钻根植竹节桩的竖向抗拔能力将显著增强。

静钻根植桩在实际工程中的应用表明，静钻根植桩在满足抗压、抗拔承载力要求的同时，比传统灌注桩节省 20% 的造价。但对于持力层为密实砂土，且进入较深时，自重方式沉桩较为困难，影响了适用性。

5.1.4.4 钢套管护壁灌注混凝土扩体桩

我国港珠澳大桥部分桩基采用了该技术，护壁采用的钢套管不拔出，在管内设置钢筋笼、浇注混凝土成桩。

5.1.5 技术优势

（1）扩体桩作为一种较新的桩基形式，作用机制合理科学，施工工艺先进，与普通预制桩相比承载力有大幅度提高。

（2）扩体桩施工工艺的研发和改进，大幅度提高了扩体桩的施工效率，与就地搅拌或高压旋喷等复合桩施工工艺相比，土层适应性强，抗腐蚀能力更好。

（3）扩体桩用于支护工程具有一定的发展前景。

5.2 设计理论与方法

5.2.1 桩土界面强度理论

桩土相互作用问题属于固体力学中不同介质的接触问题，表现为材料非线性（混凝土、土为非线性材料）、接触非线性（桩土接触面在复杂受荷条件下有粘结、滑移、张开、闭合形态）等，是典型的非线性问题。

目前关于桩土界面强度理论的研究大多数着重于混凝土与桩周土或水泥土与桩周土单一界面的研究。但对于有多个剪切界面的扩体桩，荷载传递规律与单一界面不尽相同。芯桩与包裹材料界面、包裹材料与桩周土界面，荷载传递时界面剪切有何相互影响，各界面的破坏机理以及相互关系，这些都需要深入研究。

混凝土桩植入过程中对包裹材料具有挤密作用，施工过程和工艺决定了混凝土桩与包裹材料桩界面强度表现为粘结强度。因此提出采用粘结强度进行界面强度验算的方法。

同理，包裹材料受到挤密作用后与周边土体的粘结效应增强，桩身压缩量较小时，桩侧阻力表现为粘结强度，而粘结强度远大于侧摩阻力。

5.2.2 桩端阻力取值与桩侧阻力发挥系数理论

对桩侧承载力，基于界面强度理论分析，提出桩侧阻力的发挥系数法。

对桩端承载力，基于桩端截面条件按下列两个思路：

（1）考虑按模量当量值进行桩端承载力修正；

（2）不考虑包裹材料作用按静压预制桩桩端阻力进行计算。

据此，提出理论计算公式：

（1）采用全置换方法形成包裹材料，如水泥砂浆混合料、水泥土混合料、细石混凝土等与预制桩形成的组合截面，在竖向荷载作用下其压缩模量小于预制桩，假定桩端应力与压缩模量呈线性关系，需要对桩端阻力进行一定程度的折减。单桩极限承载力标准值可采用下式进行计算：

$$Q_{uk} = \pi D \sum \beta \alpha_{si} q_{sik} l_i + \beta_p q_{pk} A_D \tag{5.1}$$

（2）当包裹材料厚度较小，或预制桩桩端穿越包裹材料底部时，不需要对桩端阻力进行折减。单桩极限承载力标准值可采用下式进行计算：

$$Q_{uk} = \pi D \sum \beta \alpha_{si} q_{sik} l_i + q_{pk} A_p \tag{5.2}$$

（3）对于就地搅拌（深层搅拌水泥土、双向搅拌、高压喷射搅拌、MJS 等方法）形成的包裹材料，因桩身强度、直径等可能随土层发生变化，侧阻力估算时应考虑这一变化；因桩端可能形成低强度水泥土，桩端阻力计算时桩端面积，不宜按扩径后组合截面的面积。单桩极限承载力标准值可采用下式进行计算：

$$Q_{uk} = \pi \sum D_i \alpha_{si} q_{sik} l_i + q_{pk} A_p \tag{5.3}$$

式中　D——扩体桩身直径计算值（m）；当土体为中密以下状态时，可适当考虑挤密形成的桩径扩大；

　　　l_i——桩长范围内第 i 层土厚度（m）；

　　　A_D——扩体桩身计算截面面积（m²）；

　　　A_p——预制桩截面面积（m²）；

　　　q_{sik}——第 i 层土极限侧阻力标准值（kPa），宜取干作业成孔灌注桩地区经验值；

　　　q_{pk}——桩端阻力极限值（kPa），宜取静压预制桩地区经验值；

　　α_{si}、β_p——第 i 层土桩侧阻力调整系数、桩端阻力调整系数，可按表 5.1 取值；表中给出的折减系数为经验系数，尚需积累更多的地方经验。

桩侧阻力调整系数与桩端阻力调整系数   表 5.1

调整系数	土的类别				
	淤泥	黏性土	粉土	粉砂	细砂
α_{si}	1.3	1.3~1.6	1.4~1.8	1.5~2.0	1.5~2.0
β_p	—	0.5~0.7	0.6~0.9	0.7~0.9	0.8~1.0

注：1. 桩径、桩身计算面积计算值在不考虑桩径扩大量时取高值；
    2. 包裹材料为水泥土、水泥浆固结体时，取低值。

桩端阻力极限值的选取，可以考虑以下三种情况：

（1）采用静压、锤击方法施工，预制混凝土桩着底，可仅计算预制桩桩端承载力。此时极限桩端阻力标准值可按表 5.2 选取。

极限桩端阻力标准值 q_{pk}（kPa）   表 5.2

桩入土深度（m）	标准贯入实测击数（击）					
	70	50	40	30	20	10
15	9000	8200	7800	6000	4000	1800
20		8600	8200	6600	4400	2000
25	11000	9000	8600	7000	4800	2200
30		9400	9000	7400	5000	2400
>30		10000	9400	7800	6000	2600

注：表中数据可内插。

（2）采用静压、锤击方法施工，预制桩着底，考虑水泥扩径体的作用时，桩端阻力可按下式计算选取：

$$q_{spk} = \frac{E_p A_p + E_s (A_D - A_p)}{E_p A_D} q_{pk} \tag{5.4}$$

式中 q_{spk} —— 扩体桩极限桩端阻力；

         A_p —— 管桩截面积；直径小于 500mm 时，取封底面积；

         q_{pk} —— 预应力管桩极限桩端阻力。

（3）预制桩着底时，应按扩底截面面积计算桩端承载力，此时桩端阻力应按表 5.2 中值折减 0.5~0.7 后选取。

5.2.3 桩身强度验算理论

扩体桩的桩身强度分两部分考虑，对于芯桩的桩身强度可按照《建筑桩基技术规范》JGJ 94—2008 计算；对于外包裹材料桩的桩身强度，应考虑外包裹材料和芯桩的强度差异程度，分情况讨论。

（1）当灌浆材料采用水泥浆、水泥浆混合料、水泥砂浆混合料，内桩为混凝土桩时，外包裹材料强度很低，与芯桩强度差异较大，此时宜仅考虑内桩的桩身强度。

（2）当灌浆材料采用低强度等级混凝土时，外包裹材料强度较高，与芯桩强度差异较小，可考虑芯桩与外部混凝土共同作用，扩体桩的桩身强度为芯桩桩身强度与外包裹低强度等级混凝土桩身强度之和。此时混凝土桩身强度验算可按下式进行：

$$Q \leq \varphi_1 A_{p1} f_{c1} + \varphi_2 A_{p2} f_{c2} \tag{5.5}$$

式中　f_{c1}、f_{c2}——复合桩桩身两种混凝土轴心抗压强度设计值（kPa），按现行国家标准《混凝土结构设计规范》GB 50010 取值；

　　　A_{p1}、A_{p2}——复合桩芯桩与外围混凝土桩身横截面面积（m²）；

　　　φ_1、φ_2——与成桩工艺、工作条件相关的系数，采用长螺旋、旋挖方法时取 0.70～0.85，采用预制管桩内灌注挤扩混凝土方法时取 0.90～0.95。

5.2.4　抗拔承载力设计理论

扩体桩抗拔承载力破坏可能呈单桩拔出或群桩整体拔出，即呈非整体破坏或整体破坏，对两种破坏模式的承载力均应进行验算。

对于桩间距大于 3 倍组合截面外围直径时，扩体桩可按非整体破坏进行单桩抗拔承载力估算，计算原理与《建筑桩基技术规范》JGJ 94—2008 相同，并考虑外包裹材料桩的作用，计算公式如下（取两者的较小值）：

$$T_{uk} = \pi D \Sigma \beta_{si} \lambda_i q_{sik} L_i$$
$$T_{uk} = \pi d \Sigma \tau_{ik} L_i$$

式中　q_{sik}——桩侧表面第 i 层土极限侧阻力标准值（kPa）；

　　　β_{si}——侧阻提高系数，可按表 5.1 中 α_{si} 取值。

　　　λ_i——抗拔系数，对拉力型桩可按表 5.3 取值，对压力型桩可取 1.0；

　　　τ_{ik}——第 i 层土预制桩与包裹材料间平均极限抗剪强度标准值，可按表 5.4 取值。

桩的抗拔系数　　　　　　　　　　　　　　　　　　　　　　　　　表 5.3

土类	φ 大于 30°的密实砂土	中密、稍密砂土	黏性土、粉土	φ 小于 10°的饱和软土
抗拔系数	0.50～0.60	0.60～0.70	0.70～0.80	0.80～0.90

预制桩与包裹材料间平均极限抗剪强度标准值　　　　　　　　　表 5.4

包裹材料	水泥砂浆混合料	预拌水泥土混合料	细石混凝土	就地搅拌水泥土
强度标准值(kPa)	1200～1500	800～1200	1500～2000	$(0.10～0.15)f_{cuk}$

对于桩间距小于 3 倍组合截面外围直径时，扩体桩应考虑整体破坏的可能性，进行单桩和群桩抗拔承载力估算方法原理与《建筑桩基技术规范》JGJ 94—2008 相同。

5.2.5　设计

5.2.5.1　全长扩体桩设计基本要求

（1）桩间距布置应符合表 5.5 的规定。扩体直径应根据桩间距布置要求、土层提供的桩侧阻力和桩端阻力及单桩承载力设计要求，结合施工设备条件、选用的预制桩直径等综合确定。

根固桩桩间距布置 表 5.5

根固桩形式	排数不少于 3 排且数量不少于 9 根	8 桩以下承台、单排或双排布置	稍密及以下状态的粉土、砂土、湿陷性黄土
桩底注浆根固灌注桩	$3d$	$3d$	$2.5d$
中掘法根固混凝土预制桩	$2D$	$1.5D$	$1.5D$
孔内灌浆植入法根固预制桩	$3(d+100)$	$3(d+100)$	$2.5(d+100)$
桩底灌浆挤扩法根固预制桩	$2.5D$	$2.0D$	$2.0D$
扩体桩	$3.0D$	$3.0D$	$2.5D$

注：D 为扩体桩径、桩端扩径或扩大头竖向投影估算直径。

（2）桩身强度验算时，扩体材料为细石混凝土宜按组合截面验算桩身强度；扩体材料为水泥砂浆混合料或水泥土可计算其对桩身的约束作用。

（3）抗拔桩抗裂验算应符合以下规定：

①非腐蚀环境中抗拔桩桩身裂缝控制等级，混凝土灌注桩应为三级，预制预应力混凝土桩应为二级；

②腐蚀环境中桩身混凝土裂缝控制等级，混凝土灌注桩应为二级，预制预应力混凝土桩应为一级。

桩身压力型抗拔桩，应按《根固混凝土桩技术规程》第 8.1.5 条的要求进行钢筋锚固段设计和粘结强度验算；

（4）扩体桩的水平承载力宜通过水平承载力试验确定，有经验时也可按理论公式进行估算。

5.2.5.2 全长扩体桩工艺设计

（1）桩端持力层为粉土、砂土时，扩体宜采用长螺旋扩孔压灌工艺或就地喷射搅拌工艺；桩端持力层为硬黏土、碎石土、风化岩时，宜采用长螺旋扩孔压灌工艺。

（2）长螺旋压灌植入法工艺时，若上部存在易塌孔的杂填土、砂土等，压灌高度应超过易塌孔高度。

（3）就地喷射搅拌水泥土，宜采用长螺旋取土喷射搅拌工法；承压水头高时，应选择高压喷射搅拌工法。

（4）扩体材料可根据拟选择的工艺、地下水条件、土的渗透性等，采用流态水泥土、水泥砂浆混合料、细石混凝土，也可采用就地喷射搅拌水泥土。

（5）地下水位以上采用埋入法工艺时，桩底注浆应采用二次注浆工艺。

（6）预制桩的植入施工，应符合下列规定：

①预应力管桩、钢管桩宜采用抱压法，也可采用锤击法或振动锤击法；

②预应力方桩、H 型钢桩宜采用顶压法、锤击法或振动锤击法；

③黏性土、粉土中也可采用高频振动法；

④非预应力混凝土桩应采用静压法。

（7）预制桩的终压值或收锤贯入度指标宜通过试验性施工确定。

综上，长螺旋压灌施工具有施工速度快、不排放泥浆的优点，近年来随着桩工设备制造业的科技进步，我国已出现能够施工直径 1200mm、桩长超过 40m 的长螺旋桩工装备，这些装备在钻头上进行一些改进后，可以在深厚砂卵石、杂填土中进行成孔施工，为全长扩体桩的推广应用提供了强大助力。长螺旋压灌植入工艺节能减排作用明显，适合扬尘治理条件下全长扩体桩的施工，是扩体桩主要的施工工艺。

虽然全长扩体施工多数条件下均可采用长螺旋压灌方法，但在高水位差（桩底水头）条件下，有时会发生粉土、砂土的液化导致大范围土体流动的情况。此时可考虑采用"旋挖成孔植桩法"，也可考虑采用就地搅拌水泥土扩体技术，具备干作业成孔条件时也可采用埋入法。

旋挖成孔植桩，顾名思义是采用旋挖钻机成孔，用导管浇注扩体材料，然后进行预制桩植入。

5.2.5.3 预制桩选型与设计

（1）扩体桩直径为 $500 \sim 800$mm 时，预制桩直径（边长）宜为 $200 \sim 600$mm；扩体桩直径为 $800 \sim 1200$mm 时，预制桩直径（边长）宜为 $400 \sim 800$mm。

（2）长螺旋压灌植入法宜选用预应力管桩或空心方桩、H 型钢桩或钢管桩。

（3）就地搅拌水泥土植入法可选用预应力混凝土管桩、预应力方桩或空心方桩。

（4）埋入法宜选用预制混凝土方桩，可选用预应力管桩或空心方桩。

（5）当桩的直径因平面布置要求受限，预制混凝土桩身强度不能满足竖向承载力设计要求时，可采用强度较高的细石混凝土扩体材料或选用超高强混凝土预制桩、钢管混凝土或型钢混凝土桩。

扩体桩直径应与预制桩直径相匹配，主要基于以下考虑：

（1）预制桩与扩体桩之间的间隙，应有利于扩体材料向上流动。研究表明，这一间隙以不小于 150mm 为宜，但不应小于 100mm。

（2）扩体桩桩土界面强度表现为粘结强度，为了使其充分发挥，同时考虑经济性、桩的布置间距、桩身强度限制等，应该有一个所谓"直径比"上限值的概念，D/d 宜取 $1.5 \sim 2$。

5.2.5.4 全长扩体桩单桩抗压承载力估算

（1）孔内灌浆植入法，可按下列两式计算并取较小值：

$$Q_{uk} = \pi D \Sigma \beta_{si} q_{sik} l_i + \beta_p A_D q_{pk} \tag{5.6}$$

$$Q_{uk} = \pi D \Sigma \beta_{si} q_{sik} l_i + A_p q_{pk} \tag{5.7}$$

式中　D——扩体桩直径（m）；

　　　l_i——桩长范围内第 i 层土厚度（m）；

　　　A_D——扩体桩截面面积（m²）；

　　　A_p——由外围直径计算的预制桩截面面积（m²）；

　　　q_{sik}——第 i 层土极限侧阻力标准值（kPa），可按本书附录 A 取值；

　　　q_{pk}——极限端阻力标准值（kPa），宜按本书附录 B 取值；

　　　β_{si}——第 i 层土侧阻力系数，可按表 5.6 选取；

　　　β_p——桩端阻力系数，可按本书附录 B 取值。

（2）就地喷射搅拌植入法、埋入法，可按下列两式计算并取较小值：

$$Q_{uk} = \pi \Sigma D_{si} \beta_{si} q_{sik} l_i + \beta_p A_D q_{pk} \tag{5.8}$$

$$Q_{uk} = \pi \Sigma D_{si} \beta_{si} q_{sik} l_i + A_p q_{pk} \tag{5.9}$$

式中　D_{si}——第 i 层土喷射搅拌扩体直径（m），可根据经验取平均值。

5.2.5.5　全长扩体桩桩身强度验算

（1）当不考虑扩体材料作用时，宜按现行国家标准《建筑地基基础设计规范》GB 50007 的要求执行。

（2）扩体材料采用细石混凝土时，可按下式进行组合截面强度验算：

$$N \leqslant \varphi A_p f_{c1} + \varphi_D (A_D - A_p) f_{c2} \tag{5.10}$$

式中　f_{c1}、f_{c2}——预制桩混凝土、扩体混凝土轴心抗压强度设计值（kPa），按现行国家标准《混凝土结构设计规范》GB 50010 的规定取值；

A_p、A_D——预制桩、扩体桩截面面积（m²）；

φ——预制桩混凝土强度系数，可取 0.85；

φ_D——扩体混凝土强度系数，可取 0.55~0.65。

（3）预制桩采用钢管桩时，可按下列两式计算，并取其中较小值：

$$Q \leqslant 0.9 \varphi f_c A_p \left(1 + \frac{2 A_a f_a}{A_p f_c}\right) \tag{5.11}$$

$$Q \leqslant 0.9 \varphi f_c A_p \left(1 + \sqrt{\frac{A_a f_a}{A_p f_c}} + \frac{A_a f_a}{A_p f_c}\right) \tag{5.12}$$

式中　f_a——钢管抗拉强度设计值（kPa）；

A_a——钢管横截面面积（m²）；

A_p——钢管内圆面积（m²）；

φ——与稳定性相关的系数，除高桩承台外，可取 1.0。

（4）预制桩采用型钢桩时，桩身强度验算可按下式进行：

$$Q \leqslant 0.9 \varphi (f_c A_p + f_a' A_a') \tag{5.13}$$

式中　f_a——型钢抗压强度设计值（kPa）；

A_a'——型钢横截面面积（m²）；

A_p——桩身横截面面积（m²），当配筋率超过 3%时，应扣除型钢截面面积；

φ——与稳定性相关的系数，除高桩承台外，可取 1.0。

（5）预制桩采用钢管混凝土桩（SC）时，桩身强度验算应符合现行国家标准《钢管混凝土结构技术规范》GB 50936 的规定。

有关全长扩体桩单桩承载力估算的几个公式说明：

（1）不同工艺、材料、根固条件，对单桩承载力影响较大，应区别对待。

（2）桩端承载力的计算，分下列几种情况：

①预制桩位于扩体底部标高以上，参考根固混凝土灌注桩，取桩端阻力系数 0.5~0.8。

②预制桩桩端到达扩体底部及以下一定距离时，水泥土、水泥土混合料、水泥砂浆混合料、细石混凝土等与预制桩混凝土形成组合截面，在竖向荷载作用下其压缩模量小于预制桩。假定桩端应力与压缩模量呈线性关系，以"复合模量"与预制桩弹性模量之比对桩端阻力进行折减。本书附录 B 式（B.0.2）是偏于理论的推荐公式，尚需积累更多的实测经验。

③预制桩桩端到达扩体底部及以下一定距离时，也可回到传统预制桩公式，但桩端面积取预制桩外围直径的计算面积。将该计算结果与前述方法结果进行比较，取其中的小值作为单桩承载力估算值。

（3）就地搅拌形成的扩体，因强度、直径等可能随土层发生变化，桩侧阻力估算时考虑了这一变化。

5.2.5.6 全长扩体桩单桩抗拔承载力特征值

全长扩体桩单桩抗拔承载力特征值应通过载荷试验确定。初步设计时可按下列方法估算。

（1）间距大于 3D 时，可按下列两式进行单桩抗拔承载力估算，并取较小值：

$$T_{uk} = \pi D \Sigma \beta_{si} \lambda_i q_{sik} l_i \tag{5.14}$$

$$T_{uk} = \pi d \Sigma \tau_{ik} l_i \tag{5.15}$$

式中 q_{sik}——桩侧第 i 层土极限侧阻力标准值（kPa）；

β_{si}——侧阻力系数，可按《根固混凝土桩技术规程》表 8.1.3 选取；

λ_i——抗拔系数，对拉力型桩可按《根固混凝土桩技术规程》表 6.7 取值，对压力型桩可取 1.0；

τ_{ik}——第 i 层土预制桩与扩体间粘结强度标准值。

（2）间距不大于 3D 时，应按整体破坏模式进行单桩和群桩抗拔承载力估算。

5.3 施工与质量控制

5.3.1 施工工艺与设备选型

1）扩体桩施工技术

（1）通过预先钻孔并在桩底以上一定高度范围的孔内灌入水泥土浆、水泥砂浆、水泥浆、细石混凝土、灌浆料等固化剂后，再植入（压入、击入）预应力混凝土预制桩。

（2）采用就地搅拌混合材料方法形成高强度水泥土、水泥砂浆混合料后插入预制桩。

扩体桩外包裹水泥砂浆混合料、低强度等级混凝土；芯桩可采用高强预应力混凝土管桩、H 型钢预应力混凝土空心方桩、预应力混凝土桩等多种形式。要求水泥土混合料、水泥砂浆混合料具有较好的保水性、流动性、低密度等性能。

外包裹桩为水泥砂浆混合料，由以下原料混合而成：1m³ 混合料中水泥 200~300kg，砂 1200~1300kg，粉煤灰 100kg，水 250~300kg，其他添加剂如保水剂、减水剂、缓凝剂等。水泥砂浆混合料强度不低于 15MPa。

2）施工设备与工艺

施工设备主要有长螺旋桩机，另有静压机或柴油锤，或振动锤等及护筒、吊车、小勾机等配合施工。应根据土质条件、地下水情况、扩体类型和工艺、扩体材料等设计要求，选择相应的设备。

5.3.2 长螺旋压灌植入法施工工艺

长螺旋压灌植入法施工工艺流程如图 5.4 所示。

图 5.4 长螺旋压灌植入法施工工艺流程

长螺旋压灌植入法施工应符合下列规定：

1）混合料或细石混凝土的用量宜满足下列要求：

（1）成孔后孔壁稳定，压灌高度可考虑预制桩体积占位通过计算确定；

（2）上部桩孔不稳定或处于杂填土中时，宜考虑全孔灌浆；

（3）灌浆充盈系数不宜小于 1.1。

2）灌浆材料的配置应符合下列规定：

（1）对透水性较强的砂土宜配置保水性较好的水泥砂浆混合料、水泥土混合料；部分桩长位于深厚杂填土中时，可采用细石混凝土；

（2）材料应进行配比试验并应满足强度设计要求；

（3）材料的可泵送性、保水性、流动性、缓凝等性能应通过现场试验检验。

3）扩体材料压灌流量与提升速度应匹配，扩体材料到达孔底前提钻高度不宜大于 300mm。

4）预制桩的植入施工宜采用静压或锤击方法，黏性土可在 9h 内完成，砂性土宜在 6h 内完成。施工应以控制桩长与设计标高为主，终压值或贯入度控制为辅。当施工桩长达不到设计要求时，可以终压值或贯入度控制。

5）静压植入法终压值与极限承载力关系应通过试验性施工确定，也可按下式估算：

$$p = \lambda q_{pk} A_D \tag{5.16}$$

式中　q_{pk}——极限桩端阻力标准值（kPa）；可按本书附录 B 规定取值；

　　　λ——压桩力系数，可根据桩长、预制桩与孔壁间隙大小等条件取 1.2~1.5。

长螺旋压灌植入法施工对空桩部分的处理可按如图 5.2 所示两种方法。孔壁稳定性较好、不易塌孔时可采用半置换形式。对孔壁稳定性较差、易塌孔的砂土、杂填土宜采用全置换形式，防止大块混凝土掉入孔内，或流沙进入孔内影响预制桩植入施工。

有关静压终压值的规定，基于以下研究：

（1）理论方面。根固桩的共同点是：除埋入法外，预制桩施工均采用植入方法，在尚未初凝的超流态扩体材料桩中，植入阻力主要来自前方阻力，在预制桩接近桩底标高时，前方阻力基本表现为桩端阻力。

（2）工程实测。某工程设计扩体桩直径 $D = 700$mm，裙房与主楼下桩长分别为 15m、16m；扩体材料为 C15 细石混凝土，坍落度 230mm，采用长螺旋压灌施工；芯桩选用 PHC-400AB95，静压植入法施工。两种桩持力层均为密实砂土层，标贯击数 30 击以上，各层地基土物理力学指标见表 5.6。

压桩力终压值与承载力试验结果比较如表 5.7 所示。

可见，终压值与极限承载力的比值在 0.47~0.74 之间。与传统静压桩相比，压桩力终压值降低了 50% 左右。

各层地基土物理力学指标　　　　　　　　　　　　表 5.6

土层编号	土层名称	Zh1 所在土层厚度（m）	Zh2 所在土层厚度（m）	极限桩侧阻力标准值 q_{sk}（kPa）	侧阻力系数 β_{si}	极限桩端阻力标准值 q_p（kPa）
1	粉土	2.1	0	40	1.6	—
2	粉土	3.9	0.7	42	1.6	—
3	粉质黏土	5.3	3.0	56	1.5	—
4	细砂（密实）	2.7	6.6	82	1.8	5000
5	细砂（密实）	0	1.7	90	1.8	8000

压桩力终压值与承载力试验结果比较　　　　　　表 5.7

试桩编号		扩体压灌有效长度（m）	管桩施工有效长度（m）	压桩力终压值（kN）	极限荷载（kN）	极限承载力（kN）	极限承载力对应沉降量（mm）	终压值/极限荷载	终压值/极限承载力
zh1	1	15	15	2788	5400	4860	21.05	0.52	0.57
	2	15	15	2296	5400	4860	18.32	0.43	0.47
	3	15	15	3116	4860	4320	18.58	0.64	0.72

续表

试桩编号		扩体压灌有效长度（m）	管桩施工有效长度（m）	压桩力终压值（kN）	极限荷载（kN）	极限承载力（kN）	极限承载力对应沉降量（mm）	终压值/极限荷载	终压值/极限承载力
zh2	4	16	16	3280	5040	4410	15.36	0.65	0.74
	5	16	14.9	2952	6300	5670	17.95	0.47	0.52
	6	16	15	3280	5670	5040	17.81	0.58	0.65

需要指出的是，终压值与极限承载力的比值可能随桩长的增加有所提高；对于就地搅拌法形成扩体时，终压值与极限承载力的比值，高于长螺旋压灌法。

5.3.3　旋挖成孔植桩法施工工艺

旋挖成孔植桩法施工工艺流程如图 5.5 所示。

旋挖成孔植桩法的挖孔、扩体材料的灌注施工，应符合现行行业标准《建筑桩基技术规范》JGJ 94 旋挖成孔灌注桩施工的相关规定。

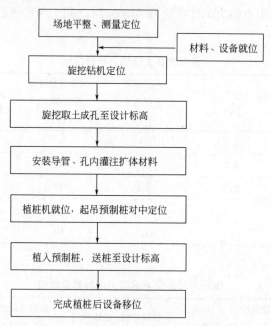

图 5.5　旋挖成孔植桩法施工工艺流程

5.3.4　就地搅拌植入法施工工艺

就地搅拌植入法施工工艺流程如图 5.6 所示。

就地搅拌水泥土植入法施工，应符合下列规定：

（1）应通过现场桩身取样试验确定送灰材料和水泥用量，满足植入预制桩后的桩身水泥土最低强度不小于 5MPa 的要求；

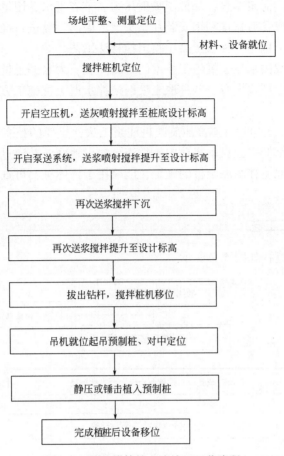

图 5.6 就地搅拌植入法施工工艺流程

（2）送灰搅拌适用于黏性土及饱和软土，送灰材料宜为粉砂、粉煤灰、矿渣粉等，对有机质含量较高的黏性土宜适当增加粉煤灰的含量；

（3）直径大于 800mm 的大直径扩体桩施工，宜采用高压喷射搅拌工艺或取土高压喷射搅拌工艺，并应参照《根固混凝土技术规程》第 8.2.3 条的相关规定；

（4）预制桩的植入施工宜采用静压或锤击方法，黏性土可在 12h 内完成，砂性土宜在 6h 内完成。

所谓就地搅拌法是指采用深层喷射搅拌装置和设备，在原地进行水泥土桩施工的各种工艺方法的总称。

传统深层搅拌法工艺和浆液配方相对简单，与之相比，国家"十一五"推广技术：深层高压喷射搅拌水泥土桩技术，其"内层搅拌外围喷射"工艺结合了高压喷射、机械搅拌的各自优点，使水泥土强度、均匀性得到提高和改善，降低了设备使用功率和水泥用量。

对于黏性土，喷射水泥浆液之前，采用空压机将一定量的细砂、矿粉等活性材料掺入其中，可以改善黏性土与水泥浆结合形成水泥土的强度和均匀性。

取土高压喷射搅拌法，在进行就地搅拌施工之前采用钻机取出桩长范围内部分土体，从而减少高压喷射期间泥浆排放，降低了喷射压力，节省了水泥用量，提高了成桩速度。

采用长螺旋钻机成孔后直接利用安装在钻头上的侧向喷嘴进行高压旋喷桩形成下部水泥土桩的工艺，广义上也是一种取土高压喷射搅拌法工艺。

以上工艺代表了我国水泥土桩施工技术的最新发展，为水泥土桩的性能和强度提供了技术保障。涉及相关专利技术有：一种取土喷射搅拌水泥土桩施工方法，一种水泥土桩施工方法。

有关 RJP、MJS 工法均为日本高压旋喷桩注浆工法，重要的技术特征是在进行高压喷射注浆过程中，通过钻杆空腔自动将孔内旋喷渣土抽出地面，并通过自动处理设备进行处理，适用于大直径就地搅拌水泥土桩的施工，能否用于扩体桩，可查阅相关资料根据情况有条件地选择。

5.3.5 埋入法施工工艺

埋入法施工工艺流程如图 5.7 所示。

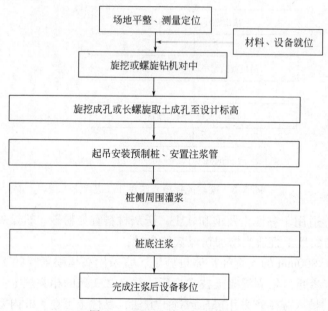

图 5.7 埋入法施工工艺流程

埋入法施工应符合下列规定：

（1）孔壁或持力层为粉土、砂土时，宜采用长螺旋钻机成孔，并应在提升钻杆前压灌水灰比为 2：1 的水泥浆至孔底，直至浆液上泛至地面为止。

（2）预制桩可采用吊车、桩架或植桩机安装。桩上部应采用固定装置定位并保证预制桩安装垂直度。

（3）预制混凝土桩为管桩或空心方桩时，安装或注浆前应封底。

（4）桩底注浆应在桩底预埋注浆管，桩底注浆管不应少于 2 根，喷头位置应插入桩孔底土中，需要接桩时宜同步进行注浆管安装。

（5）桩周灌浆材料宜采用细石混凝土、水泥砂浆、流态水泥土、水泥-膨润土，也可采用密度不宜小于 20kN/m³ 轻骨料混凝土,充盈系数不宜小于 1.1;应采用注浆管或导管自下而上进行。

(6) 桩底注浆应采用水泥浆,水灰比不宜大于 0.8,注浆水泥用量可按下式估算;二次注浆压力不宜小于 2MPa。

$$M = m_c \left(\frac{1}{4} \pi d^2 t \alpha + \pi d \Delta h \right) \tag{5.17}$$

式中 M——水泥用量(kg);

m_c——注浆体水泥含量(kg/m³);

α——桩端注浆量系数,宜按表 5.8 选用;

d——有效注浆上泛段桩径(m),对于下部扩径段应取扩径段直径;

t——桩底注浆固结体高度(m),可取 0.8~1.0m;

h——桩底注浆有效上泛高度(m),可根据土层和地下水条件,桩底埋置深度等按经验取值,正常固结的黏性土、粉土、砂土,在《根固混凝土桩技术规程》规定的压力条件下不宜小于 20m,桩长小于 20m 时应取设计桩长;

Δ——桩侧浆体计算厚度,可取 30~50mm。

桩端注浆量系数　　　　　　　　表 5.8

持力层	黏性土、粉土	砂土	碎石土
α	≥3.0	3.0~5.0	≥4.0

(7) 桩底注浆宜在桩侧周围注浆完成初凝后进行。

埋入法施工与桩底后注浆预制桩施工的不同之处在于:

①成孔孔径的区别。前者为扩体桩,成孔孔径要求大于预制桩直径 200mm 以上;后者一般要求大于预制桩直径 50mm 即可。

②灌浆及灌浆材料的区别。前者需要先桩周灌浆,再桩底注浆;后者仅进行桩底后注浆。因造价原因,扩体桩桩周灌浆材料一般条件下不宜采用水泥浆。

两者桩底后注浆均应采用水泥浆。

5.3.6 质量控制与检验

1) 全长扩体预制桩植入时,桩垂直度控制宜采取测量控制与导向控制相结合的方法。

2) 全置换扩体材料的用量应由现场试验性施工确定,施工组织设计时,可采用下式进行估算:

$$V = \frac{\pi}{4} (\lambda D^2 - d^2 + d_0^2) l \tag{5.18}$$

式中 d_0——管桩或空心方桩内孔直径;采用闭口时应取 0;

l——扩体桩设计桩长;

λ——充盈系数。

3) 长螺旋压灌法施工质量控制,应符合下列规定:

(1) 成孔钻进速度可先慢后快,并宜按下式控制:

$$V = \alpha \pi D n \tag{5.19}$$

式中 V——钻杆钻进速度（m/min）；

    D——桩孔直径，可取螺旋钻杆外径（m）；

    n——钻杆转动速度（r/min）；

    α——钻进速度与回转速度匹配系数，宜取 1/40～1/20，不应大于 1/10。

（2）对可能产生液化的土层，应采取减轻液化的措施，并在施工中对已施工桩的沉降和偏位进行监测。

（3）当压灌前采用水泥浆或水泥-膨润土浆液对孔底砂土层等进行加固时，应另行设置注浆管道，并应掌握好两个灌浆系统的协调和浆液的切换。

（4）应先开启混凝土泵车待达到设计压力时方可提升钻杆，严禁先提钻后开泵。

（5）地下水位较高或有承压水情况时，应采取有效措施防止产生真空效应，避免孔壁坍塌、孔底流砂、钻杆上土和砂回落至孔底。

（6）压灌时应保持钻具排气孔畅通，钻杆的提升速度应采用恒定速度，并应符合下式要求：

$$V = \frac{4\lambda Q}{\pi D^2} \tag{5.20}$$

式中 V——钻杆拉拔速度（m/min）；

    D——桩孔直径，可取螺旋钻杆外径（m）；

    Q——泵送流量（m³/min）；

    λ——充盈系数，应通过试验性施工确定，不宜小于 1.1。

（7）灌浆压力应大于流体压力与管道压力损失之和，灌浆量当充盈系数大于 1.3 时，应查明原因采取相应的措施。

（8）压灌施工操作程序，泵车与管道维护等可参照《长螺旋钻孔压灌桩技术标准》JGJ/T 419 的有关规定执行。

（9）应定期检查钻杆直径、叶片变形情况，对达不到要求的及时调整和更换。

说明：长螺旋压灌质量控制的核心问题是孔内灌浆均匀、饱和，桩底不能产生虚土空腔。一方面需要控制钻进速度，提升速度与泵送量的匹配；另一方面不得先提钻再泵送混凝土、砂浆等浆料。

有关真空效应的问题说明如下：

（1）长螺旋压灌混凝土施工技术，在面对高水位条件下欠固结的粉土、粉质黏土、砂土，可能产生剪切液化；在泵送混凝土及提钻的瞬间可能产生的抽吸作用等，可能会导致桩孔周边一定范围内产生流土和渗透破坏（参见《根固混凝土桩技术规程》第 10.1.2 条文说明），施工时应予以重视。具有一定量的 CFG 桩施工经验的地区，可根据其经验作出判断。无经验场地，可通过工艺性试验加以判断。

（2）面对这一情况可以采取的措施有：

①打井降水，通过降低地下水位减少水头；

②改进钻头，提高钻进速度，减少钻进对饱和砂土、粉土剪切扰动和能量积累，减弱土体液化态势；

③降低钻杆提升速度，提升速度与混凝土压灌量匹配；控制底部拔管抽真空度；

④增加混凝土坍落度，添加缓凝剂、减少稠度；

⑤采取隔桩或隔排跳打拉大间距的施工组织设计方案，避免新打桩对已打桩的扰动；

⑥对于施工过程中容易窜孔的场地要及时清理钻进弃土，以便及时观测到打新桩过程中周边已打桩桩顶下沉情况。

4）就地搅拌水泥土扩体施工质量控制，应符合下列规定：

（1）搅拌钻杆应设置多排（层）搅拌叶片，施工中应定期检查搅拌叶片的变形、磨损等，发现问题及时更换处理；

（2）水泥浆必须分别设置搅拌池和储浆池；水泥浆液、水泥-膨润土，应严格控制水灰比，采用散装水泥时，应过磅称量，用专用定量容器加水；水泥浆制备时，搅拌不得小于3min，连续制备水泥浆时应控制好水泥及水的添加量，按水灰比进行，制备好的浆液不得离析；

（3）持力层为砂土时，应在钻进至设计标高时，进行不提升搅拌注浆；

（4）砂土中施工时，水泥浆中宜掺入一定比例的粉煤灰替代水泥；

（5）直径大于800mm的水泥土扩体桩施工，采用喷射搅拌工艺时，可采用压缩空气包裹水泥浆或清水进行搅拌，空压机出口压力不宜小于0.7MPa，水泥浆注浆压力不宜小于5MPa；钻杆提升速度不宜大于500mm/min；

5）开口桩植入采用锤击、顶压方式时，应采取措施防止产生活塞效应造成混凝土桩的纵向开裂破坏（图5.8）；

说明：植入法施工对于敞口桩，在沉桩时，因桩管内的空气受到挤压而将桩胀裂的情况常有发生，对于全长扩体桩采用锤击或顶压施工时，这种情况可能会更加严重。

（1）作用机理：一方面管桩径向抗拉承载力较低，另一方面在高地下水位区或承压水，扩体桩沉桩施工时，桩管内不但有空气，还有水及超流态灌浆材料，在活塞效应作用下共同产生对管桩内腔的压力。当这种压力终压值管桩内腔形成的环向拉应力大于管桩桩身混凝土抗拉强度时，有产生纵向裂缝的可能。

（2）土层因素：桩长范围内遇有黏土夹层或不透水层形成承压水，成桩瞬间产生的活塞效应更强，产生的空气压力、水压力更大。

（3）解决方法：

①在桩帽和上部桩身开设透气、出水孔减压；

②控制桩身沉桩速度，控制桩锤质量、落距；

图5.8　预制混凝土桩沉桩开裂

③因抱压时上部敞口可以起到泄压作用，可改顶压为抱压；

④通过修改设计，改敞口型桩为闭口型。

6）扩体材料强度检验，宜采用桩身取样进行强度试验；对能预留试块的可对灌浆固结体试块进行强度检验。

5.4 不同根固条件扩体桩模型试验

5.4.1 试验准备

根据试验方案设计中的准备工作，购置 4 根厂家截好的 C80 预制混凝土管桩，长度分别为 7.0m、6.5m、6.0m、5.5m，然后购买振弦式钢筋应力计和光纤，以及需要用到的角磨机、打磨齿轮和植筋胶等。在管桩桩身画出光纤铺设的位置，桩身需要尽可能地和管桩母线保持平行，在桩端附近，考虑光纤的可弯折程度采取"U"形布置，之后用手持式角磨机对布置位置进行刻槽，刻槽深度以能埋入光纤为准，在铺设光纤之前对刻槽进行清洁，并用鼓风机去除灰尘，以保证植筋胶能和光纤以及管桩有更好的粘结性，进而使光纤和管桩变形同步。接着以两倍的管桩长度截取光纤，并留足采测时的光纤接头。植筋胶配有固化剂，因为固化剂的存在会使植筋胶的凝固速度加快，所以需要搅拌均匀且成段铺设，以防止植筋胶凝固，胶封完将光纤用扎带绑扎，避免踩踏。管桩处理如图 5.9 所示。

 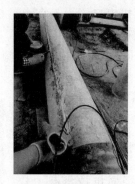 

(a) 管桩刻槽   (b) 铺设光纤   (c) 完成效果

图 5.9 管桩处理示意图

振弦式钢筋测力计含有两个钢针一个钢弦，完整的长度为 45.0cm，结合应力计的布置位置以及桩身长度，通过计算将钢筋依次进行截断处理，之后将钢针焊接在钢筋上，待冷却之后再拧上钢弦，拼接完成后用卷尺进行长度校核（图 5.10）。

(a) 钢筋测力计钢弦   (b) 钢筋上焊接钢针   (c) 完成效果

图 5.10 焊接、绑扎钢筋测力计

5.4.2　根固扩体桩施工

结合试验场地实际情况，考虑试验施工设备的进出场难度，以及受扬尘治理管控材料的采购问题，选择及施工工艺与设计要求中略有不同，扩体桩施工流程（图 5.11）分述如下：

（1）桩孔定位。以定点为参照，用经纬仪和卷尺测定桩孔位置，并做好标记。

（2）剔除面层。用电镐剔除室内混凝土面层，并清理面层下的砖石。

（3）取土成孔。试验采用干作业方式取土成孔，设备选择小型螺旋钻机。螺旋钻机从室内面层以下开挖，开挖至桩底设计标高以上 0.5m 处停止开挖，剩余部分采用人工取土方式挖至桩底，以减少器械设备对桩底土层的扰动。

（4）埋入管桩。自行走吊车和试验室内行走吊车协同配合，将管桩埋入桩孔内，使管桩的中心和桩孔中心重合，偏差控制在 100mm 范围以内，并控制桩身垂直度。

（5）桩身包裹材料施工：桩身包裹材料为水泥砂浆，其中水泥、砂、水的用量配比为 1∶3∶1，用单卧轴强制式混凝土搅拌机搅拌均匀后倒入桩孔内。每根桩在注浆时预留两组 100mm×100mm×100mm 的试块进行轴心立方体抗压试验。

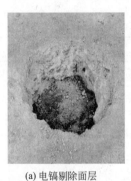  

(a) 电镐剔除面层　　　　(b) 螺旋钻机取土　　　　(c) 人工取土

  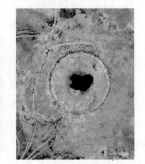

(d) 埋入管桩　　　　(e) 搅拌水泥砂浆　　　　(f) 扩体桩成型

图 5.11　扩体桩施工流程

5.4.3　辅助试验

5.4.3.1　立方体试块轴心抗压强度

对预留的桩身包裹材料水泥砂浆进行立方体试块轴心抗压强度试验，如图 5.12 所示。

万能试验机中对于水泥砂浆强度的检测要求试块是边长 70mm 的试块，所以对于该试验的试块强度需要乘以折减系数。试验结果：四根全长扩体桩桩身包裹材料的 20d 强度平均值为 8.5MPa。造成此种结果的原因可能是水泥砂浆的拌合料没有粉煤灰或者膨润土，其次对于施工的不同桩体，因施工过程搅拌不均可能使得取样结果存有差异。具体结果如表 5.9 所示。

图 5.12 立方体试块轴心抗压强度试验

包裹材料水泥砂浆强度 表 5.9

芯桩长度（m）	水泥砂浆强度（MPa）		平均强度（MPa）
5.5	9.68	9.56	9.62
6.0	9.17	9.11	9.14
6.5	6.49	6.45	6.47
7.0	7.89	8.01	7.95

5.4.3.2 桩身完整度检测

桩基的完整性检测方法主要分为有损检测和无损检测。有损检测的方法是钻孔取芯，地质钻机从桩顶钻到桩底并进入桩端持力层，通过钻取的芯样可以检测桩身完整性以及桩身强度和持力层的岩土性状，或者进行钻孔处的声波测量来检测桩身完整性。该方法可以直观地进行定性的分析判断，缺点是成本较高且检测周期时间较长，"一孔之见" 具有片面性。无损检测的方法有静载检测、低应变检测、高应变检测和声波透射法。声波透射需要预埋声测管道，并且放入超声脉冲发射和接受探头，结果准确可靠但无法随机取样检测。低应变和高应变都是给桩一定的能量，使其产生纵向的应力波，然后通过对反射信号的接收分析应力波的传播过程来分析桩基完整性。低应变检测快捷且成本低廉，与之相比高应变虽然检测的有效深度大，受检测水平的影响，该方法可以检测桩基完整性，但是在确定单桩的竖向抗压极限承载力方面还具有局限性[1~3]。

在试验加载前，采用低应变法对基桩进行完整性检测，主要是外包裹材料水泥砂浆的完整性，同时对管桩也进行了检测，以防施工吊装过程中对管桩的影响。结果显示水泥砂浆强度较低，所以检测波速略小，但结果显示桩身完整性良好。而管桩采用的是 C80 预应力管桩，所以试验过程并未对桩身造成影响。

5.4.4 单桩承载力试验加载

5.4.4.1 试验加载方式

考虑是在室内进行加载，采用堆载的方式难以实现，所以本次加载试验选择桩锚加载，以抗拔桩作为锚桩提供反力，结合地勘报告估算试验桩的极限抗压承载力特征值，以此为依据估算需要抗拔桩提供的反力，并推算锚桩的尺寸及规格。试验加载装置如图 5.13 所示。本次试验锚桩规格为桩径 300mm，桩身长度 13m，内置一根直径为 32mm 的 1230 级精轧螺纹预应力钢筋，其施工工艺与试验试桩相似，首先螺旋钻机旋挖取土，之后植入预应力钢筋，最后浇筑混凝土，因锚桩不是本书的主要研究对象，这里不再赘述。

图 5.13　试验加载装置

5.4.4.2　荷载加、卸载方式

荷载加、卸载方式参考《建筑基桩检测技术规范》JGJ 106—2014 中的规定进行，在管桩桩顶放置承压板，使液压千斤顶中心与管桩中心在一条垂直线上，加载方法采用慢速维持法，分级等量加载，分级荷载量为预估极限承载力的 1/10，第一级加载量为分级荷载的 2 倍；卸载时也分级进行，分级等量卸载，每级卸载量为加载时分级荷载的 2 倍。在整个加、卸载过程中，保持荷载传递均匀、连续，并且在维持过程中的变化幅度不超过分级荷载的 10%。

5.4.4.3　沉降观测及数据记录

在试验加载前，先读取钢筋测力计和光纤的初始读数。加载过程中，每级荷载施加后，每隔 30min 测读一次桩顶沉降量，全自动静载测试仪可自动记录桩顶沉降。在桩顶沉降速率相对稳定之后，用振弦测度仪测量该级荷载下振弦式钢筋测力计的频率，并记录，同时用 BOTDR 光纤应变分析仪采集光纤中应变量。数据记录完成之后施加下一级荷载。

卸载过程每级荷载维持 1h，读取桩顶沉降量后，即可卸载下一级，在卸载至零后，测读桩顶的残余沉降量，并每隔 30min 测读一次桩顶残余沉降量，观察其变化。

5.4.5　试桩承载力分析

5.4.5.1　单桩竖向抗压承载力试验结果

四种不同根固条件的扩体桩，其单桩竖向抗压承载力试验中只需要设定最大加载量即可，油泵由系统自动控制按级加载，桩顶位移沉降均由采集仪自动采集记录。系统自动生成竖向荷载-沉降（Q-s）曲线、沉降-时间对数（s-$\lg t$）曲线，及其他辅助分析曲线等。根据试验的结果，结合 Q-s 曲线、s-$\lg t$ 曲线可分析单桩竖向抗压极限承载力，分析确定方法如下：

（1）根据沉降随荷载变化的特征确定，对于陡降型 Q-s 曲线，取发生明显陡降的起始点对应的荷载值；

（2）根据沉降随时间变化的特征确定，取 s-$\lg t$ 曲线尾部明显向下弯曲的前一级荷载值；

（3）对应缓变型 Q-s 曲线，根据桩顶总沉降量，取沉降量 $s = 40\mathrm{mm}$ 对应的荷载值。

各试验扩体桩的最大设计加载量为 1200kN，但是在实际加载过程中，RP1.5 和 RP0.5 是根据最大加载量进行分级加载的，但是前两根试桩结果均未达到最大值，为测得多组数据，对后两根试桩的最大加载量进行了适当调整，从最后加载结果来看，四根桩加载至破坏时均未达到设计的加载量。各个试桩的最大加载量如表 5.10 所示。

	试桩最大加载量			表 5.10
试桩编号	RP1.5	RP1.0	RP0.5	RP0.0
最大加载量（kN）	840	700	720	800

由上述对单桩竖向极限承载力确定的方法分析，最大加载量并不能代表单桩的极限承载力。但对加载结果进行分析发现，扩体桩施工过程中采用的埋入法施工，包裹材料对桩周土体产生的挤压效应不明显，并且在灌入水泥砂浆时振捣不充分，这些使得桩侧摩阻力的发挥不充分，所以在进行单桩竖向极限承载力估算时不应该考虑桩侧摩阻力系数，而且对于持力层是粉砂的土层，其桩端阻力特征值范围大致为 800~1200kPa。据此重新对单桩极限承载力进行估算，重新估算后承载力极限值的范围大致为 700~780kN。结合本试验中的曲线数据，单桩的极限承载力和修正后计算的极限承载力如表 5.11 所示。

					试验结果比较		表 5.11	
桩身长度（m）	管桩长度（m）	砂浆强度（MPa）	极限承载力（kN）	平均值（kN）	极限承载位移（mm）	40mm 位移对应承载力（kN）	平均值（kN）
7.0	5.5	9.62	720		27.86	760	
7.0	6.0	9.14	600	640	45.64	580	627
7.0	6.5	6.47	600		56.77	540	
7.0	7.0	7.95	700	700	40.30	700	700

5.4.5.2 单桩竖向抗压承载力试验数据分析

管桩长度 5.5m，桩身长度 7.0m 单桩的竖向抗压承载力 $Q-s$ 曲线、$s-\lg t$ 曲线如图 5.14 所示。

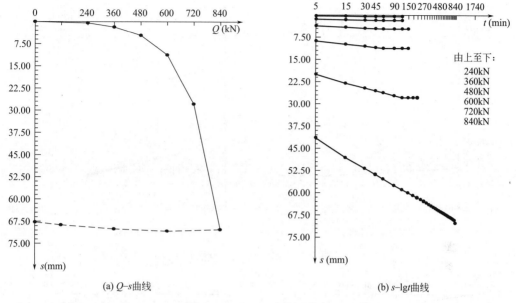

(a) $Q-s$曲线   (b) $s-\lg t$曲线

图 5.14 RP1.5 试桩承载力

5.5m 管桩与桩底部距离 1.5m，从 $Q-s$ 曲线中可以看出在加载至 840kN 时，桩顶累计沉降量为 70.23mm，卸载后回弹量为 2.44mm，回弹率为 3.5%。根据对单桩极限承载力的确定方式，结合 $s-\lg t$ 曲线，在 840kN 时曲线无法稳定，综合考虑取上一级荷载 720kN 作为单桩极限承载力。从曲线中发现在桩顶位移累计为 40.0mm 时，此时对应的加载量约为 760kN，可以作为桩顶沉降 40.0mm 时的承载力值；在加载至 480kN 时，本级沉降为 2.84mm，累计沉降为 4.66mm；当加载至 600kN 时，本级沉降为 6.63mm，累计沉降为 11.29mm；此级之后，沉降趋势变陡，分析其原因是桩侧摩阻力的发挥不充分，使得桩顶的沉降量变化较大。

管桩长度 6.0m，桩身长度 7.0m 单桩的竖向抗压承载力 $Q-s$ 曲线、$s-\lg t$ 曲线如图 5.15 所示。

6.0m 管桩与桩底部距离 1.0m，从 $Q-s$ 曲线中可以看出，在加载至 700kN 时，桩顶的累计沉降为 81.64mm，卸载后回弹量为 3.28mm，回弹率为 4.0%。$Q-s$ 曲线中陡降不明显，观察其 $s-\lg t$ 曲线，在荷载加至 700kN 时，曲线向下且无法稳定，所以取其上一级荷载 600kN 作为单桩的极限承载力。曲线中桩顶累计位移达到 40.0mm 时对应的加载量约为 580kN，可以作为桩顶沉降 40.0mm 时的承载力值。在荷载加至 400kN 时，本级沉降量为 4.78mm，累计沉降为 8.69mm，当荷载加至 500kN 时，该级的沉降量达到 13.40mm，之后荷载作用下位移增大明显，但整体没有明显的陡降趋势。

管桩长度 6.5m，桩身长度 7.0m 单桩的竖向抗压承载力 $Q-s$ 曲线、$s-\lg t$ 曲线如图 5.16 所示。

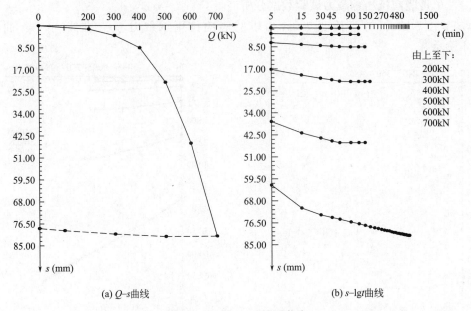

(a) Q-s曲线 （b) s-lgt曲线

图 5.15　RP1.0 试桩承载力

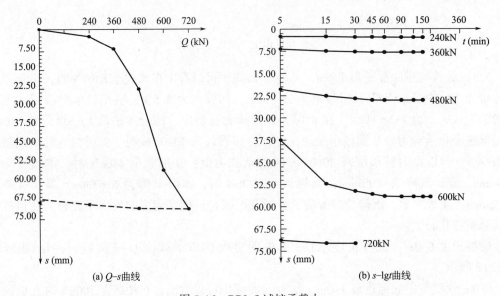

(a) Q-s曲线 （b) s-lgt曲线

图 5.16　RP0.5 试桩承载力

6.5m 管桩与桩底部距离 0.5m，从 Q-s 曲线中可以看出，在加载至 720kN 时，桩顶的累计沉降为 72.44mm，卸载后回弹量为 4.14mm，回弹率为 5.7%。Q-s 曲线中陡降不明显，观察其 s-lgt 曲线，在荷载加至 700kN 时，曲线向下且无法稳定，所以取其上一级荷载 600kN 作为单桩的极限承载力。曲线中桩顶累计位移达到 40.0mm 时对应的加载量约为 600kN，可以作为桩顶沉降 40.0mm 时的承载力值。在荷载加至 400kN 时，本级沉降量为 4.78mm，累计沉降为 8.69mm，当荷载加至 500kN 时，该级的沉降量达到 13.40mm，之后荷载作用下位移增大明显，但整体没有明显的陡降趋势。

管桩长度 7.0m，桩身长度 7.0m 单桩的竖向抗压承载力 $Q\text{-}s$ 曲线、$s\text{-}\lg t$ 曲线如图 5.17 所示。

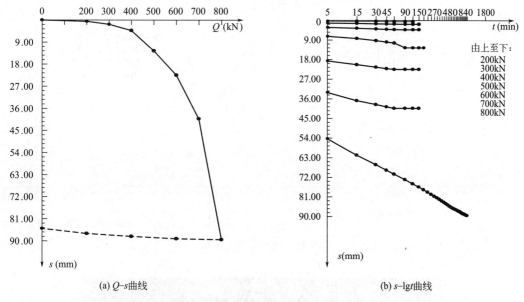

(a) $Q\text{-}s$ 曲线   (b) $s\text{-}\lg t$ 曲线

图 5.17 RP0.0 试桩承载力

7.0m 管桩与桩底部距离 0.0m，管桩长度和桩深度相同。从 $Q\text{-}s$ 曲线中可以看出加载至 800kN 时，桩顶的累计沉降为 89.51mm，卸载后回弹量为 4.52mm，回弹率为 5.0%。$Q\text{-}s$ 曲线中陡降明显，结合其 $s\text{-}\lg t$ 曲线，在荷载加至 800kN 时，$Q\text{-}s$ 曲线沉降量陡增，而且 $s\text{-}\lg t$ 曲线向下且无法稳定，取其上一级荷载 700kN 作为单桩的极限承载力。曲线中桩顶累计沉降达到 40.0mm 时的加载量为 700kN，可以作为桩顶沉降 40.0mm 时的承载力值。施加前三个荷载等级时，本级荷载最大沉降量为 2.52mm，累计沉降为 4.30mm，在加载至 500kN 时，本级沉降量达到 8.32mm，加载至 700kN 时，本级沉降量为 17.75mm，累计沉降为 40.30mm，下一级荷载施加后位移持续增加无法维持，所以将本级荷载作为单桩的极限承载力值。

由图 5.18 中发现，四根桩的 $Q\text{-}s$ 曲线变化趋势相近，前三级荷载下的桩顶沉降量都较小，在加载至第四级时，桩顶沉降明显增大，其中短芯桩的增加更大，变化趋势也更加明显。在加载至极限荷载时，三根桩的沉降量增大得更加明显。对于下部根固 0.5m 的 RP0.5 扩体桩，在最大加载量时的沉降量相比于上一级荷载有减小的趋势。

四根桩在卸载后破坏如图 5.19 所示。其中图 5.19（a）、（b）和（c）属于短芯桩，从破坏结果上看，破坏时都是桩身整体下沉，包裹材料与桩周土体发生大的相对位移而破坏。它们的极限承载力平均值约为 640kN，桩顶位移 40mm 时对应的承载力平均值为 627kN。图 5.19（d）为平底的等芯桩，其破坏时桩顶附近的外包裹材料被压碎，极限承载力为 700kN，40mm 位移对应的承载力为 700kN。对比两种桩型，等芯桩极限承载力比短芯桩高 9.3%，桩顶沉降 40mm 时，等芯桩的承载力比短芯高 11.6%，在桩身长度一样时，等芯桩相比与短芯桩拥有更好的承载能力。对于同等桩身深度的复合桩，管桩长度变

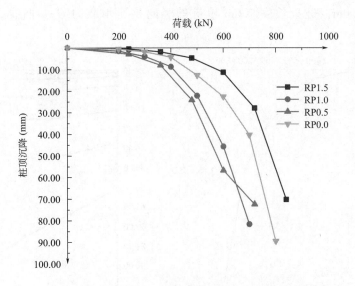

图 5.18　试桩承载力汇总

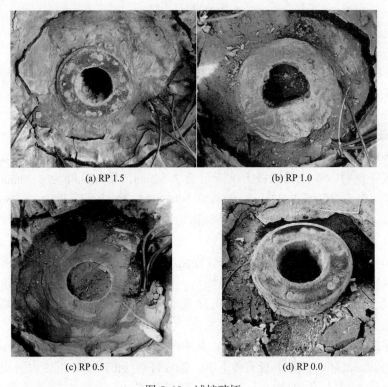

图 5.19　试桩破坏

短，而且桩端阻力和桩侧摩阻力的发挥不同步，可能使得短芯桩的桩端阻力发挥不充分，进而影响了单桩的承载力。

5.4.6 测量结果处理

5.4.6.1 桩身轴力计算

试验过程中，在每级荷载施加稳定后开始读取光纤和钢筋测力计的数据，假定铺设于预制管桩中的光纤和管桩的轴向变形一致，则测得的光纤轴向压应变 $\varepsilon(z)$ 即为对应位置管桩的压应变。此时管桩桩身压应力 $\sigma(z)$ 为：

$$\sigma(z) = \varepsilon(z) \cdot E_c \tag{5.21}$$

则桩身轴力 $Q(z)$ 为：

$$Q(z) = \sigma(z) \cdot A \tag{5.22}$$

式中　E_c——预制混凝土管桩弹性模量；

　　　A——桩身截面面积。

5.4.6.2 桩侧摩阻力计算

单桩在竖向承载时，在桩身任一深度 z 处取 dz 的微分段荷载应满足平衡条件，如图 5.20 所示，其基本微分方程为：

$$Q(z + dz) + q(z) \cdot \pi d \cdot dz = Q(z) \tag{5.23}$$

整理式（5.23）可得桩身侧摩阻力微分方程：

$$q(z) = -\frac{1}{\pi d} \frac{dQ(z)}{dz} \tag{5.24}$$

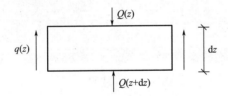

图 5.20　单桩微分段计算示意

5.4.6.3 光纤数据处理

光纤布设于管桩外部，整体呈 U 形布置，结合光纤测量的特点，应变结果沿光纤布置分布，所以对于测得的压应变数据也是沿着管桩长度对称的。管桩桩身轴力可通过式（5.22）计算，将式（5.21）代入式（5.24），可得管桩桩侧摩阻力的计算公式：

$$q(z) = -\frac{1}{\pi d} \frac{\Delta Q(z)}{\Delta z} = -\frac{1}{\pi d} \frac{\Delta \sigma \cdot A}{\Delta z} = -\frac{A}{\pi d} \frac{\Delta \varepsilon \cdot E_c}{\Delta z} = -\frac{A \cdot E_c}{\pi d} \frac{\Delta \varepsilon}{\Delta z} \tag{5.25}$$

5.4.6.4 振弦式钢筋测力计数据处理

振弦式钢筋应力计可监测结构物内部钢筋应力的变化。当钢筋应力发生变化时，会使得钢筋计受到压缩或者拉伸，通过钢针将变形传递给钢弦，使得钢弦应力发生变化，进而改变钢弦的振动频率。通过电磁线圈激振钢弦并用振弦频率测读仪记录下其振动频率，通过计算即可得到被测结构内钢筋所受的应力。计算公式如下：

$$P = K(F_0 - F_i) + b(T - T_0) \tag{5.26}$$

式中　P——外荷载相对于初始值的变化量；

　　　K——测量灵敏度；

F_0、F_i——频率模数基准值和频率模数测量值；

　　b——温度修正系数；

T、T_0——温度的实时测量值和温度基准值。

5.4.7　测量数据分析

5.4.7.1　管桩桩身轴力分析

　　试验时布置于管桩中的光纤（图 5.21），由于桩顶处有钢箍，所以光纤并没有严格地和管桩桩身齐平，桩顶下 0.3m 左右没有刻槽布置光纤，在光纤底部 U 形布置，最低端与管桩底部也有 0.1m 的距离，所以处理数据时需要考虑桩底和桩端的布置误差。

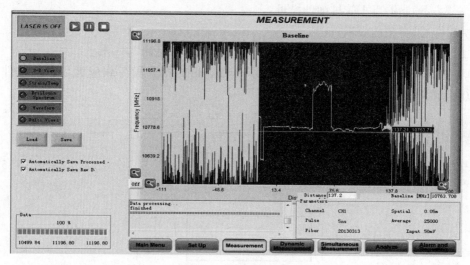

图 5.21　测读光纤

　　荷载作用时，管桩因压缩产生的压应变可通过光纤测得，每根桩在荷载作用时桩身产生的压应变如图 5.22 所示。

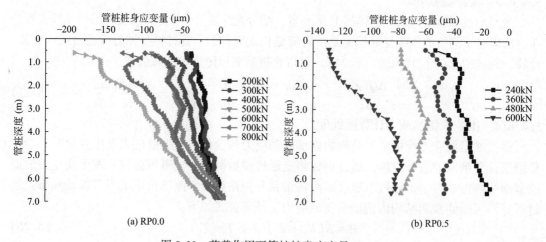

(a) RP0.0　　　　　　　　　　　　　　(b) RP0.5

图 5.22　荷载作用下管桩桩身应变量（一）

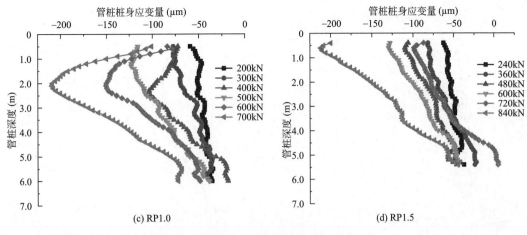

图 5.22 荷载作用下管桩桩身应变量（二）

图 5.22（a）、（c）、（d）的桩身测量间距为 0.1m，图 5.22（b）的测量间距为 0.2m，结合前述介绍的桩身轴力的计算方法，计算各试桩的管桩在不同荷载作用下的桩身轴力，其中弹性模量 E_c 选择 C80 混凝土灌注的弹性模型 $3.8×10^4$MPa，对试验结果简化处理，取 0.5m 为一个计算间隔，按桩身长度做不同简化。

图 5.23 是用光纤测得桩身位置的应变然后换算出来的四根试桩的桩身轴力。

图 5.23（a）中，7.0m 管桩桩端位于砂土层中，桩身轴力从桩顶到桩端呈减小趋势，而桩端阻力较小，表明桩端阻力和桩侧摩阻力发挥不同步，从桩顶至管桩 3.0m 处，桩身轴力下降速度较快，从第四级荷载施加之后，下降趋势更加明显，至 4.0m 作用下降趋势变缓，管桩上半部承担了荷载的 60%~70%。桩顶往下 4.5m 处，管桩轴力在每级荷载作用下都呈现减少趋势，但是在前三级荷载作用下，从 5.0~6.0m 段管桩轴力有变大的趋势，从第四级荷载开始，管桩轴力增加趋势明显，且从 4.5m 处开始增加，直到 5.5m，轴力增加的位置向下延伸了 0.5m。荷载加至 800kN 之后桩顶位移已经超过 40cm，所以对最后一级荷载数据作为参考，不作为极限荷载取值。

图 5.23（b）是 6.5m 管桩桩身轴力，管桩桩身整体被水泥砂浆包裹，管桩桩端距下部桩底 0.5m，桩身轴力整体呈现减小的趋势。桩顶至埋深 3.5m 这一段，减小的速率较小，最大轴力位于桩顶下 1.5~2.0m 处。在管桩埋深 3.5m 以下，轴力明显减小，前三级荷载的变化趋势相近，在第一级荷载作用下，管桩埋深 6.0m 处轴力增大，第二级荷载作用下轴力增大位置向上至埋深 5.0m 处，第三级荷载作用下轴力增大位置继续上移至埋深 4.5m 处；最后一级荷载作用之后，管桩桩身上部轴力明显变大，没有出现轴力减小变缓的趋势。

图 5.23（c）是 6.0m 管桩桩身轴力，管桩桩身整体被水泥砂浆包裹，管桩桩端距下部桩底 1.0m。前三级荷载作用下，管桩轴力整体呈现减小趋势，在桩身埋深 2.5m 处轴力的减小较为明显；第四级荷载施加之后，桩身轴力曲线出现两个拐点，第一个拐点的位置还是在桩身埋深 2.5m 处，第二个拐点在桩身埋深 5.5m 处，距管桩桩端 0.5m，桩身轴力的减小趋势变缓。在最后两级荷载施加的时候，管桩桩端轴力数值和距桩端 0.5m 处桩身轴力相差较小，该段轴力减小不明显，即管桩受到的荷载在向包裹材料传递时，可能是界

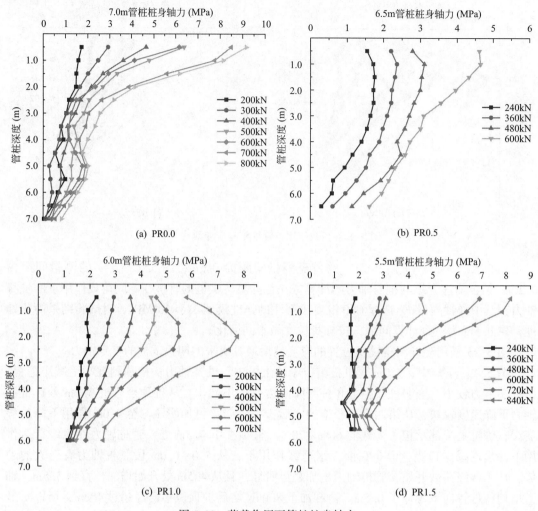

图 5.23 荷载作用下管桩桩身轴力

面摩阻力的发挥不充分，或者该级荷载作用下，桩端附近管桩与包裹材料之间发生破坏，影响了界面摩阻力的发挥。

图 5.23（d）是 5.5m 管桩桩身轴力，管桩桩身整体被水泥砂浆包裹，管桩桩端距下部桩底 1.5m。桩身轴力曲线整体显示管桩上半部分承担大部分荷载，桩端阻力占比较小。从第一级荷载作用开始在桩埋深 4.5m 处出现轴力趋势转变的拐点，往下轴力开始变大；第四级荷载作用之后，桩身轴力趋势转变的拐点下移至埋深 5.0m，之后桩身轴力增大。可能由于桩身长度为 7.0m，管桩长度为 5.5m，芯长比约为 0.78，芯桩相比于整个桩身较短，使得管桩桩端阻力占比提高。

对于图 5.23 中四根扩体桩的芯桩桩身轴力，都是桩身上部承担了大部分荷载，桩底及桩端部分承担的荷载较小。等芯桩中管桩的桩身轴力从桩底位置向下开始减小，但是在距离桩底 0.5~2.5m 的范围内，桩身轴力出现在增大后减小的趋势，随着荷载的增加，轴力增大的点不断上移。对于短芯桩来说，在距管桩桩端约 1.0m 范围内，桩身轴力的减小趋势变缓，而在图 5.23（d）中，管桩桩端轴力开始变大，转变的拐点随着荷载的增加从埋深 4.5m 下移至埋深 5.0m。四根桩中等芯桩和短芯桩轴力减小的趋势也不同，等芯桩上半部分减小快，下半部分减小慢，短芯桩轴力是上部分减小慢，下半部分减小快。分析原因可能是荷载从上向下传递，但是等芯桩的桩端阻力发挥使得桩端附近的桩侧摩阻力得到发挥或者增强，表现在管桩轴力图上就是桩端附近轴力变化较小，在上部 5 倍桩径附近还有增加的趋势。桩端阻力的发挥更有利于桩侧摩阻力的发挥，而且对于扩体桩，桩端阻力的发挥能对桩端附近桩侧摩阻力的发挥起到增强作用。

5.4.7.2　包裹材料内力分析

试验时钢筋应力计埋设于包裹材料之中，距桩顶的位置分别为 0.5m、2.0m、3.5m、5.0m、6.5m，在计算时假定包裹材料与钢筋紧密接触，二者截面处的应力相等。

图 5.24 是用振弦式钢筋应力计测得的固定位置处桩身包裹材料水泥砂浆的应力分布，假定了包裹材料和钢筋变形同步，在桩身各截面，包裹材料和钢筋应力相等，用钢筋应力计的轴力替代包裹材料在钢弦位置的轴力。

图 5.24（a）是等芯桩桩身包裹材料轴力在各级荷载作用下的曲线，整体变化趋势是先增大后减小，在前四级荷载作用下，最大轴力位置在埋深 2.0m，之后轴力开始变小，在第五级荷载施加之后，最大轴力位置下移至埋深 3.5m。分析其原因首先是在埋深 0.5m 处的钢筋测力计可能存在应力状态复杂，其次是桩底位置的桩侧摩阻力发挥不充分使得该位置的应力较小。结合图 5.22（a）管桩的桩身轴力，在管桩桩身轴力减小的位置，包裹材料轴力有所增大，前四级荷载作用下，埋深 2.5m 处，管桩轴力减小趋势变缓，此时包裹材料轴力达最大，之后荷载作用下管桩轴力变缓位置下移至埋深 3.0m，此时包裹材料轴力最大位置也有下移。在管桩桩端附近桩身轴力增大，在包裹材料对应位置显示为轴力的减小程度变大，此时桩侧摩阻力变大。

图 5.24（b）中管桩的桩端底部位置和钢筋测力计最后一个埋深位置相等，桩身包裹材料轴力增大到埋深 2.0m 之后开始减小，在埋深 3.5m 处减小的趋势变缓，每级荷载作用下的轴力曲线相似。管桩桩身轴力曲线从桩顶先增大后减小，上部减小趋势缓慢，下部减小趋势加强，包裹材料的轴力减小趋势和管桩相反，趋势是先急后缓。

图 5.24（c）中管桩桩身包裹材料轴力在埋深 2.0m 处达到最大，之后开始减小，减小趋势逐渐变缓，在前四级荷载作用下表现得相对明显。在埋深 3.5m 之后减小趋势变缓，之后荷载等级提高，桩侧摩阻力开始发挥，包裹材料轴力减小的趋势相比前三级荷载有所加大，但整体依旧减小，没有出现增大的趋势。

图 5.24（d）中管桩桩身包裹材料轴力的变化趋势是在埋深 0.5~2.0m 段增大，在埋深 2.0~3.5m 段减小，在埋深 3.5~5.0m 段又变为增大，之后到 6.5m 处减小，整体的轴力分布出现了两个波峰。第一个波峰出现在埋深 2.0m 位置处，和其他三根桩的包裹材料轴力分布变化趋势相近，上半部分桩身承担主要荷载，包裹材料轴力增大；第二个波峰出现在埋深 5.0m 位置处，管桩长度 5.5m，此位置距管桩桩端 0.5m，管桩桩端阻力相比其他两根短芯桩得到更早的发挥，包裹材料的存在对管桩桩端阻力的发挥具有增强作用，进而增强了桩侧摩阻力的发挥。

图 5.24 所示的四根桩桩身包裹材料轴力，等芯桩的包裹材料的轴力明显低于短芯桩

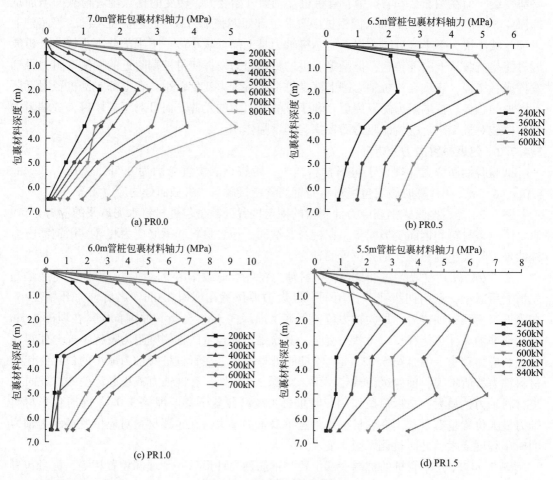

图 5.24 桩身包裹材料轴力

中包裹材料的轴力。在埋深 6.5m 位置处，四根桩在各级荷载作用下该处的包裹材料轴力如图 5.25 所示。等芯桩在各个等级荷载作用下的包裹材料轴力都小于短芯桩，在荷载施加到 600kN 之前，该位置轴力增长趋势较为缓慢，之后荷载提升，该位置轴力增长速度变快。对于短芯桩，在荷载施加之后该位置轴力就持续增加，增长趋势比等芯桩快。在该位置 RP1.5 桩身包裹材料的轴力在 600kN 荷载施加之后陡然增大，并且在该级荷载之后增长趋势没有变缓。

扩体桩具有芯桩-包裹材料以及包裹材料-土体两个相互作用截面，荷载直接作用于扩体桩的管桩桩顶，大部分荷载由管桩承担，之后经由桩身包裹材料将荷载传递给桩周及桩端土体。对于等芯桩而言，荷载从管桩传递到包裹材料是以剪应力形式传递的，而对于短芯桩，在管桩长度内荷载以剪应力方式传递，在管桩桩端以下部分则是以压应力方式传递，所以对于短芯桩，在管桩桩端以下位置，包裹材料所受到的荷载有所增加，下部桩身也更早地参与承担荷载。

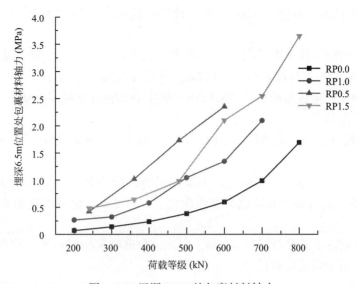

图 5.25　埋深 6.5m 处包裹材料轴力

5.4.8　试验结论

（1）在桩身长度一样时，等芯桩的承载能力高于短芯桩。在 40.0mm 位移时对应的承载力，等芯桩也表现出了比短芯桩更好的承载能力。

（2）从破坏的结果来看，短芯桩的破坏主要表现为桩身的整体下沉，管桩与包裹材料仍具有较好的粘结性，等芯桩的破坏是桩底附近的包裹材料被压碎和管桩失去粘结力。

（3）同等桩长，短芯桩的桩端阻力发挥不充分，所以等芯桩表现出更高的承载能力。

5.5　不同根固条件桩端阻力试验研究

已有的研究和工程实测成果表明，根固混凝土预制桩极限桩端阻力标准值会随预制桩植入方法的不同而有所不同。

为了保持概念和计算方法的统一性，本研究引入了桩端阻力系数的概念，即将桩端阻力视为已知条件下桩端土对桩形成的阻力，属于岩土体的特征，为固定值，与打桩施工方法无关。不同植入方法对预制桩桩端承载力的影响，可通过桩端阻力系数的变化进行调整。如对于高频振动、静压和锤击方法，桩端阻力系数可取 0.5~0.8。

类似思路也反映在根固混凝土灌注桩承载力估算公式中，桩底进行注浆加固后桩端阻力采用《高层建筑岩土工程勘察标准》JGJ/T 72—2017 推荐的打入预制桩的经验值，另引入桩端阻力系数对其进行调整。

以下为某工程试验的结果及反演分析，可供参考。

5.5.1　工程试验概况

试验依托郑州航空港区旭港置业有限公司护航中心工地。设计桩径 $D = 600$mm，桩长

7.5m；芯桩采用 PHC-AB400（95）管桩，设计桩长 8m。扩体材料采用细石混凝土，强度等级 C15。

为了对不同根固条件下桩端阻力进行研究，试验设计了两种预制桩着底情况，其中 2 根预制桩桩端标高与扩体底距离大于 0.5m，分别为 1.5m、1.7m；另外 1 根为 0.2m。

根据《郑州航空港区旭港置业有限公司护航中心工程详细勘察报告》，试验桩长影响范围内的地质概况如下：

①₁ 杂填土层（Q_4^{ml}）：黄褐色，稍湿，松散~稍密，以粉砂为主，夹少量建筑垃圾及生活垃圾。

①粉砂夹粉土层（Q_4^{al}）：黄褐色，稍湿，稍密，局部中密，个别松散，主要成分以石英、长石为主，云母碎片和暗色矿物质次之，0~0.5m 有较多植物根系，局部夹粉土薄层。

②粉砂层（Q_4^{al}）：黄褐色，湿~饱和，中密，局部稍密，以石英、长石为主，含少量云母碎片，局部粉土颗粒较多。

③粉土层（Q_4^{al}）：黄褐色，局部灰褐色，湿~很湿，中密~密实，含少量钙质结核，粒径约 0.5~2.0cm，局部富集。上部含砂量较大，砂感较强，局部夹粉质黏土，褐黄色，可塑。

④细砂层（Q_4^{al}）：黄褐色，饱和，中密~密实，以石英，长石为主，含少量云母碎片，局部夹粉砂薄层，局部粉土颗粒较多。

⑤粉质黏土层（Q_3^{al}）：红褐色，可塑~硬塑，含铁锰质条纹和钙质结核，粒径 0.2~3.0cm，局部富集，韧性低，干强度中，切面较光滑，局部夹粉土薄层。

⑥粉质黏土层（Q_3^{al}）：红褐色，硬塑，个别可塑，干强度高，韧性低，含铁锰质斑点，含钙质结核，粒径 0.5~3.0cm，局部富集呈半胶结状态。

⑦粉质黏土层（Q_3^{al}）：红褐色，硬塑，局部坚硬，干强度高，韧性低，含铁锰质斑点，钙质结核含量较高，粒径 0.5~3.0cm，局部富集呈半胶结状态。

桩长位于②、③、④土层内，桩端持力层为第④层细砂。土层部分参数见表 5.12。

土层参数　　　　　　　　　　　　　　　　　　表 5.12

土层编号	土层名称	重度（kN/m³）	标贯击数（击）	孔隙比
①	粉砂夹粉土	20.0	11.6	—
②	粉砂	20.0	15.9	—
③	粉土	20.2	14.6	0.603
④	细砂	20.0	30.1	—
⑤	粉质黏土	19.4	25.6	0.710
⑥	粉质黏土	19.3	30.0	0.710
⑦	粉质黏土	19.3	32.3	0.691

典型地质剖面见图 5.26。

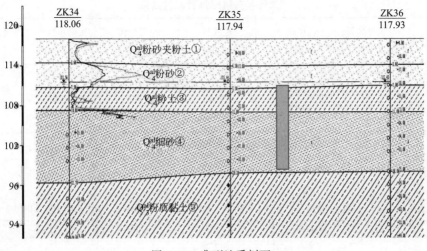

图 5.26 典型地质剖面

5.5.2 试桩施工

扩体材料施工采用长螺旋压灌法，预制桩采用静压法。三根不同根固状态试验桩的施工成桩深度如图 5.27 所示，施工情况记录如表 5.13 所示。

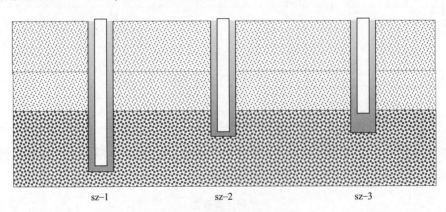

图 5.27 试验桩成桩深度示意

试验桩施工情况   表 5.13

试验桩号	外包裹细石混凝土桩长（m）	PHC 芯桩有效桩长（m）	桩底距孔底高差（m）	压桩力终压值
sz-1	10.0	8.5	1.5	3280
sz-2	7.5	7.3	0.2	3280
sz-3	7.5	5.8	1.7	3280

5.5.3 单桩竖向抗压静载试验

采用慢速维持荷载法，对三根单桩进行竖向抗压静载试验。静载试验结果见表 5.14。

单桩竖向抗压静载试验结果 表 5.14

试验 桩号	外包裹细石 混凝土桩长(m)	PHC 芯桩 有效桩长(m)	桩底距 孔底高差(m)	最大加载 (kN)	极限承载力 (kN)	承载力特征值 (kN)
sz-1	10.0	8.5	1.5	3200	3000	1500
sz-2	7.5	7.3	0.2	3000	2800	1400
sz-3	7.5	5.8	1.7	2400	2200	1100

注：桩顶标高 111.800m，位于②粉砂层，桩端位于④细砂层。

三组试验 Q-s 曲线见图 5.28。

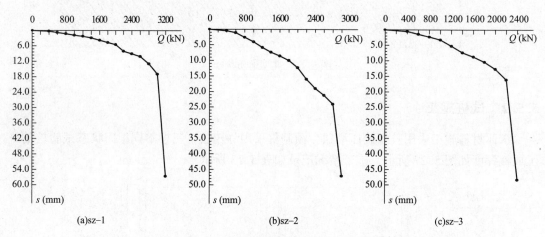

(a)sz-1　　　　　　　　　(b)sz-2　　　　　　　　　(c)sz-3

图 5.28　三组单桩承载力载荷试验 Q-s 曲线

5.5.4　计算分析

根据 5.2.2 节，本次试桩的相关计算参数见表 5.15。试桩范围内土层厚度分别为②粉砂层 1.46m，③粉土层 4.09m，④细砂层未穿透。

试桩计算参数 表 5.15

土层编号	②粉砂	③粉土	④细砂
极限侧阻力标准值 q_{sik}(kPa)	64	82	86
极限端阻力标准值 q_{pk}(kPa)	—	—	6000
计算桩长(m)	1.5	4.0	2.5
侧阻力系数 β_{si}	1.5	1.5	1.6
端阻力系数 β_p	—	—	0.6

注:sz-1 在④层土中的计算桩长为 5m。

根据式（5.6）试桩极限承载力计算结果见表 5.16，计算结果均小于试桩静载试验结果。

试桩极限承载力计算结果 表 5.16

试验桩号	D(mm)	桩侧承载力(kN)	桩端承载力(kN)	计算极限承载力(kN)	静载试验极限承载力(kN)
sz-1	600	2494	1018	3512	3000
sz-2	600	1846	1018	2864	2800
sz-3	600	1846	1018	2864	2200

5.5.5 反演桩端阻力标准值

根据试桩结果，假定复合桩极限侧阻力标准值、极限桩端阻力不变，反演④细砂层极限桩端阻力系数 β_p，结果见表 5.17。

极限桩端阻力系数反演结果 表 5.17

试验桩号	桩侧承载力(kN)	静载试验极限承载力(kN)	桩端承载力反演值(kN)	A_D(m)	极限桩端阻力标准值反演值(kPa)	极限桩端阻力标准值(kPa)	β_p
sz-1	2494	3000	506	0.283	1788	6000	0.30
sz-2	1846	2800	954	0.283	3371	6000	0.56
sz-3	1846	2200	354	0.283	1250	6000	0.21

将 PHC 桩与包裹材料桩底距离和桩端阻力反演值进行比较，结果如表 5.18 所示。

极限桩端阻力与桩底间距关系 表 5.18

试验桩号	外包裹细石混凝土桩长(m)	PHC 芯桩有效桩长(m)	桩底距孔底高差(m)	极限桩端阻力标准值反演值(kPa)	极限桩端阻力标准值(kPa)	β_p
sz-1	10.0	8.5	1.5	1788	6000	0.30
sz-2	7.5	7.3	0.2	3371	6000	0.56
sz-3	7.5	5.8	1.7	1250	6000	0.21

由以上数据分析结果可知：

扩体桩芯桩着底情况与桩端阻力相关性明显，着底较好的 sz-2 桩端阻力明显大于 sz-1、sz-3。

sz-1、sz-3 分别为 1788kPa 和 1250kPa，与现行行业标准《建筑桩基技术规范》JGJ 94—2008 表 5.3.5-2 中推荐的干作业成孔灌注桩桩端阻力 1200~1800kPa 基本接近。

sz-2 的桩端阻力极限值反演结果为 3371kPa，桩端阻力系数反演结果 $\beta_p = 0.56$，结果与《根固混凝土桩技术规程》取值方法 0.5~0.8 接近。

需要进一步指出：对于扩体桩，当预制桩进入持力层的深度及与孔底或扩大体底端的距离不能满足以下规定时，桩端阻力可能接近现行行业标准《建筑桩基技术规范》JGJ

94—2008表5.3.5-2中推荐的干作业成孔灌注桩，进行承载力估算时，桩端阻力系数宜通过试验确定。

（1）根固混凝土预制桩采用孔内灌浆植入法时，成孔直径不宜大于（$d+100$）mm，采用桩底注浆法时宜为（$d+50$）mm。采用中掘法、桩底灌浆植入法时，预制桩进入灌浆扩大体内的长度不应小于1m或3d；

（2）扩体桩扩大段直径宜为预制桩外径或边长的1.5~2.0倍；采用下部灌浆挤扩法工艺时成孔直径不宜大于（$d+100$）mm；

（3）全长扩体桩外径不宜小于（$d+300$）mm；

（4）扩体桩，预制桩底与扩体或包裹材料底端的距离不宜大于1d或0.5m；压力型扩体抗拔桩，不宜小于0.5m。

5.6 工程应用

5.6.1 郑州农投国际中心桩基工程

5.6.1.1 工程概况

拟建农投国际中心项目场地位于郑州市郑东新区龙湖区域。该项目包括场地内1栋10层办公楼（地下3层，与整体地下车库相连），1栋2层裙房（地下3层，与整体地下车库相连），3层整体地下车库。

场地东侧为现状道路如意东路；南侧为规划道路东八路；西侧为绿地，绿地外为规划运河；北侧为规划道路东七路。场地所处地貌单元为黄河冲积泛滥平原。场地地基土主要为粉土（低液限黏土）、粉质黏土、淤泥质粉质黏土、粉砂、细砂等。

勘察期间（2016年9月）实测初见水位位于地表下4.30~5.80m，实测地下稳定水位位于地表下5.30~6.20m左右，稳定水位绝对高程为79.98~80.83m。

5.6.1.2 扩体桩设计与施工

本项目桩基础形式采用扩体桩。主楼范围内为抗压桩，全长组合截面，抗压承载力特征值设计要求不小于3400kN。

抗压桩直径900mm内插直径600mm PHC桩，采用长螺旋压灌工法后插预制桩。芯桩外包裹桩为水泥砂浆混合料，由以下原料混合而成：1m³混合料中水泥200~300kg，砂1200~1300kg，粉煤灰100kg，水250~300kg，其他添加剂如保水剂、减水剂、缓凝剂等。水泥砂浆混合料强度不低于15MPa。

5.6.1.3 工程实例

某农投国际中心工程扩体桩，试桩设计$D=900$mm，$d=600$mm，$L=14$m，预制桩采用PHC-600mm壁厚130mm-AB型。工程地质剖面如图5.29所示，扩体桩剖面如图5.30所示。

农投国际中心岩土工程勘察报告（详细勘察）河南省建筑设计研究院有限公司，2016年9月，并结合周边工程经验，扩体桩桩基参数见表5.19。桩侧、桩端阻力调整系数选取依据如下：

根据勘察报告，⑦淤泥质粉质黏土层的液性指数为 1.27，流塑状态，桩侧阻力调整系数取范围内的小值 1.3；⑧粉土层孔隙比 0.659，密实状态，桩侧阻力调整系数取范围内的大值 1.8；⑨粉砂层标贯击数 53.1，密实状态，桩侧阻力调整系数取范围内的大值 2.0；⑩细砂层标贯击数 76.5，密实状态，桩侧阻力调整系数取范围内的大值 2.0，桩端阻力调整系数取范围内的大值 1.0。

钻孔灌注桩极限侧阻力、端阻力及调整系数 表 5.19

土层编号	土层名称	土层厚度（m）	极限侧阻力 q_{sik}(kPa)	桩侧阻力调整系数 α_{si}	极限端阻力 q_{pk}(kPa)	桩端阻力调整系数 β_p
⑦	淤泥质粉质黏土	0.25	30	1.3	—	—
⑧	粉土	1.5	58	1.8	—	—
⑨	粉砂	7.2	70	2.0	—	—
⑩	细砂	5.05	76	2.0	550	1.0

采用式（5.1）的计算方法，计算直径 800mm 外包裹桩+直径 400mm PHC 管桩的组合截面复合桩单桩竖向极限承载力标准值：

$$Q_{uk} = \pi D \sum \beta \alpha_{si} q_{sik} l_i + \beta_p q_{pk} A_D = 6666 \text{kN}$$

根据 5.2.5 节计算单桩承载力极限值为 7200kN，桩身强度验算承载力为 6460kN。

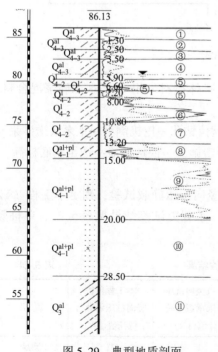

图 5.29 典型地质剖面

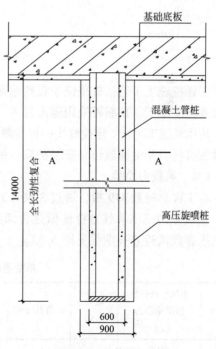

图 5.30 扩体桩剖面

桩底位于⑩细砂层，标贯击数超过70击。桩基计算参数取值如表5.20所示。

桩基计算参数   表5.20

土层编号	土层名称	土层厚度（m）	地基土承载力特征值 f_{sk}(kPa)	标贯击数（击）	侧阻力特征值 q_s(kPa)	后注浆侧阻力增强系数 β_{si}	桩端阻力 q_p（kPa）	桩端阻力折减系数
⑧	粉土	1.8	170	15	60	1.5	—	—
⑨	粉砂	7.2	380	>60	110	1.5	—	—
⑩	细砂	6.5	320	>75	110	1.5	11000	0.7

实测结果如图5.31所示，单桩承载力极限值，最大为7200kN，最小为6480kN。

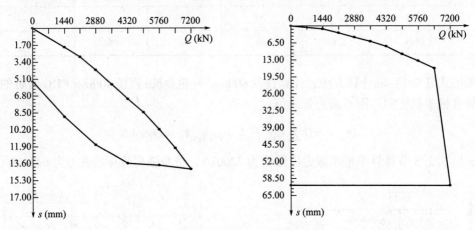

图5.31   实测 Q-s 曲线

工程桩施工工艺：桩顶位于自然地面以下12m，扩体材料采用M15水泥砂浆混合料，长螺旋压灌施工，预制桩采用锤击打入。

抗压桩施工工艺：定位放线→标高测量→长螺旋就位钻孔→挖机倒土→地泵泵送砂浆→长螺旋移机→柴油锤就位→安装护筒→吊车配合→锤击施工→换送桩器→送至基底标高。

5.6.1.4   承载力检验

本工程总桩数419根，通过3根（YZ桩）单桩竖向抗压静载试验，判定本工程（YZ桩）单桩竖向抗压承载力特征值是否满足设计要求。承载力试验结果见表5.21，单桩竖向抗压静载试验 Q-s 曲线见图5.32。

单桩竖向抗压静载试验结果   表5.21

桩号	单桩竖向抗压极限承载力（kN）	极差（kN）	平均值（kN）	极差/平均值（%）	单桩竖向抗压极限承载力统计值（kN）	本工程单桩竖向抗压承载力特征值（kN）	说　明
YZ11	6800						满足
YZ52	6800	0	6800	0	6800	3400	设计
YZ212	6800						要求

由试验结果可知，当加载到两倍单桩承载力特征值时沉降量仍在线性变化范围内，说明桩承载力发挥尚未达到最大值，仍有较大的余量。

5.6.2 杂填土路基工程

5.6.2.1 郑州龙源七街杂填土路基工程

龙源七街位于郑州市郑东新区龙湖地区北部，规划道路红线宽度 20m，为南北向城市支路，道路规划长度 267.68m，并且规划有多种市政公用管线。道路范围内均有杂填土分布，自然地面标高约

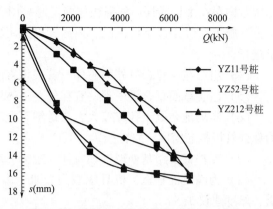

图 5.32 单桩竖向抗压静载试验 Q-s 曲线

87.6m，设计采用桩承式路基结合换填法处理。路基处理设计桩号范围 0+025.26~0+243.58，换填开挖基坑深度约 6.5m。

场地地貌单元属黄河冲积平原，工程场地内原为抽砂坑，现已用建筑生活垃圾填平，地形有起伏。

0+000~0+190 段杂填土以塑料袋、碎衣服、布条等生活垃圾为主，含量约 70%~90%，深度 14.5m，局部夹有黑色淤泥、建筑垃圾等；

0+190~0+267 段杂填土以砖块、煤渣、混凝土块等为主，含量约 20%~60%，深度 15~16m，局部夹有黑色淤泥、生活垃圾等；

杂填土下部粉砂因受地下水污染呈黑色，主要成分以石英、长石为主，中密，饱和。

勘察期间本工程沿线钻孔深度范围内已揭露地下水位埋深为 5.0~7.2m，地下水位标高 79.57~79.96m，属第四系松散岩类孔隙潜水。据调查，本场地地下水位年变幅约 1.0~2.0m，近 3~5 年的最高水位埋深约为地面下 1.0m（标高 84.00m）。地下水主要受大气降水补给，排泄方式主要为蒸发排泄和人工开采排泄。因场地内填埋有大量生活垃圾，所以本场地地下水严重污染。

根据地质条件，原设计采用换填法施工，因周边条件不允许，无法实施。通过灌注桩与扩体桩的比选，采用水泥砂浆混合料-预应力管桩形成的扩体桩。通过水泥砂浆混合料的隔离作用形成对混凝土桩的保护，防止杂填土中腐殖物产生的有害液体或气体腐蚀混凝土桩。

设计剖面如图 5.33 所示。设计方案简述如下：

（1）桩承式路基处理采用组合截面复合桩+桩顶承台或桩顶混凝土板。复合桩外裹桩体设计桩径 800mm，桩 2 内插管桩采用 PHC-600-AB-110 预应力管桩，桩顶设置 150mm 厚混凝土板；桩 3 内插管桩采用 PHC-500-AB-100 预应力管桩，桩顶设置 1500mm×1500mm×350mm 混凝土承台。

（2）支护桩采用组合截面复合桩，外裹桩体设计桩径 800mm，桩 1、桩 4、桩 5 内插 PRC-Ⅰ600AB110 预应力管桩，桩顶设置 800mm×400mm 现浇混凝土冠梁；桩 2 在基坑开挖期间兼作支护桩。

（3）本场地杂填土较厚，杂填土中存在较大的水泥块、废桩头等，并且原唐庄安置区

基坑范围存在土钉锚杆；外裹桩体施工时采用全部引孔，后长螺旋成孔泵送 C20 细石混凝土方法施工，引孔直径 800mm，内插管桩采用锤击方法插入。具体参照有关规范、规程要求进行。

（4）组合截面复合桩外裹桩体及管桩垂直度不应大于 1/200。

（5）组合截面复合桩中管桩宜在外裹桩体施工后 30min 内插入。

（6）本场地杂填土孔隙较大，泵送细石混凝土在管桩插入过程中向桩底及桩侧扩散，为保证管桩桩芯密实，管桩插入后其空腔应采用素混凝土通长填芯。

（7）支护桩及路基处理桩顶应伸入冠梁、承台以及混凝土板中不小于 50mm。

（8）为满足桩基施工机具承载力要求，本场地应在不同桩基施工标高处设置砖渣垫层，厚度建议 1.5m。

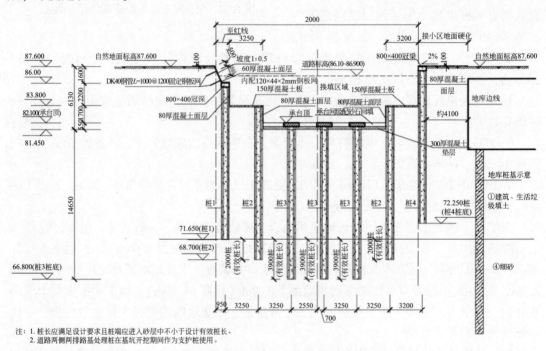

注：1. 桩长应满足设计要求且桩端应进入砂层中不小于设计有效桩长。
    2. 道路两侧两排路基处理桩在基坑开挖期间作为支护桩使用。

图 5.33 设计剖面

5.6.2.2 郑东新区龙北三路杂填土路基工程

龙北三路（新龙路~龙源十一街）位于郑州市郑东新区龙湖地区北部，规划道路红线宽度 30m，为东西向城市次干道，道路规划长度 2817.64m，并规划有多种市政公用管线。道路范围内广泛分布有杂填土，自然地面标高 88.200~85.000m，里程 0+087.110~0+145 及 0+665~0+960 填土较深区域，设计开挖至标高 80.000m 后进行强夯处理，强夯完成后取平至标高 79.000m，道路路基采用桩承式路基；里程 1+140~1+320 填土较深区域，道路北侧有在建小学，设计开挖至标高 79.000m，道路路基采用桩承式路基。临时开挖基坑支护设计范围为里程 0+087.110~0+145、0+665~0+960、1+140~1+320，设计范围总长度 533m，基坑开挖深度 6.0~9.2m。

龙北三路（新龙路~龙源十一街）场地周边主要为空地，无重要建筑物及管线，里程

1+140～1+330 范围道路红线北侧 21.5m 有在建小学。龙北三路与龙源七街交叉口东北角为唐庄安置区地下车库，车库基底标高 80.550m，基坑上口距地下室外墙约 6.9m。

拟建场地地貌单元属黄河冲积平原郑州东部泛滥区，沿线主要为垃圾场、抽砂坑、堆砂场和村庄，有极少量农田，原始地形平坦，后因人工抽砂、开挖鱼塘和堆放砂子，沿线地形变化很大。场地地基土主要为杂填土（深厚）、粉土（低液限黏土）、细砂等。场地地下水类型为第四系潜水，勘察时地下水水位埋深 3.8～5.8m，地下水水位标高 80.49～82.45m，上部潜水的年变化幅度在 1～2m。

桩承台标准断面如图 5.34 所示。设计施工情况如下：

（1）本工程基坑开挖深度 6.0～9.2m，支护桩采用组合截面复合桩，外裹桩设计桩径 800mm，内插 PRC-Ⅰ600AB110 预应力管桩。上排桩桩顶设置 800mm×400mm 现浇混凝土冠梁，下排桩桩顶设置 150mm 厚现浇混凝土板，下排桩兼作路基处理桩。

（2）桩承式路基加固处理采用组合截面复合桩+桩顶承台。复合桩外裹桩设计桩径 800mm，内插管桩采用 PHC-500-AB-100 预应力管桩，桩顶设置 1500mm×1500mm×350mm 混凝土承台。

（3）外裹桩体可采用长螺旋成孔泵送水泥砂浆方法施工，水泥砂浆强度 M15，内插管桩可采用插桩机插入。具体参照有关规范、规程要求进行。

（4）组合截面复合桩外裹桩体及管桩垂直度不应大于 1/200。

（5）组合截面复合桩中管桩宜在外裹桩施工后 30min 内插入。

（6）支护桩及路基处理桩顶应伸入冠梁、承台以及混凝土板中不小于 50mm。

（7）为满足桩基施工机具承载力要求，本场地应在不同桩基施工标高处设置砖渣垫层，厚度建议 1.5m。

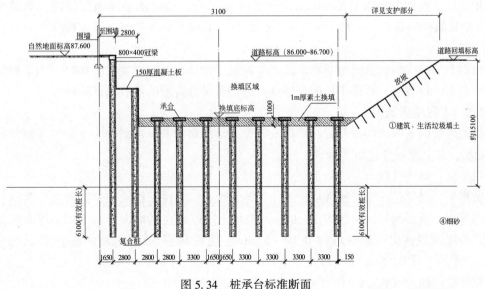

图 5.34　桩承台标准断面

5.6.2.3 处理效果与技术经济效益

两工程采用扩体桩解决了杂填土桩基施工的难题，现场开挖如图 5.35 所示。

图 5.35　现场开挖

　　经测算，与灌注桩相比，分别节省工程造价 500 万元、1500 万元，节省工期 40~60d。

　　利用支护帷幕一体化技术和桩承式路基技术，将地下管线设置在一个封闭环境中，提高了道路使用期间的管线安全度，扩体桩技术也解决了在污染土中使用灌注桩存在的耐久性问题。

5.6.3　鹤壁凯旋广场超高层桩基工程

5.6.3.1　工程概况

　　鹤壁凯旋广场超高层桩基工程位于鹤壁市淇滨区淇水大道路东，万泉河路南，昆仑山路西，峨眉山路北。一期超高层 A 座，地面以上高度 139.75m，地下 2 层。

　　拟建场地地貌单元属于太行山前淇河冲洪积平原。根据该场地地层情况，上部为可塑~硬塑状的粉质黏土、中密~密实状态的卵石，下部为强度较高、厚度较大、分布稳定的黏土层。

　　根据上部结构荷载情况与基础形式，工程桩设计采用预制混凝土扩体桩。为了确定扩体桩承载力设计参数，验证工艺的合理性，进行了设计阶段的承载力试验研究。

5.6.3.2　工程地质概况

　　场地内所揭露的地层按其岩性特征及物理力学性质的差异可划分为 8 个工程地质层和 3 个亚层，由上至下分述如下：

　　第①层：填土（Q_4^{ml}）

　　黄褐色、褐黄色，湿，松散~稍密。主要由粉土、黏性土组成，含碎砖渣、灰渣、植物根系等，土质不均匀。顶部约 50cm 厚为耕植土。该层在场地内分布不均，厚度差异较大，在局部位置缺失。层底埋深 0.50~2.20m，层底高程 80.38~85.91m，层厚 0.50~2.20m，平均层厚 0.65m。

　　第②层：粉土（Q_{4-2}^{al}）

　　褐黄色，稍湿~湿，稍密~中密，见铁锰质氧化物浸染，无摇振反应，无光泽，干强度低，韧性低，土质不均匀，局部具砂感。局部夹薄层褐黄色粉砂（稍湿、中密）。该层在场地内分布不均，厚度差异较大，在局部位置缺失。层底埋深 0.80~7.20m，层底高程

76. 18~84. 12m，层厚 0. 30~7. 20m，平均层厚 2. 79m。

第②$_1$层：粉砂（Q_{4-2}^{al}）

褐黄色，稍湿，中密。矿物成分以石英、长石为主，含少量云母碎片，土质不均匀，分选性一般。该层分布不均，呈透镜体状，仅在局部位置揭露。层底埋深 1. 10~4. 20m，层底高程 77. 88~83. 22m，层厚 0. 30~3. 50m，平均层厚 1. 18m。

第③层：粉质黏土（Q_{4-1}^{al}）

黄褐色，可塑，见铁锰质氧化物浸染，土质不均匀，局部偶见小姜石。切面稍有光泽，干强度中等，韧性中等。局部夹黄褐色粉土（湿、中密）。该层在场地内分布不均，厚度差异较大，在局部位置缺失。层底埋深 3. 20~9. 80m，层底高程 72. 38~82. 16m，层厚 0. 60~5. 60m，平均层厚 2. 79m。

第④层：粉质黏土（Q_3^{al}）

褐黄色，可塑~硬塑，见铁锰质氧化物浸染，土质不均匀，局部含姜石（一般粒径在 5~20mm 之间）。切面稍有光泽，无摇振反应，干强度中等，韧性中等。该层在场地内分布不均，厚度差异较大，局部位置缺失。层底埋深 4. 20~17. 20m，层底高程 66. 85~80. 86m，层厚 0. 70~10. 90m，平均层厚 3. 74m。

第⑤层：卵石（Q_3^{al+pl}）

杂色，中密~密实，稍湿~饱和，土质不均匀，成分主要为砂岩、石灰岩等，磨圆度中等，分选性一般，级配一般，卵石含量 50%~80% 左右，粉质黏土及砂粒填充，填充较密实。粒径一般为 2~10cm，最大为 30cm，粒径大于 20mm 的颗粒质量约占总质量的 55. 7%，该层局部夹薄层可塑~硬塑状粉质黏土，下部局部呈胶结成岩状。该层在场地内分布不均，厚度差异较大，在局部位置缺失。层底埋深 7. 80~27. 80m，层底高程 56. 18~76. 35m，层厚 0. 80~15. 50m，平均层厚 4. 87m。

第⑤$_1$层：粉质黏土（Q_3^{al+pl}）

黄褐色，可塑~硬塑，见铁锰质氧化物浸染，土质不均匀，含少量卵石（一般粒径在 5~30mm 之间）。切面稍有光泽，无摇振反应，干强度中等，韧性中等。该层分布不均，呈透镜体状，仅在局部位置揭露。层底埋深 10. 60~18. 50m，层底高程 65. 48~72. 64m，层厚 0. 70~4. 50m，平均层厚 1. 59m。

第⑥层：黏土（N_2^{el}）

黄褐色、青灰白色，硬塑~坚硬，见铁锰质氧化物浸染，含青灰色斑块，土质不均匀，切面有光泽，干强度及韧性高，含少量钙质结核及卵砾石，局部胶结成块状粉质黏土。该层在场地内分布不均，厚度差异较大，在局部位置缺失。层底埋深 19. 50~29. 10m，层底高程 54. 82~64. 05m，层厚 2. 90~13. 30m，平均层厚 8. 00m。

第⑦层：黏土（N_2^{el}）

褐红色、黄褐色，硬塑~坚硬，见铁锰质氧化物浸染，含青灰色斑块，土质不均匀，切面有光泽，干强度及韧性高，含少量钙质结核及卵砾石，局部胶结成块状粉质黏土。该层在场地内分布不均，厚度差异较大，在局部位置缺失。层底埋深 35. 30~42. 60m，层底高程 40. 38~47. 69m，层厚 12. 50~19. 80m，平均层厚 16. 69m。

第⑦$_1$层：砂岩（N_2^{el}）

灰褐色、灰白色，层状构造，主要由砂粒胶结而成的，土质不均匀，矿物成分主要由石英和长石组成。岩芯成短柱状或碎块状，中等风化，属较软岩，岩石质量指标 $25<$ RQD<50，岩体基本质量等级分类为Ⅳ类。该层分布不均，呈透镜体状，仅在局部位置揭露。层底埋深 $21.30\sim23.70$m，层底高程 $59.15\sim62.07$m，层厚 $1.10\sim2.70$m，平均层厚 1.86m。

第⑧层：粉质黏土（N_2^{el}）

黄白、灰白、青灰白色等杂色，坚硬，见铁锰质氧化物浸染，含青灰色斑块，土质不均匀，切面有光泽，干强度及韧性高，含少量钙质结核及卵砾石，局部胶结成块状粉质黏土。该层未揭穿，揭露最大深度为 60.00m，揭露最低高程为 21.66m，揭露最大厚度 24.30m。

典型工程地质剖面如图 5.36 所示。

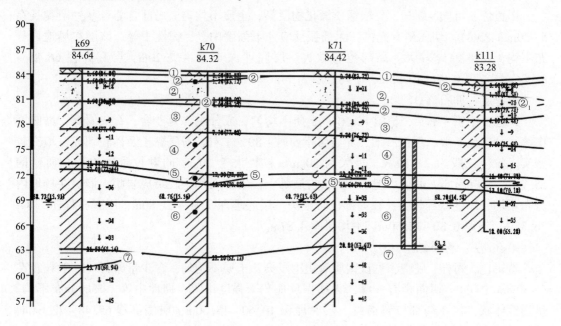

图 5.36 典型工程地质剖面

根据土工试验及原位测试结果，本工程地质勘察报告提交的设计参数建议值见表 5.22；建议的钻孔灌注桩极限侧阻力、端阻力标准值见表 5.23。

各土层承载力特征值及压缩参数建议值　　　　表 5.22

土 层	f_{ak}(kPa)				a_{1-2} (MPa^{-1})	E_{s1-2} (MPa)	标准值 N(击)	承载力 特征值 f_{ak}(kPa)	压缩性 评价
	土工 试验	标贯 试验	重探 试验	建议值	建议值	建议值			
②粉土	120	130	—	120	0.254	7.1	8.7	130	中
②₁ 粉砂	160	150	—	150	—	15.5	8.5		中

续表

土　层	f_{ak}(kPa)				a_{1-2} (MPa^{-1})	E_{s1-2} (MPa)	标准值 N(击)	承载力 特征值 f_{ak}(kPa)	压缩性 评价
	土工 试验	标贯 试验	重探 试验	建议值	建议值	建议值			
③粉质黏土	140	150	—	140	0.249	7.4	18.9	150	中
④粉质黏土	160	170	—	160	0.240	7.6	18.7		中
⑤卵石	—	—	350	350	—	(25.0)	8.2	140	低
⑤$_1$粉质黏土	—	180	—	180	0.210	8.0	7.5		中
⑥黏土	300	315	—	300	0.192	9.3	14.0	160	中
⑦黏土	310	330	—	310	0.187	9.5	11.8		中
⑦$_1$砂岩	500	—	—	500	—	(50.0)	20.5	180	低
⑧粉质黏土	330	340	—	330	0.170	9.9	15.9		中

钻孔灌注桩极限侧阻力、端阻力标准值　　　　表 5.23

岩土层号及名称	q_{sik}(kPa)	后注浆侧阻力增强系数 β_{si}	q_{pk}(kPa)	后注浆端阻力增强系数 β_p
④粉质黏土	55	1.4	—	—
⑤卵石	130	2.1	—	3.2
⑤$_1$粉质黏土	58	1.45	—	—
⑥黏土	80	1.5	1400	2.1
⑦$_1$砂岩	140	1.5	—	—
⑦黏土	85	1.5	1500	2.1

5.6.3.3 试桩设计与施工

1. 试桩设计

试验在基坑开挖约 5m 深度的主楼南侧地库位置进行（图 5.37），桩顶位于第④层粉质黏土顶板标高，试桩间距不小于 3m。

试桩共设计 7 根，单桩极限承载力、压桩力终压值估算结果等见表 5.24。扩体桩桩身大样如图 5.38 所示，预制桩选用型号为 PHC 600 AB-110 管桩，强度等级为 C105，桩长 13m，入土深度约为 20m。

扩体材料选用细石混凝土，强度等级为 C15，充盈系数不小于 1.1。沉桩工艺选用长螺旋压灌植入法。

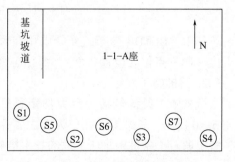

图 5.37　试桩平面布置

试桩	桩长 (m)	扩体设计 直径(mm)	扩体施工方法	预制桩 直径(mm)	预制桩施工 方法	极限承载力 估算值(kN)	预估压桩力 终压值(kN)
S1、S2、S3、S4	13.0	800	二次成孔法	600	静压	4600	2000~3200
S5、S6、S7	13.0	800	一次成孔法	600	静压	4600	2000~3200

试桩设计 表 5.24

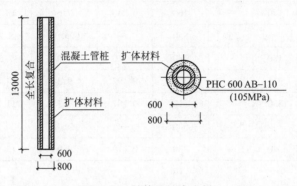

图 5.38 扩体桩桩身大样

桩身内力量测元件布设如图 5.39 所示,测量元件采用分布式光纤和振弦式钢筋应力计。

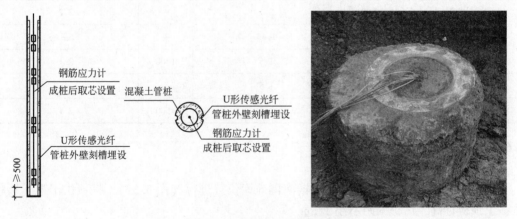

图 5.39 光纤和应力计布置及现场照片

其中,BOTDR 分布式光纤采用在管桩表面刻槽内铺设;钢筋应力计沿桩身设置 4 个点位(同一点位处设置 2 个),绑扎在钢筋上随钢筋一起置入预制桩空腔内并浇筑灌浆料。

2. 试桩施工

试桩施工设备包括一台大扭矩长螺旋钻机、一台 800t 静压桩基。施工工艺流程如图 5.40 所示,长螺旋钻孔分为二次成孔工艺、一次成孔工艺。其中,二次钻孔工艺是为了解决卵石土钻进困难所采取的技术措施。

C15 细石混凝土配比:42.5 硅酸盐水泥用量为 165kg,中砂 870kg,碎石 950kg,粉煤灰 80kg,水 100kg,减水剂等添加剂。坍落度 180±20mm,重度 23.4kN/m³。

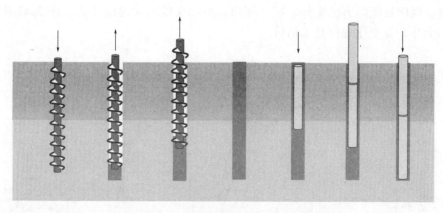

图5.40 长螺旋压灌植入法施工工艺流程

施工要求细石混凝土压灌流量应与提升速度相匹配，扩体材料压灌至孔口标高，按桩孔体积计算的充盈系数不小于1.1。为保证桩端阻力，开启泵送时，钻杆提升高度不大于300mm。

预制桩的植入施工，应在长螺旋压灌后9h内完成；预制桩植入施工"以桩底标高控制为主，终压值控制为辅"为沉桩质量控制原则，现场施工实际压桩力终压值为2000～2400kN，实测细石混凝土孔口冒出量每桩约2m³。

5.6.3.4 试验结果及分析

1. 单桩极限承载力

限于现场条件，仅进行5根桩抗压静载试验，结果见表5.25。试桩最大加载值为8400kN，最小为3500kN，桩顶沉降量在41～63mm之间，单桩竖向抗压承载荷载-沉降（$Q-s$）曲线如图5.41所示。

单桩竖向抗压静载试验结果 表5.25

试验桩号	成孔方式	试验日期	试桩龄期(d)	试验历时(min)	最大加载量（kN）	最大沉降量（mm）
S1	二次成孔	2022.1.18	45	1020	4800	62.05
S2		2022.1.10	37	1950	8400	53.74
S3		2022.1.13	40	545	3500	41.31
S6	一次成孔	2022.1.20	37	915	5600	62.97
S7		2022.1.06	22	1110	5600	61.72

极限承载力对应沉降量、总极限端阻力和总极限侧阻力结果见表5.26。

2. 荷载传递及桩侧阻力分布变化情况

在荷载传递过程中，上部土层桩侧阻力先于下部土层发挥，各土层桩侧阻力增速并不相同。随着荷载增大，上部土层的侧阻力增速趋于稳定，而下部土层侧阻力增速逐渐变大，峰值缓慢下移。随着荷载增大，上部土层侧阻力增速趋于稳定，在埋深2～4.5m处的卵石层出现扩径现象，扩径段桩侧阻力显著偏大。在即将达到极限荷载时，桩侧阻力增速并不明显，说明桩侧阻力已充分发挥；桩侧阻力随深度增大逐渐变大。图 5.42 中 5 根试桩桩侧阻力分布及变化规律基本相似。

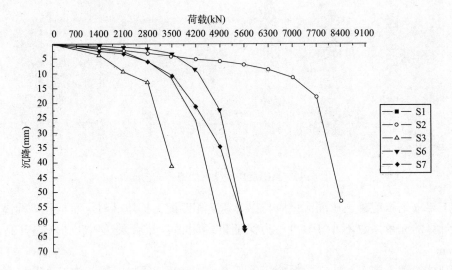

图 5.41   单桩承载力 $Q-s$ 曲线

试桩竖向抗压极限承载力   表 5.26

桩号	极限承载力（kN）	对应沉降量（mm）	总极限端阻力	总极限侧阻力（kN）
S1	4200	25.45	1337.04	2862.96
S2	7700	17.70	1908.79	5791.21
S3	2800	13.42	1118.33	1681.67
S6	4900	22.31	1125.39	3774.62
S7	4900	34.82	1772.96	3127.04

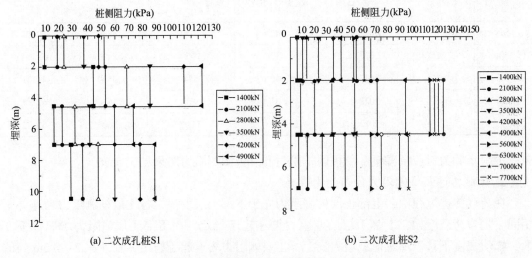

(a) 二次成孔桩S1   (b) 二次成孔桩S2

图 5.42   桩侧阻力随荷载变化分布（一）

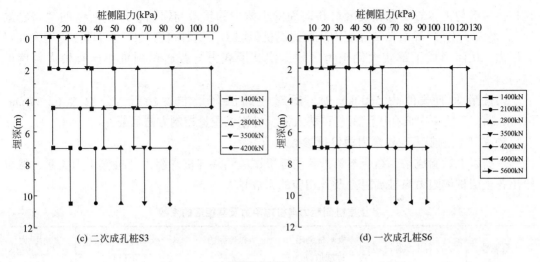

(c) 二次成孔桩S3   (d) 一次成孔桩S6

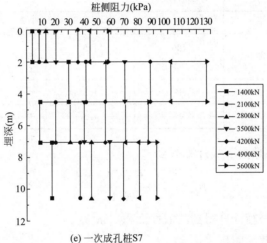

(e) 一次成孔桩S7

图5.42 桩侧阻力随荷载变化分布（二）

3. 二次成孔工艺对承载力的影响

二次成孔试桩（S1、S2、S3）的极限承载力分别为4200kN、7700kN、2800kN，离散性较大。除S2极限承载力远远大于其余4根试桩外，另2根均小于极限承载力估算值4600kN，也小于一次成孔桩极限承载力4900kN。分析可能是卵石层分布不均匀，较厚处桩的承载力较高，较薄或缺失处承载力较低；此外，二次成孔产生的孔壁松弛效应是形成承载力不足的原因之一。

二次成孔压灌工艺是在一次成孔后间隔一定时间进行的，第一次成孔后，孔壁处于自由状态，会产生向孔内的径向位移，引起桩孔侧壁土体产生"松弛效应"。第二次成孔时，孔壁周围土体会受到再次扰动，导致土体强度进一步削弱，桩侧阻力随之降低。

4. 长螺旋钻孔压灌植入法施工工艺的可靠性分析

一次成孔试桩（S6、S7）的极限承载力均为4900kN，大于设计承载力估算值4600kN，质量稳定性明显好于二次成孔方式。分析认为，预制桩的贯入过程，将增强粗颗粒扩体材料与土体的咬合和胶凝材料向周围土体中的扩散与渗透，形成所谓的"挤密效应"，增大了土-桩界面粘结强度，从而提高桩侧阻力。这种挤密效应随着埋深的增大而显著增加，从而形成下部较大侧阻力区域，使其承载力与普通预制桩相比有较大幅度的提高。

两桩最大加载值为 5600kN 时，所对应的沉降量非常接近，分别为 62.97mm、61.72mm，表明一次成孔压灌工艺和植入桩沉桩施工质量控制方法可靠。

5. 关于桩侧阻力与桩端阻力设计参数取值方法

依据以上试验成果，结合本章推荐的标贯试验结果与桩端阻力、桩侧阻力关系，综合给出各土层桩侧阻力与桩端阻力及其相应的系数见表 5.27。

各土层桩侧阻力与桩端阻力及其相应的系数 表 5.27

土层编号	岩土名称	极限桩侧阻力标准值(kPa)	桩侧阻力系数	极限桩端阻力标准值(kPa)	桩端阻力系数
④	粉质黏土	56	1.5	—	—
⑤	卵石粉质黏土	130	1.5	—	—
⑤₁		62	1.5		
⑥	黏土	84	1.5	3700	0.72
⑦	黏土	94	1.5	4000	0.72

其中，桩端阻力系数由下式计算得到：

$$\beta_p = \frac{E_p A_p + E_s (A_D - A_p)}{E_p A_D} \tag{5.27}$$

式中 A_p——预制桩外径计算得到的截面面积（m^2）；

A_D——扩体桩截面面积（m^2）；

E_p——预制桩弹性模量（MPa）；

E_s——扩体弹性模量（MPa）。

当采用桩端总极限阻力实测结果反演时，桩端阻力系数可按下式计算：

$$Q_{pk} = \beta_p A_D q_{pk} \tag{5.28}$$

式中 β_p——桩端阻力系数；

q_{pk}——极限端阻力标准值（kPa）

根据测得的桩端总极限阻力值，由式（5.28）求出桩端阻力系数。该值与理论式（5.27）计算的桩端阻力系数进行比较，结果如表 5.28 所示。表中 5 根试桩的桩端阻力系数平均值为 0.718，与表 5.27 中理论方法计算值 0.72 较为接近，验证了本章桩端阻力计算理论方法的合理性。

桩端阻力系数 表 5.28

桩号	S1	S2	S3	S6	S7
桩端阻力系数	0.66	0.94	0.55	0.56	0.88

5.6.3.5 工程桩设计施工与承载力检验

1. 工程桩设计

根据试桩结果对工程桩设计进行调整：扩体桩直径 0.8m、桩长 20.5m，预制直径 0.6mm，桩型号不变，桩长 21m。

1）单桩承载力计算

主体结构设计要求单桩承载力特征值为 4200kN，单桩极限承载力计算如下：

$$Q_{uk} = \pi D \sum \beta_{si} q_{sik} l_i + A_d q_{pk} \tag{5.29}$$

式中　D——扩体桩直径（m）；

　　　l_i——桩长范围内第 i 土层厚度（m）；

　　　A_d——由外围直径计算的预制桩截面面积（m^2）；

　　　q_{sik}——第 i 土层极限侧阻力标准值（kPa）；

　　　q_{pk}——极限端阻力标准值（kPa）；

　　　β_{si}——第 i 土层侧阻力系数，取 1.5。

以无卵石层的最不利 67 号孔为例，单桩承载力特征值估算如下：

$$R_a = 0.5 Q_{uk}$$
$$= 0.5 \pi D \sum \beta_{si} q_{sik} l_i + A_d q_{pk}$$
$$= 3.14 \times 0.8 \times 1.5 \times (28 \times 4.53 + 31 \times 1.2 + 42 \times 8.9 + 47 \times 6.37) + 0.283 \times 4000$$
$$= 4285kN > 4200kN$$

满足设计要求。

2）桩身抗压强度验算

不考虑扩体材料竖向抗力的作用，桩身强度验算如下：

$$N = \varphi_c A_p f_c$$

式中　f_c——混凝土轴心抗压强度设计值，C105 桩取 46.3MPa；

　　　A_p——桩身混凝土竖向受力截面面积（m^2）；

　　　φ_c——与预制混凝土生产工艺、打桩施工工艺、根固桩工作条件相关的系数，取 0.85。

$$N = 0.85 \times [0.3^2 \times \pi - (0.3 - 0.11)^2 \times \pi] \times 46.3 \times 1000$$
$$= 6660kN > 4200kN$$

满足承载力设计要求。

2. 工程桩施工

1）工艺与设备

工程桩所选用的工艺设备与试桩相同，施工空桩长度 1.5m 左右。施工现场如图 5.43 所示。

2）扩体材料

C15 细石混凝土配合比为：水泥 150kg，砂 730kg，碎石 820kg，粉煤灰 79kg，矿渣粉 80kg，水 145kg，减水剂等外加剂。坍落度为 180mm±20mm，重度为 20kN/m^3。

由图 5.43 可见，预制桩贯入过程中扩体混凝土有部分冒出地面，根据现场测量估算，每根冒出量约 1.5m^3，小于试桩的每根冒出量 2m^3。

图 5.43 工程桩施工现场

3）质量控制措施

首先，将扩体混凝土重度由试桩时的 23.4kN/m³，调整至 20kN/m³，不仅减少了原材料用量，而且减少了浪费量。施工中细石混凝土用量充盈系数 1.1 左右，预制桩净体积 0.17m³/m，21m 净体积为 3.57m³，远大于冒浆量，表明预制桩植入过程对扩体材料具有一定的挤密效应。与此同时，重度不大于 20kN/m³ 的细石混凝土，其空隙具有一定的可压密性，对挤土效应起到了一定的消纳作用。可见，合理的配方有利于预制桩沉桩施工并产生挤密效应和降低挤土效应。

其次，施工中按"桩长控制为主、终压值控制为辅"的原则进行质量控制。先期施工时，因压桩机配重较小，导致压桩力不足造成预制桩植入深度不满足设计要求，最短为 11m。调整配重和细石混凝土配方后，沉桩入土深度均可达到标高设计要求。实际压桩力终压值为 3400~4100kN，最大为 5500kN，压桩力终压值约为单桩极限承载力值的 0.4~0.7 倍，这与以往工程经验相符。

3. 桩身质量检测

采用低应变反射波法对工程桩桩身质量进行检测。取平均波速 4200m/s，199 根桩反射波波形规则，桩底反射明显，桩身无缺陷，部分检测结果如图 5.44 所示。

4. 单桩竖向静荷载试验

选择 4 根单桩进行静荷载试验，加载方法采用慢速维持荷载法，4 根桩检测结果见表 5.29，$Q\text{-}s$ 曲线如图 5.45 所示。可以看出 $Q\text{-}s$ 曲线呈缓变型，随着荷载的增大沉降量持续增长，在设计极限承载力值内，荷载沉降曲线都表现出近似线性关系，未出现陡降趋势。两组桩最大加载量为 8240kN 时，桩顶沉降仍能保持稳定，其中发生沉降最大的 25 号桩，最大沉降为 35.3mm，卸载后最大回弹量 14.61mm，回弹率 41.39%。可以看出全长扩体桩的承载能力并未达到极限状态，在满足工程设计需要的同时仍然具有一定的安全储备。

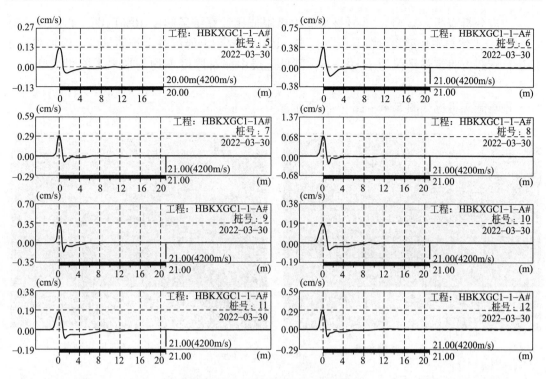

图 5.44 部分桩身质量检测结果

检测桩施工情况与承载力试验结果 表 5.29

检测桩号	施工桩长	试验日期	试验历时(min)	最大加载量(kN)	桩顶最大沉降量(mm)	桩顶残余沉降量(mm)
36	20.5/21.0	2022.03.30	1740	8400	17.55	10.15
25	20.5/21.0	2022.04.01	2010	9240	35.30	21.69
38	20.5/21.0	2022.04.03	2070	9240	28.84	19.69
22	20.5/11.0	2022.04.05	1620	8400	11.92	7.74

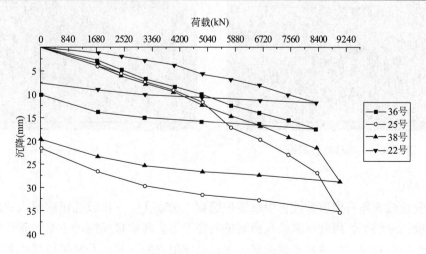

图 5.45 检测桩 Q-s 曲线

比较分析表明，25 号、38 号桩承载力极限值比计算结果超出 10%以上。芯桩较短的 22 号桩，扩体材料压灌深度满足设计要求，因土层复杂未能沉桩至扩体桩底，但加载至 2 倍设计承载力时沉降量仅为 11.92mm，可见土层中卵石厚度不均匀带来了检测结果的差异性。

现场施工情况如图 5.46~图 5.49 所示。

图 5.46　现场基槽全景

图 5.47　扩体桩截面尺寸测量

图 5.48　工程桩检测现场

图 5.49　桩头处理

5.6.3.6　结语

本工程通过含卵石夹层黏性土中采用长螺旋二次成孔、一次成孔压灌植入法施工工艺的比较试验，介绍了长螺旋压灌植入预制桩的施工工艺和质量控制的主要因素，初步研究分析了孔壁松弛效应、扩体挤密效应对扩体桩桩侧阻力的影响，并对扩体桩承载力设计理论方法进行了实测验证，主要结论如下：

（1）二次成孔能够降低深厚卵石土层钻进施工难度，但产生的孔壁松弛效应将对桩侧阻力产生一定的影响，且这种影响程度具有不确定性，导致承载力试验结果离散性较大，在设计、施工时应避免采用。

（2）对比分析试桩测试结果和工程桩检测结果，一次成孔工艺桩承载力差异较小，桩端阻力发挥系数与本章理论方法计算结果较为接近，验证了工艺和计算方法的可行性。

（3）预制桩植入过程中，在桩侧形成的"挤密效应"，增加了扩体桩外直径和实际受力面积以及桩土界面粘结强度，是扩体桩形成较高承载力的重要机制。工程桩施工与检测结果表明，合理的扩体材料配方对预制桩挤密效应的形成，保障沉桩质量及降低挤土效应，具有重要意义。

（4）在地层条件相对均匀时，按"桩长控制为主、终压值控制为辅"的原则进行沉桩质量控制，具有较好的操作性，对保证桩承载力达到设计要求起到关键性作用。

（5）本章提出的承载力计算理论与参数取值方法，用于预制混凝土扩体桩承载力的估算具有较高精度。再次表明，基于现场原位测试结果（如标贯击数等）确定桩侧阻力、桩端阻力，并引入发挥系数，是桩基工程承载力计算理论的发展和研究方向。

本章参考文献

[1] 江苏兴鹏基础工程有限公司，江苏省建筑科学研究院有限公司．劲性复合桩技术规程：DGJ32/TJ 151—2013 [S]．南京：江苏科学技术出版社，2013.

[2] 董平，陈征宙，秦然．砼芯水泥土搅拌桩在软土地基中的应用 [J]．岩土工程学报，2002（02）：204-207.

[3] 河北工业大学，沧州市机械施工有限公司．混凝土芯水泥土组合桩复合地基技术规程：DB13（J）50—2005 [S]．北京：中国建材工业出版社，2005.

[4] 天津大学建筑设计研究院．劲性搅拌桩技术规程：DB 29—102—2004 [S]．天津：天津市建设管理委员会办公室，2004.

[5] 张振，窦远明，吴迈，等．水泥土组合桩的发展及设计方法 [J]．低温建筑技术，2002（01）：54-55.

[6] 王安辉，章定文，刘松玉，等．水平荷载下劲性复合管桩的承载特性研究 [J]．中国矿业大学学报，2018，47（04）：853-861.

[7] 丁勇，俞设，王平，等．水泥土强度对型钢水泥土组合梁的影响研究 [J]．地下空间与工程学报，2017，13（03）：698-702.

[8] 山东省建筑科学研究院，中建八局第一建设有限公司．水泥土复合管桩基础技术规程：JGJ/T 330—2014 [S]．北京：中国建筑工业出版社，2014.

[9] 高文生，梅国雄，周同和，等．基础工程技术创新与发展 [J]．土木工程学报，2020，53（06）：97-121.

[10] Anucha Wonglert, Pornkasem Jongpradist. Impact of reinforced core on performance and failure behavior of stiffened deep cement mixing piles [J]. Computers and Geotechnics, 2015, 69: 93-104.

[11] 史佩栋．SMW 工法地下连续墙 [J]．施工技术，1995（02）：52-53.

[12] 周同和，宋进京，高伟，等．一种水泥砂浆复合桩的施工方法 [P]．中国专利，108505515. 2018-09-07.

[13] 周丽萍，申向东．水泥土力学性能的试验研究 [J]．硅酸盐通报，2009，28（02）：359-365.

[14] 吴义章．格栅式水泥土挡墙的稳定性问题研究 [D]．郑州：郑州大学，2004.

第 6 章　下部扩体桩

下部扩体桩（Lower Reamed Piles）是指通过下部扩孔段灌浆或通过喷射搅拌注浆等工艺，在预制桩桩端及以上桩身一定范围内形成包裹水泥浆、水泥土混合料、水泥砂浆混合料、细石混凝土等扩体的桩（图 6.1）。

与传统扩底桩相比，下部扩体桩扩体材料为工厂预拌水泥土、水泥砂浆混合料、细石混凝土，强度均匀，因此具有土层适应性强，竖向承载力高，挤土效应弱、静压终压值小、施工速度快、大幅降低工程造价，不排或少排泥浆、施工受扬尘治理约束小等优点。

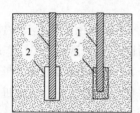

1—预制管桩；2—扩孔灌浆体；3—旋喷水泥土

图 6.1　下部扩体桩常用桩型

6.1　工作机理与试验研究

6.1.1　下部扩体桩界面粘结强度与桩侧阻力理论

下部扩体桩扩体段也有两个界面：预制桩与包裹材料界面和包裹材料与土界面。不少学者通过现场试验和室内模型试验研究了劲性复合桩桩土界面和内外芯界面的侧摩阻力的相关特性。研究结果表明，钢筋混凝土预制桩承担了大部分的荷载，并通过第一界面（内外芯交界面）将荷载传递给水泥土桩，水泥土桩通过第二界面（桩土交界面）再将荷载传递到桩周（端）土中，实现荷载的有效传递；混凝土预制桩和水泥土具有较好的共同工作特性。对于下部扩体桩，由于预制桩的压入（或锤击，或高频振动插入）而存在一定的挤密效应，使得包裹材料和桩周土在一定程度上被挤密，且部分包裹材料渗入桩周土体当中，因此桩土界面粘结强度更大，桩土界面上的侧摩阻力增大。

包裹材料将桩侧阻力转化为包裹材料与土之间的界面粘结强度，如图 6.2 所示，提高了桩侧承载力。

6.1.2　下部扩体桩包裹材料对桩端阻力的作用

包裹材料的存在可以视为增加了桩端面积，对于预制桩为预应力管桩的情况，还存在"土塞效应"。进行桩端承载力计算时，如仅考虑预制桩截面面积，则包裹材料对桩端土塑性区的开展有很好的约束作用，从而可以获得较高桩端阻力（图 6.3）。

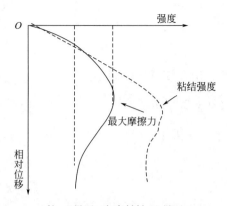

图 6.2 桩侧阻力转化为粘结强度示意

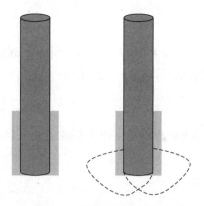

图 6.3 桩端阻力增强示意

6.1.3 下部扩体受拉时上端阻力对扩大段桩侧阻力的增强作用

与竖向抗压桩相似，下部扩大段上端阻力的存在对复合桩下部侧阻力具有增强效应，这种效应的作用机理是上端阻力对扩大端产生一个向下的反力，使扩大端产生压缩变形，同时阻止扩大端桩侧阻力发生软化。下部扩体桩受拉破坏计算模型见图 6.4。

根据已有实测资料增强系数可达 2.0 以上，当采用压力型桩体时，增强系数可能更高。应注意以上增强作用需要一定厚度的上覆土层作条件。

以图 6.4 模型，有关扩径体上覆土层厚度的理论计算公式推导如下。

假设桩抗拔破坏面为圆台面，根据力的平衡条件有：

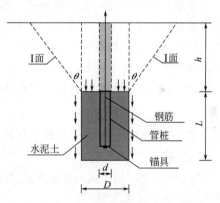

图 6.4 下部扩体桩受拉破坏计算模型

$$q_{pk} A_D \leqslant \gamma_m V \qquad (6.1)$$

圆台体积：

$$V = \frac{1}{3} h (A_D + \sqrt{A_D A_0} + A_0) \qquad (6.2)$$

$$A_0 = \frac{\pi}{4} (D + 2h\tan\theta)^2 \qquad (6.3)$$

式中　γ_m——扩径段上部土体重度，水下取浮重度；

　　　A_0——应力扩散至基础底面时的圆台顶面直径；

　　　θ——应力扩散角；

　　　h——扩大段上部覆盖土层最小厚度。

当扩径段顶部具有足够埋深，上端阻力可按下式计算：

$$q_{pk} = (1 + K_p) \gamma_m h \qquad (6.4)$$

$$K_{\text{p}} = \tan^2\left(45 + \frac{\varphi}{2}\right) \tag{6.5}$$

式中 φ——扩径段上部土体内摩擦角平均值。

体积计算时忽略式（6.2）、式（6.3）中 A_{D} 时，由上述各式得到：

$$(1 + K_{\text{p}})\gamma_{\text{m}}hA_{\text{D}} \leqslant \frac{\pi}{12}\gamma_{\text{m}}h(D + 2h\tan\theta)^2 \tag{6.6}$$

简化后得到扩径段上部覆盖土层最小厚度，可按下式估算：

$$h \geqslant \frac{\sqrt{\dfrac{3}{\pi}(1 + K_{\text{p}})A_{\text{D}}}}{\tan\theta} \tag{6.7}$$

假定 $\theta = \varphi/2$，当 $\varphi_1 = 10°$、$\varphi_2 = 20°$、$\varphi_3 = 30°$，最小覆盖土层计算结果：$h_1 = 9\text{m}$、$h_2 = 7\text{m}$，$h_3 = 6\text{m}$，作为一般粉土与粉质黏土、砂土中扩大段上端覆盖土层最小厚度限值，符合已有工程经验。

6.2 下部扩体桩抗拔承载力试验研究

6.2.1 引言

随着地下空间的进一步开发利用，基础埋深的增加，建筑物受到浮力作用的情况也越来越严重，对于抵抗水浮力作用，工程上常采用抗拔桩、抗拔锚杆等方法进行处理。在以上的抗浮处理中，如何准确确定抗拔桩及抗拔锚杆的承载力是进行工程抗浮设计的关键，目前国内外学者针对该问题进行了大量的理论和试验研究，取得了一定的研究成果。

文献 [1] 针对抗拔桩呈非整体破坏时，推荐采用下式计算基桩抗拔极限承载力：

$$T_{\text{uk}} = \sum \lambda_i q_{\text{sik}} u_i l_i \tag{6.8}$$

式中 T_{uk} ——基桩抗拔极限承载力标准值；

u_i ——桩身周长；

q_{sik} ——第 i 层土极限桩侧侧阻力标准值；

λ_i ——抗拔系数。

《高压喷射扩大头锚杆技术规程》JGJ/T 282—2012[2] 提出扩大头锚杆抗拔承载力由上部小直径段侧阻力、下部扩大头段侧阻力与扩大头上部阻力构成：

$$T_{\text{uk}} = \pi\left[D_1 L_{\text{d}} f_{\text{mg1}} + D_2 L_{\text{D}} f_{\text{mg2}} + \frac{P_{\text{D}}}{4}(D_2^2 - D_1^2)\right] \tag{6.9}$$

$$P_{\text{D}} = \left[(K_0 - \xi)K_{\text{p}}\gamma h + 2c\sqrt{K_{\text{p}}}\right]/(1 - \xi K_{\text{p}}) \tag{6.10}$$

式中 D_1 ——锚杆钻孔直径；

D_2 ——扩大头直径；

L_{d} ——锚杆普通锚固段计算长度；

L_{D} ——扩大头长度；

f_{mg1} ——锚杆普通锚固段注浆体与土层间的摩阻强度标准值；

f_{mg2} ——扩大头注浆体与土层间的摩阻强度标准值；

P_D ——扩大头前端面扩大头的抗力强度值；

K_0 ——扩大头端前土体的静止土压力系数；

ξ ——扩大头向前发生位移时反映土的挤密效应的侧压力系数；

K_p ——扩大头端前土体的被动土压力系数；

γ ——扩大头上覆土体重度；

h ——扩大头上覆土体厚度；

c ——扩大头端前土体黏聚力。

陈捷、周同和等[3]通过现场静压管桩的竖向抗压、抗拔静载荷试验，研究了预应力管桩抗拔系数，结果表明：桩端位于承载力较高的砂土层时，抗拔系数较小，桩端位于桩端阻力较小的黏土层时，抗拔系数较大；抗拔系数受长径比影响较大，长径比大时，上部土层抗拔系数较大，长径比小时，下部土层抗拔系数较大。陈占鹏，周同和等[4]通过现场载荷试验，研究了郑州粉土条件下，相同外径、桩长的变径节（PHB）桩和 PHC 桩抗压、抗拔承载力及其抗拔系数，结果表明 PHB 桩抗压、抗拔承载力均小于 PHC 桩，但前者抗拔系数大于后者，说明桩节的存在对提高桩侧抗拔阻力具有一定作用。赵鹤飞[5]通过扩大头抗拔锚杆现场试验、理论分析研究，建立了简化的理论计算模型，并以此对现有的扩大头锚杆抗拔承载力计算公式进行修正。李粮钢等[6]利用弹性力学 Boussinesq 问题推导扩大头锚杆极限拉拔力计算公式，并与现场试验对比，得出影响其极限承载力的因素由强到弱依次为：扩大头直径、土体极限抗剪强度、弹性模量、土体泊松比等。李智慧等[7]依据抗浮锚杆荷载传递双曲函数模型理论分析抗浮锚杆拉拔试验，得出锚杆-岩土层系统的 G 值，并验证了锚杆抗拔能力。孙仁范等[8]通过把抗浮锚杆、基础及结构看作整体进行数值模拟，揭示其各部分的相互影响作用有利于抗浮承载力，并给出了计算整体模型中抗浮锚杆刚度的方法。

在以上关于抗浮桩和抗浮锚杆的承载力计算中，《建筑桩基技术规范》JGJ 94—2008[1]中抗拔系数采用经验方法，取值与桩长无关，建议的长径比小于 20 时取低值，可能与实际不符；《高压喷射扩大头锚杆技术规程》JGJ/T 282—2012[2]在进行扩大端侧阻计算时，未考虑上端阻力对侧阻的增强效应，此外，在进行上端阻力计算时，对非预应力锚杆，系数 ξ 为一范围值，也可能影响计算精度。同时，在抗浮桩及锚杆实际受力工作时，其抗拔力全部由桩或锚杆侧壁与土体的侧摩阻力抵抗，且桩或锚杆上部先出现侧摩阻力并逐渐向桩或锚杆底部传递。一般当上部桩或锚杆侧摩阻力达到极限发生剪切滑移破坏时，桩或锚杆锚固段下部侧摩阻力还未充分发挥。此外，普通抗浮桩或锚杆在承受较大力时锚固段上部容易产生较大的拉伸，而导致水泥注浆体产生开裂、钢筋的外漏腐蚀。

鉴于此，本章设计了一种适用工程抗浮设计的下部扩体桩。该桩是一种在下部一定长度内混凝土或水泥土、砂浆固结体中插入预制混凝土桩后形成的新型复合桩，可承受抗拔、抗压双向荷载，受力更为合理，且与抗浮用的囊式锚杆相比较好地解决了与基础的连接问题，具有较好的技术经济效益。然而，设计理论的缺乏限制了该抗浮桩的应用和推广，因此，本章采用理论分析及现场试验的方法，在分析比较等直径混凝土抗拔桩、等长劲芯水泥土复合抗拔桩、高压喷射扩大头锚杆抗拔承载力作用基础上，分析了下部扩大段复合桩抗拔作用机制，提出了该桩型单桩抗拔承载力理论模型及计算参数，并通过现场试验验证了模型和理论方法的可靠性、实用性，为其在工程中的推广应用提供科学依据。

6.2.2 计算模型与方法

6.2.2.1 下部扩大段复合桩抗拔承载力计算方法

1. 方法 1

当扩大段顶部具有一定的埋深 h，上部土体的破坏模式假定如《根固混凝土桩技术规程》中所示图 6.4，可不考虑小直径段侧阻力提供的承载力，此时，单桩抗拔极限承载力计算式为：

$$T_{uk} = q_{pk}A_D + u\Sigma\lambda_i q_{sik}L_i \tag{6.11}$$

其中，q_{sik} 可采用现场试验指标，基于《河南省建筑地基基础勘察设计规范》[9] DBJ 41/138—2014，有可以比较的经验时可采用下式计算：

$$q_{sik} = K_{ui}\overline{\sigma_{vi}} \tag{6.12}$$

$$K_{ui} = K_{pi}\tan\left(\frac{2}{3}\varphi_i\right)$$

$$\overline{\sigma_{vi}} = q_0 + \left(\Sigma L_{i-1} + \frac{1}{2}L_i\right)\gamma_{mi}$$

式中　T_{uk} ——抗拔极限承载力；

　　　q_{pk} ——扩大段上端阻力极限值；

　　　A_D ——扩大段截面面积；

　　　u ——扩大段截面周长；

　　　L_i ——扩大段长度；

　　　K_{ui} ——扩大段侧阻系数；

　　　K_{pi} ——扩大段侧向被动土压力系数；

　　　$\overline{\sigma_{vi}}$ ——沿扩大段侧面竖向分布力平均值；

　　　φ_i ——扩大段第 i 层土内摩擦角；

　　　γ_{mi} ——土体重度，水下取浮重度；

　　　q_0 ——扩大段上截面上覆土层重度；

　　　λ_i ——扩大段侧阻抗拔系数，可取 0.7~0.9。

其中，上端阻力极限值 q_{pk} 可按式（6.13）计算，且应满足式（6.14）的要求：

$$q_{pk} = (1 + K_p)\gamma'_m h \tag{6.13}$$

$$K_p = \tan^2\left(45 + \frac{\overline{\varphi}}{2}\right)$$

式中　γ'_m ——扩大段上部土体重度，水下取浮重度；

　　　$\overline{\varphi}$ ——扩大段上部土体内摩擦角平均值。

$$q_{pk}A_D \leqslant \gamma'_m V_p \tag{6.14}$$

$$V_p = \frac{1}{3} h (A_D + \sqrt{A_D A_0} + A_0)$$

$$A_0 = \frac{\pi}{4} (D + 2h\tan\theta)^2$$

式中　　V_p——假定锚杆上部滑裂体体积；

　　　　h——假定锚杆上部滑裂体高度；

　　　　D——锚杆扩大头直径；

　　　　θ——假定锚杆上部滑裂面与竖向的夹角；

　　　　A_0——管桩截面面积。

2. 方法 2

当采用现行行业标准中经验参数法时，可采用下式计算单桩抗拔承载力：

$$T_{uk} = q_{pk} A_D + u \Sigma \beta_i \lambda_i q_{sik} L_i \tag{6.15}$$

式中　　β_i——扩大段侧阻发挥系数，可取 1.3~1.5。

6.2.2.2　扩大段上部覆盖土层最小厚度

将式（6.13）代入式（6.14），因 $A_D < A_0$，为简单处理，右侧忽略 A_D，有：

$$(1 + K_p) \gamma_m h A_D \leqslant \frac{\pi}{12} \gamma_m h (D + 2h\tan\theta)^2 \tag{6.16}$$

忽略 D，有：

$$h \geqslant \frac{\sqrt{\frac{3}{\pi}(1 + K_p)A_D}}{\tan\theta} \tag{6.17}$$

6.2.2.3　扩体段桩直径

考虑预制桩与扩体间的粘结强度应满足抗拔承载力要求，同时需要考虑工法与工艺要求，应对扩体段桩的设计直径采取一定的限制。一般条件下，外围环状扩体厚度不宜大于剪应力传递的最大尺寸，以防止产生较大的剪切位移。因此，建议下部扩体桩扩大段直径为预制桩直径的 1.5~3.0 倍。

6.2.3　现场试验

6.2.3.1　试验概况

1. 工程地质条件

本试验场地土层物理力学指标见表 6.1，其中地下水类型为孔隙潜水，地下水位埋深 14.0m。下部扩体桩土层分布见图 6.5。

相关土层物理力学指标　　　　　　　　　　　　表 6.1

土层	土性	状态	平均厚度（m）	承载力特征值	黏聚力（kPa）	内摩擦角（°）	极限侧阻力标准
②	粉土	稍密	8.2	120	11	20	40
③	粉质黏土	可塑	2.5	140	17	11	60

续表

土层	土性	状态	平均厚度 （m）	承载力特征值	黏聚力 （kPa）	内摩擦角(°)	极限侧阻力标准
④	粉土	中密~ 密实	6.9	160	13	21	65
⑤	细砂	密实	10.9	240	0	30.5	70

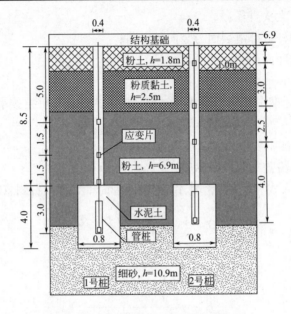

图 6.5　下部扩体桩土层分布（单位：m）

2. 试验桩设计与施工

试验设计桩上部为直径 400mm、长 8.5m 旋喷水泥土桩，下部为直径 800mm、长 4m 旋喷水泥土桩，下部旋喷桩内插入直径 300mm 预应力管桩，内配直径 36mm、1080 级预应力螺纹钢筋至桩顶。管桩孔内采用水灰比 0.5 的水泥浆填充，水泥选用标准强度为 42.5MPa 的普通硅酸盐水泥。螺纹钢筋底部采用托盘和管桩端板固定。旋喷桩施工采用强度等级为 42.5MPa 的普通硅酸盐水泥，水灰比为 1：0.8，为保证下部桩径，下部扩大段旋喷时采用双管高压喷射技术。

为了测定桩侧阻力，在预应力螺纹钢筋上安装应变计，具体布置见图 6.5。现场照片如图 6.6 所示。

6.2.3.2　试验结果

1. 静载荷试验

现场施工完成水泥土达到龄期后，进行桩拉拔载荷试验，按有关技术规范采用循环加载方法。加载过程共分为 3 个循环，第 1 循环由 140kN 加载到 420kN，再卸载至 140kN；第 2 循环由 140kN 加载到 420kN，再加载到 700kN，再卸载至 140kN；第 3 循环由 140kN 加载到 420kN，再加载到 700kN，再加载到 840kN，再卸载至 140kN。每步加载持荷时间为 2min，在加载最大值持荷时间 10min。最终两根桩抗拔承载力极限值及对应的位移值见表 6.2。

(a) 桩施工

(b) 桩开挖

图 6.6　现场照片

静载荷试验结果　　　　　　　　　　　　　表 6.2

试桩	承载力极限值 T_{uk}(kN)	位移值(mm)
1 号	840	35.23
2 号	700	27.56

2. 试验数据整理

取旋喷桩身水泥土 90d 强度为 15MPa，水泥土弹性模量取 $120f_{cu}=1800$MPa，则扩大段抗拔承载力 T_D、扩大段上端承载力 Q_D、扩大段摩阻力极限值 q_{sk} 可分别由式（6.18）~ 式（6.21）求得，结果见表 6.3。

$$T_D = \varepsilon(E_s A_s + E_c A_D) \tag{6.18}$$

$$Q_D = T_{uk} - T_D \tag{6.19}$$

$$P_D = Q_D/A_D \tag{6.20}$$

$$q_{sk} = T_D/A_c \tag{6.21}$$

式中　ε——相应截面应变计应变值；

　　　E_s——钢筋的弹性模量；

　　　E_c——水泥土的弹性模量；

　　　A_s——钢筋截面面积。

扩大段及扩大段上端抗拔承载力　　　　　　　表 6.3

试桩	T_{uk}(kN)	T_D(kN)	A_D(m²)	A_s(m²)	A_c(m²)	Q_D(kN)	q_{pk}(kPa)	q_{sk}(kPa)
1 号	840	559	0.5024	1.017×10⁻³	7.536	281	562	74
2 号	700	495	0.5024	1.017×10⁻³	6.280	205	410	79

6.2.4　试验结果比较与分析

6.2.4.1　扩大段桩侧阻力发挥系数

根据试验计算结果，扩大段桩侧阻力平均值：

$$\overline{q}_{sk} = (q_{sk1} + q_{sk2})/2 = 77\text{kPa} \tag{6.22}$$

取抗拔系数为0.8，依据地质报告建议值，则扩大段平均桩侧阻力发挥系数为：

$$\xi = \frac{77}{68 \times 0.8} = 1.4 \tag{6.23}$$

由表6.4可知，采用文献［2］同时考虑上端阻力和非扩大段侧阻力计算得到的单桩抗拔承载力偏大，分别为实测值的120%、136%；方法1计算结果分别为实测值的95%、100%；方法2计算结果分别为实测值的99%、103%。说明试验条件下，采用本章方法进行下部扩体桩抗拔承载力计算基本可行。同时，由表6.5可知，与文献［2］相比，本章方法计算的扩大段上端阻力与实测结果平均值相对差距较小。

抗拔承载力结果比较（单位：kN）　　　　　　　　表 6.4

试桩	文献[2]方法	本章方法 1	本章方法 2	试验结果
1 号	1016	800	836	840
2 号	951	700	724	700

上端阻力 P_D 计算结果比较（单位：kPa）　　　　　　表 6.5

文献[2]方法	本章方法	试验结果		
		1 号桩	2 号桩	平均值
598	493	562	410	485

对于下部扩体桩非扩大段抗拔承载力，采用文献［2］与本章方法计算得到的扩大段上端阻力值分别为221kN、246kN，两者相差不大。这说明文献［2］单桩抗拔承载力计算结果偏大的原因，应与其同时足额考虑了非扩大段侧阻与扩大段上端阻力有关；同时揭示了上端阻力对非扩大段桩侧阻力具有减弱效应。

该结果与文献［1］中粉土、粉砂土层中后注浆灌注桩侧阻增强系数基本相当，小于文献［5］中水泥土劲性复合桩，粉土中为1.5～1.9、粉砂土中为1.7～2.1的范围值。

6.2.4.2　下部扩体桩抗拔承载力极限值分析

结合地质条件及工程情况，分别按照文献［2］方法、本章方法1、本章方法2中的公式计算下部扩体桩抗拔承载力及扩大段上端阻力，结果分别见表6.4、表6.5。

6.2.5　结论与建议

（1）下部扩体桩单桩抗拔承载力，主要由扩大段上端阻力与桩侧阻力产生。

（2）上端阻力对非扩大段桩侧阻力具有减弱效应，对扩大段桩侧阻力具有增强效应。一定条件下，可不考虑非扩大段抗拔承载力，采用本章方法进行单桩抗拔承载力计算。

（3）进行初步设计时，扩大段桩侧阻力发挥系数，可按《建筑桩基技术规范》JGJ 94—2008建议的后注浆混凝土灌注桩侧阻增强系数取值。

（4）下部扩体桩非扩大段抗拔承载力与其自身长度、土层条件、上端阻力等约束条件相关，上端阻力与非扩大段抗拔承载力的相互作用还有待进一步研究。

6.3 下部扩体桩设计

6.3.1 下部扩体抗压桩

下部扩体桩扩大段直径宜为预制桩外径或边长的 1.5~2.0 倍，且采用下部灌浆挤扩法工艺时成孔直径不宜大于 （$d+100$） mm。扩体桩桩底与扩体或包裹材料底端的距离不宜大于 d 或 0.5m；压力型扩体抗拔桩，不宜小于 0.5m。d 为预制桩直径。

扩体桩桩身进入承台内长度不应小于 50mm，桩中心至承台边的距离不宜小于 D （扩体直径）。

填芯混凝土长度，对竖向受压桩，不宜小于 1.5m，对竖向抗拔桩应满足下式要求：

$$H \geqslant \frac{N}{uf_n} \tag{6.24}$$

式中　H——填芯混凝土高度（m）；

　　　N——单桩轴向拉力设计值（kN）；

　　　u——管桩内孔圆周长（m）；

　　　f_n——填芯混凝土与管桩内壁的粘结强度标准值（kPa），宜通过现场试验确定，初步设计时也可按经验取值，当填芯混凝土强度等级不小于 C30 时，可取 400~500kPa。

下部扩体桩单桩竖向抗压承载力，可按下式估算：

$$Q_{uk} = \pi d \Sigma l_i q_{sik} + \pi D l_j \beta_{sj} q_{sjk} + \beta_p \frac{\pi D^2}{4} q_{pk} \tag{6.25}$$

式中　q_{sjk}——扩径段桩侧第 j 层土极限侧阻力标准值，可按本书附录 A 取值；

　　　l_j——扩径段第 j 层土内桩长；

　　　β_{sj}——扩径段桩侧阻力系数，宜按表 6.6 取值；

　　　β_p——桩端阻力系数，宜按本书附录 B 的规定执行；

　　　D——扩体直径；

　　　q_{pk}——桩端极限端阻力标准值，可按本书附录 B 取值。

下部扩径段桩侧阻力系数　　　　　　　　　　　　　　　　表 6.6

扩体施工方式 桩侧阻力系数	高压喷射搅拌注浆扩体			灌浆材料扩体		
	黏性土	粉土	砂土	黏性土	粉土	砂土
β_{sj}	1.3~1.5	1.3~1.6	1.4~1.8	1.3~1.5	1.4~1.6	1.5~2.0

采用植入挤扩工艺形成下部扩体时，扩径段平均桩径可按下式估算：

$$D = \sqrt{\lambda D_0^2 + d^2} \tag{6.26}$$

式中　D——扩大段平均直径；

　　　D_0——成孔直径；

d——管桩直径；

λ——灌浆充盈系数。

6.3.2 下部扩体抗拔桩

下部扩体桩（图6.7）用于抗浮时，设计应符合下列规定：

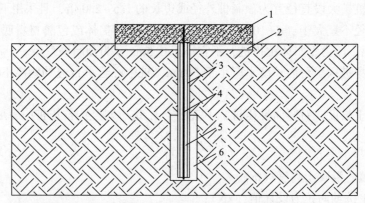

1—基础；2—混凝土垫层；3—预制混凝土管桩；4—受拉钢筋或钢筋笼；5—注浆体；6—扩体

图6.7 下部扩体桩示意

（1）受拉钢筋可设置为单根钢筋、双钢筋或钢筋笼，对变形要求严格的工程应采用预应力钢筋或钢绞线并应施加预应力。受拉钢筋面积应根据桩的竖向拉力设计值（对应于荷载效应基本组合）按下式计算确定：

$$A_p \geqslant \frac{1.35N_k}{f_{py}}$$ （6.27）

式中 A_p——受拉钢筋、预应力钢筋、钢绞线的截面面积；

N_k——浮力作用形成的桩顶拉力值；

f_{py}——受拉钢筋、预应力钢筋、钢绞线抗拉强度设计值。

（2）钢筋的锚固段长度计算应按下式进行：

$$L_m \geqslant \frac{T_{uk}}{\pi(d-2t)f_m}$$ （6.28）

式中 L_m——抗拔钢筋灌浆粘结段长度；

d——管桩外径；

t——管桩壁厚；

f_m——管桩内壁与水泥浆固结体粘结强度标准值，可按本书附录C.0.1条的规定取值；

T_{uk}——单桩抗拔承载力极限值。

（3）不考虑托板作用时，水泥浆固结体与钢筋的粘结强度验算宜按下式进行：

$$\pi d n L_m \tau \geqslant T_{uk}$$ （6.29）

式中 d——钢筋直径；

n——锚固钢筋数量；

τ——钢筋与水泥浆固结体粘结强度标准值，宜按本书附录 C.0.2 条的规定取值。

（4）当非整体破坏时单桩抗拔承载力估算，宜符合下列规定：

单桩抗拔极限承载力，可按下式计算：

$$T_{uk} = \pi d \Sigma \lambda_i q_{sik} l_i + \pi D \Sigma \beta_{sj} \lambda_j q_{sjk} l_j + q_{pk}(A_D - A_p) \qquad (6.30)$$

式中 T_{uk}——抗拔极限承载力标准值；

q_{sik}、q_{sjk}——桩侧表面第 i 层土极限侧阻力标准值（kPa），可按本书附录 A 取值；

λ_i、λ_j——非扩径段第 i 层土、扩径段第 j 层土抗拔系数，可按表 6.7 取值；

β_{sj}——扩径段桩侧阻力系数；当上部覆盖土层满足最小厚度要求时可按表 6.6 选取。

q_{pk}——扩径段上端极限阻力标准值；

A_D——扩径段截面面积。

桩抗拔系数 表 6.7

土类	抗拔系数
$\varphi > 30°$ 的密实砂土	0.50 ~ 0.60
中密、稍密砂土	0.60 ~ 0.70
黏性土、粉土	0.70 ~ 0.80
$\varphi < 10°$ 的饱和软土	0.80 ~ 0.90

（5）当扩径段顶部覆盖土层满足最小厚度要求时，上端阻力可按下式计算：

$$q_{pk} = (1 + K_p) \gamma_m h \qquad (6.31)$$

式中 γ_m——扩径段上部土体重度，水下取浮重度；

h——扩径段上部覆土层厚度；

K_p——被动土压力系数，可由扩径段上部土体内摩擦角平均值（水下应取不固结不排水指标）按被动土压力理论公式计算得到。

（6）扩径段上部覆盖土层最小厚度，可按下式估算：

$$h \geqslant \frac{\sqrt{\dfrac{3}{\pi}(1 + K_p)A_D}}{\tan\theta} \qquad (6.32)$$

式中 θ——受拉时作用于扩径段上端土体的应力扩散角；

h——扩径段上部覆土层最小厚度。

（7）扩径段预制桩与扩体间粘结强度验算，宜按下式进行：

$$T_{uk} \leqslant \pi d \Sigma \tau_{jk} l_j \qquad (6.33)$$

式中 l_j——扩径段桩土层计算厚度；

τ_{jk}——第 j 层土预制桩与扩体间平均粘结强度标准值，可按本书附录 C 规定取值。

6.4 基本工艺及工法

下部扩体桩施工的关键是如何形成下部的扩径段，目前较常用的方法有机械扩孔灌注混凝土工艺、长螺旋压灌混凝土后的植桩挤扩工艺、取土高压喷射搅拌水泥土工艺等。

6.4.1 下部扩体桩施工工艺选择原则

根据下部扩体桩的特点，下部扩体桩的扩体施工工艺选择可按下列原则进行：

（1）扩体段位于黏性土、粉土、砂土中时，可采用下部高压喷射搅拌水泥土扩体桩或取土高压喷射搅拌法。

（2）扩体段位于硬塑状的老黏土，或标贯击数大于40击的密实砂土、碎石土时，宜采用下部机械扩孔灌浆扩体桩。

（3）干作业成孔孔壁稳定性好的土层，可采用下部灌浆挤扩扩体桩。

在具体施工过程中，为了保证成桩的质量，施工设备要满足如下要求：

（1）取土高压喷射搅拌法，宜配置长螺旋或小型旋挖钻机与高压旋喷成套设备，也可采用长螺旋取土旋喷一体化设备；下部灌浆挤扩法，采用长螺旋压灌成套设备。

（2）机械扩孔法，宜配置具备扩孔功能的长螺旋钻机、旋挖钻机，或具备搅拌翼扩孔钻具的回转钻机。扩孔钻具应具备张开与收紧功能，张开翼最大回转直径不应小于扩体直径。

6.4.2 灌浆材料

预拌扩体灌浆材料应符合下列规定：

（1）水泥土（含水泥-膨润土浆液）、水泥砂浆混合料、细石混凝土骨料重度总和不宜大于 $20kN/m^3$。

（2）水泥土、水泥砂浆混合料、细石混凝土等扩体材料的初凝时间不宜小于12h。

（3）用于泵送的细石混凝土、水泥砂浆混合料的坍落度不宜小于220mm。

（4）位于强腐蚀环境下，预应力混凝土桩的扩体材料渗透系数不宜大于 $1.0×10^{-6}cm/s$。

（5）预制桩采用钢管混凝土或型钢桩时，宜选用细石混凝土，细石混凝土的强度等级不宜小于C30。

（6）渗透系数小于 $1.0×10^{-6}cm/s$ 的土层，采用流态水泥土时应通过试验确定其适用性。

（7）水泥浆料宜掺入高效减水剂，细砂、膨润土、粉煤灰等其他材料的掺入量宜通过配比试验确定。

6.4.3 取土高压喷射搅拌法施工工艺

由于常规高压旋喷注浆工艺产生的泥浆较多且水泥浪费严重，郑州大学综合设计研究院有限公司研发了一种取土高压喷射搅拌水泥土桩施工方法。该方法增加了旋喷前采用机械取出一部分土体的工序，与采用高压喷射流将土体破碎并排出地面的方法相比，该工艺高压喷射流的能量损失较小，喷射搅拌的水泥土更加均匀；同时，该技术的喷射装置上设置了一个向下方的喷嘴，进行低压喷射水泥浆，目的是在坐底旋喷时可以将底部砂层的砂土颗粒上泛至上部黏性土中，增加水泥土强度；在喷射搅拌过程中冲击水泥土致其更加均匀，其原理见图6.8。曾经以郑州地区800mm直径旋喷桩为例进行比较，该方法比传统高压旋喷桩节省水泥30%，减少泥浆排放40%，提高旋喷桩施工速度50%。具体施工工艺流程如图6.9所示。

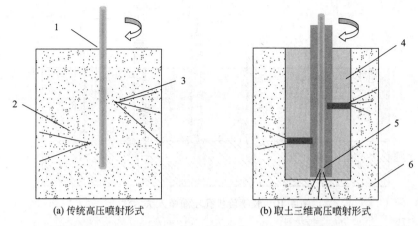

(a) 传统高压喷射形式　　　　　(b) 取土三维高压喷射形式

1—钻杆；2—搅拌翼；3—侧向喷射流；4—取土孔；5—下部喷射流；6—水泥土

图 6.8　不同旋喷注浆工艺比较

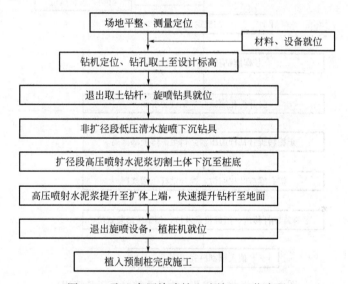

图 6.9　取土高压旋喷植入法施工工艺流程

在施工中，为了保证施工质量，应符合下列规定：

（1）螺旋钻机或旋挖钻机取土成孔的孔径宜为 $(d+100)$ mm，孔壁易塌孔的土层应采用泥浆护壁措施。

（2）采用长螺旋高压旋喷一体化设备时，取土至孔底后宜直接转入旋喷状态。

（3）水泥掺量，粉土、砂土不宜小于 20%，黏性土不宜小于 25%。

（4）为减少废浆排出量，应控制好喷射注浆停浆施工标高。

6.4.4　长螺旋扩孔压灌植入法施工工艺

该工艺利用长螺旋钻杆底部专门装置，在长螺旋钻孔取土至桩底后推动螺旋叶片形成可以扩径的局部螺旋，如图 6.10 所示；该工艺用于下部扩体桩施工，具有工效高、质量好的特点，工艺流程如图 6.11 所示。

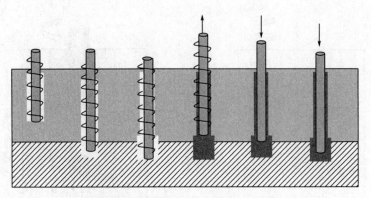

图 6.10 长螺旋扩孔压灌植入法示意

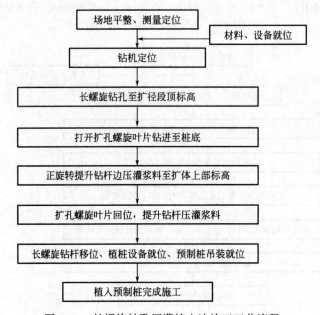

图 6.11 长螺旋扩孔压灌植入法施工工艺流程

采用该工艺施工时，应符合下列规定：

（1）施工前测量桩底钻头张开和收回后的直径，直径偏差应在 ±20mm 以内，测试液压系统运行情况，发现泄压和漏油现象时，应在修复后再进行施工。

（2）使用钻头扩径感应装置时，应实测钻头扩张值与仪表数据的差值，其偏差大于 10mm 时应进行校准。

（3）在无使用经验的场地，应通过试验性施工，检查机械性能的适应性。

（4）长螺旋压灌扩底桩穿越杂填土或碎石土时，应降低转速和下钻速度，避免块石损坏钻头内高压油管和油缸。

（5）长螺旋压灌扩底桩进入持力层的深度应满足设计要求，持力层顶层埋深起伏较大时，可采用预钻孔法，查验钻头的土样，确定实际桩位的持力层埋深后再进行施工。

（6）进行扩孔时，应分多次操作逐步打开钻头的扩张器，直至扩张器完全打开为止，扩孔结束后，同样应分多次操作逐步打开钻头的扩张器，直至扩张器完全收回为止。

（7）扩孔开始后，下钻速度控制在 0.5~0.8m/min 之间，达到设计要求的扩径段标高后，一边压灌浆料一边上拔钻杆，上拔速度为 0.5~0.8m/min 之间，直至到达扩径段顶部为止，若扩径部分的浆料用量不满足设计要求时，应复扩一次。

6.4.5 机械扩孔植入法施工工艺

机械扩孔植入法施工流程如图 6.12 所示。

采用该工艺施工时，应符合下列规定：

（1）张开搅拌翼钻头扩孔时，上下搅拌扩孔不应少于来回两次。

（2）扩体水泥浆的注浆应自下而上均匀进行，注浆压力宜为 0.5~1.0MPa；粉土、砂土中注浆量不应小于扩体体积计算值的 80%，水灰比宜为 0.6~0.8；黏土中注浆体积不宜小于扩体体积计算值的 70%，水灰比可取 0.5~0.6。

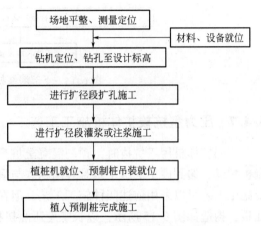

图 6.12 机械扩孔植入法施工流程

6.4.6 下部灌浆挤扩法施工工艺

下部灌浆挤扩法施工工艺，利用管桩植入时对下部灌入浆料进行冲切、挤扩，植入方法一般采用静压法或锤击法，主要用于硬土层，效果较好；成桩示意如图 6.13 所示，施工工艺流程见图 6.14。

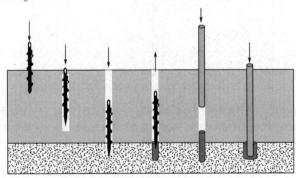

图 6.13 下部灌浆挤扩法施工示意

采用该工艺施工时，应符合下列规定：

（1）长螺旋压灌施工应预先开启混凝土泵车，待灌浆材料打开阀门后方能提升钻杆；压灌泵送流量应与长螺旋钻杆提升速度相匹配。

（2）扩体材料采用细石混凝土、水泥砂浆混合料时充盈系数不宜小于扩体计算体积的 1.1 倍。

（3）预制桩植入可采用静压法、锤击法或振动锤击法，空心桩植入前应封底。

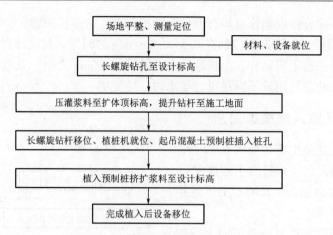

图6.14 下部灌浆挤扩法施工工艺流程

6.4.7 压力型抗拔扩体桩施工工艺

下部扩体桩用于抗拔时,预制混凝土桩身设计为压力型具有较好的经济性,解决了预制桩裂缝、遇到硬土层施工困难等问题。与囊式锚杆相比,具有抗压抗拔双重性能。其主要施工工艺可以采用前述四种施工工艺,但在植入预制桩之前,需要事先安设受拉钢筋与托板,构造如图6.15所示,以长螺旋压灌挤扩法为例,施工工艺流程见图6.16。

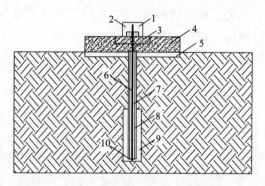

1—外锚具外罩;2—钢筋锚具;3—承压钢板;4—承台或筏板基础;5—混凝土垫层;
6—预应力螺纹钢筋或钢绞线;7—管桩孔内注浆体(上部自由段、下部粘结段);
8—管桩;9—扩体;10—托板
图6.15 压力型抗拔扩体桩及其与基础的连接构造

采用该工艺施工时,除满足相应的下部扩体桩施工工艺外,尚应符合下列规定:

(1)预制桩空心内应设置定位支架固定受拉钢筋,定位支架的竖向间距不宜大于2m。

(2)受拉钢筋应通过端部托板与管桩端板相连接;受拉钢筋与托板应采用螺栓连接,托板与管桩端板应焊接。

(3)托板的直径不应小于($d-20$)mm,厚度应根据受拉钢筋承载力设计值、锚固设计等要求经计算确定,不宜小于20mm。

(4)受拉钢筋应设置锚固段和自由段,锚固长度应通过计算确定,且不应小于1m;自

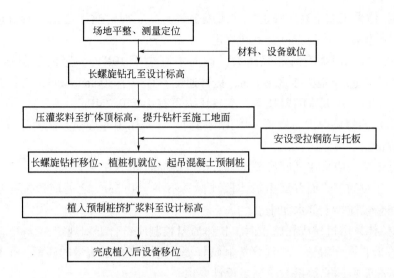

图 6.16　压力型抗拔扩体桩施工工艺流程

由段隔离管可采用 PVC 管、塑料管或薄壁钢管，并应在受拉钢筋与隔离管间设置油封。锚固段和管桩内孔自由段隔离管外均应灌注水泥浆，形成强度不小于 30MPa 的水泥浆固结体。

（5）受拉钢筋、预制桩在基础内的锚固长度应符合《混凝土结构设计规范》GB 50010 的规定。

（6）变形控制要求较高时，应进行预应力张拉锁定。

（7）采用顶压或锤击植入法施工时，可通过适当增加管桩保护长度，将伸入基础部分的受拉钢筋保护在管桩保护长度内，待基础施工时予以截除。

（8）受拉钢筋自由段隔离管内受拉钢筋自由段黄油填充应饱满，隔离管外注浆应与锚固段注浆同时进行，注浆高度和注浆量应满足设计要求。

6.4.8　质量控制

1）下部扩体桩施工质量控制，应满足下列要求：

（1）工程桩施工前，应进行灌浆材料配合比试验，并通过现场试验性施工检验其可泵送性、保水性、流动性能。

（2）桩孔、预制桩宜采用全站仪定位；桩孔垂直度应与预制桩施工的垂直度控制要求相同，并宜采用双向测量控制。

（3）取土高压喷射搅拌工艺，应对取土深度、取土孔直径或取土量等进行检查；采用机械方法扩孔灌浆工艺时，应对扩孔深度、孔径、灌浆材料用量等进行检查。不满足设计要求时，应采取措施及时整改。

（4）预制桩需要送桩时，应进行桩身垂直度校验，合格后方可送桩。无工程经验时，预制桩送桩长度不宜大于 10m。

（5）桩的植入施工应按设计要求控制预制桩入土深度，并可将压桩力终压值和贯入度作为辅助控制指标。

（6）沉桩施工记录应经旁站人员签名确认。

2）下部扩体采用取土高压喷射搅拌法施工时，高压喷射搅拌法施工参数应通过试验性施工确定，扩体质量控制应符合下列规定：

（1）旋喷搅拌水泥浆喷射注浆压力，侧向不宜小于 10MPa，竖向喷射压力宜取 3~5MPa，钻杆旋转速度不应大于 30r/min，提升速度不宜大于 300mm/min；直径大于 1m 时，可采用压缩空气包裹水泥浆喷射技术，空气压力不宜小于 0.7MPa。

（2）当采用长螺旋取土与旋喷一体化设备时，应采用坐底旋喷方法消除桩底虚土，保证桩端成桩质量。

（3）所有工艺均应采用坐底旋喷工艺，坐底旋喷时间不宜少于 60s。

（4）喷射注浆的停浆面宜高出扩体段顶标高不小于 0.5m，之后应边搅拌边提升钻杆并利用低压和余浆搅拌上部水泥土。

3）下部扩体采用机械成孔施工时，扩体质量控制应符合下列规定：

（1）长螺旋扩孔压灌法，应注意控制钻杆提升速度与泵送流量的匹配，不得发生抽取真空现象；压灌浆料的充盈系数应满足设计要求。

（2）旋挖扩孔、回转钻头扩径时粉土、砂土中宜采取护壁措施，护壁液可采用泥浆或水泥膨润土浆液。

（3）扩孔内注浆应满足注浆量和注浆压力设计要求。

4）下部扩体桩质量检验，应符合下列规定：

（1）施工前应进行原材料质量检验，钢筋、预制桩应有出厂合格证、外观质量检查和必须的强度检验。

（2）施工中检验应符合下列规定：

①应进行桩位、桩长、垂直度、灌浆量、强度、预制桩接桩质量、扩大段施工桩长及预应力混凝土桩底标高、收锤标准或终压标准等的检验；

②压力型配置预制桩，应检查受拉钢筋的加工安装质量，钢筋隔离管是否存在裂缝、破损，黄油充填是否饱满；

③采用挤扩方法施工时，应检查混凝土灌注量或充盈系数。

（3）施工后应进行桩的承载力、预制桩桩身完整性、扩体强度等的检验。

5）下部扩体桩质量检验标准，应符合下列规定：

（1）桩位偏差应符合表 6.8 的规定。

桩位偏差验收标准　　　　　　　　　　　　　　　　　表 6.8

项目		允许偏差（mm）
带有基础梁的桩	垂直基础梁的中心线	100+0.01H
	沿基础梁的中心线	150+0.01H
桩数为 1~3 根桩基中的桩		100+0.01H
桩数为 4~16 根桩基中的桩		1/2 桩径或边长
桩数大于 16 根桩基中的桩	最外边的桩	1/3 桩径或边长
	中间桩	1/2 桩径或边长

注：H 为施工作业面至设计桩顶标高的距离。

（2）桩的垂直度、桩顶标高、上下节点平均偏差、节点弯曲矢高、收锤标准、终压标准、填芯混凝土质量等检验标准应满足表6.9的要求。

桩质量检验标准 表6.9

编号	检查项目	允许偏差或允许值（mm）	检查方法和要求
1	垂直度	≤1/100	经纬仪
2	桩顶标高	±50	水准测量
3	上下节点平均偏差	≤10	钢尺量
4	节点弯曲矢高	同桩体弯曲要求	钢尺量
5	收锤标准	设计要求	实测或检查施工记录
6	终压标准	设计要求	实测或检查施工记录
7	孔径	设计要求	量钻杆或钻头外径
8	填芯混凝土	设计要求	检查灌浆量、钢筋笼质量
9	预制桩产品质量	在合格标准内	检查合格证、外观
10	灌（注）浆施工桩长	设计要求	检查停浆钻头施工面标高

（3）下部扩径段采用高压喷射搅拌法或取土高压喷射搅拌法时，质量检验可按相关技术标准的规定执行，也可通过对试验性施工的水泥土桩进行桩身取样检验，桩身取样检验方法应符合本书附录D的规定。

（4）下部扩体挤扩法施工时，应进行地面沉降、桩沉降和水平位移监测，当变形量大于设计值时，应立即暂停施工，待查明原因并采取有效措施后，方可恢复施工。

6.5 工程应用实例

1. 工程概况

农投国际中心广场项目场地位于郑州市郑东新区龙湖区域。该项目包括场地内1栋10层办公楼（地下3层，与整体地下车库相连），1栋2层裙房（地下3层，与整体地下车库相连），3层整体地下车库。

该项目裙房及车库范围桩基础采用下部扩体桩。其中设计要求抗拔承载力特征值不小于950kN，同时抗压承载力特征值不小于2000kN。

2. 地质及水文情况

场地所处地貌单元为黄河冲积泛滥平原。依据野外钻探揭示、静力触探原位试验结果，并且结合室内土工试验成果，对场地土按岩性及力学特征分层。

勘察期间（2016年9月）实测初见水位位于地面下4.30~5.80m，实测地下水稳定水位位于地表下5.30~6.20m左右，稳定水位绝对高程为79.98~80.83m。勘探深度内的地下水为潜水，水位年变化幅度约2.0m；根据过去3~5年的观测资料，场地内地下水最高水位埋深约为现地表下2.50m，绝对高程约为83.50m。

3. 下部扩体桩设计与施工

裙房及车库范围内的下部扩体桩（图6.17），桩顶位于自然地面以下12m，全长12m，其中下段 7m 范围为扩体段,外包裹桩为 800mm 直径水泥土桩,内桩预制桩采用 PHC-400mm 壁厚 95mm-A 型管桩;桩底位于第⑩层细砂。桩基承载力计算参数,按本条规定取值,结果如表 6.10 所示。

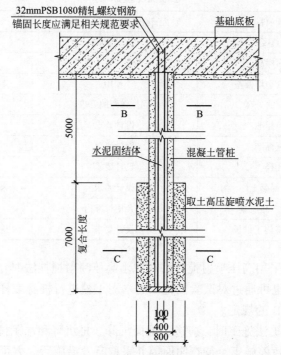

(a) 下部扩体桩剖面

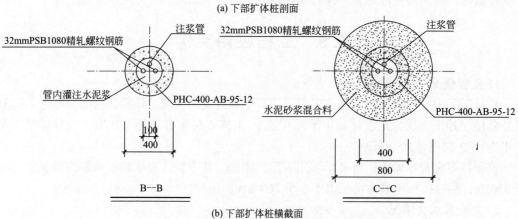

(b) 下部扩体桩横截面

图 6.17 下部扩体桩设计

桩基承载力计算参数 表 6.10

土层编号	土层名称	土层厚度(m)	地基土承载力特征值 f_{sk}(kPa)	标贯击数 N	侧阻力特征值 q_s(kPa)	后注浆侧阻增强系数 β_{si}	桩端阻力 q_p(kPa)	桩端阻力折减系数
⑧	粉土	1.8	170	15	60	1.5	—	—
⑨	粉砂	7.2	380	大于60	110	1.5	—	—
⑩	细砂	6.5	320	大于75	110	1.5	11000	0.8

下部扩体桩施工工艺：定位放线→标高测量→长螺旋就位引孔→挖机倒土→长螺旋移机→高压旋喷就位→高压旋喷清水吃进→着底高喷→完成高喷段→停压拔出→高喷机移机→柴油锤就位→安装护筒→吊车配合→锤击施工→到桩机工作面标高→芯内注浆→换送桩器→送至基底标高。

4. 下部扩体桩承载力检测结果

在工程桩施工前进行工艺性试验。试桩一共6根。根据现场情况，其中3根做单桩竖向抗压静载试验，其余3根做抗拔静载试验。

承载力试验结果见表6.11和表6.12，单桩竖向抗压和抗拔承载力特征值均满足设计要求。单桩竖向抗压静载试验$Q-s$曲线、单桩竖向抗拔静载试验$U-\delta$曲线见图6.18。

单桩竖向抗压静载试验结果 表6.11

桩号	单桩竖向抗压极限承载力(kN)	极差(kN)	平均值(kN)	极差/平均值(%)	单桩竖向抗压极限承载力统计值(kN)	本工程单桩竖向抗压承载力特征值(kN)	说明
Z116	4000						满足设计要求
BZ157	4000	0	4000	0	4000	2000	
BZ187	4000						

单桩竖向抗拔静载试验结果 表6.12

桩号	单桩竖向抗拔极限承载力(kN)	极差(kN)	平均值(kN)	极差/平均值(%)	单桩竖向抗拔极限承载力统计值(kN)	本工程(BZ桩)单桩竖向抗拔承载力特征值(kN)	说明
BZ106	1900						满足设计要求
BZ151	1900	0	1900	0	1900	950	
BZ176	1900						

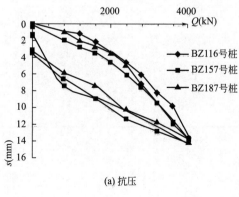

(a) 抗压

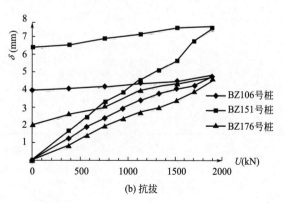

(b) 抗拔

图6.18 单桩竖向静载试验曲线

本章参考文献

[1] 中国建筑科学研究院.建筑桩基技术规范：JGJ 94-2008 [S].北京：中国建筑工业出版社，2008.

[2] 深圳钜联锚杆技术有限公司.高压喷射扩大头锚杆技术规程：JGJ/T 282-2012 [S].北京：中国建筑工业出版社，2012.

[3] 陈捷，周同和，王会龙.预应力管桩承载力抗拔系数试验分析 [J].河南科学，2015，33（9）：78-81.

[4] 陈占鹏，王澄基，高伟，等.预制变径节桩（PHB）单桩承载力试验分析 [J].河南科学，2016，34（8）：69-72.

[5] 赵鹤飞.扩大头锚杆抗拔试验研究 [D].郑州：郑州大学，2016.

[6] 李粮纲，易威，潘攀，等.扩大头锚杆最大抗拔力计算公式探讨与分析 [J].煤炭工程，2014，46（1）：102-104.

[7] 李智慧，杨静，任喆.用双曲函数模型分析抗浮锚杆在抗拔试验条件下的受力特性 [J].价值工程，2012：73-75.

[8] 孙仁范，刘跃伟，蔡军，等.带地下室或裙房高层建筑抗浮锚杆整体计算方法 [J].建筑结构，2014，44（6）：27-41.

[9] 河南省建筑设计研究院有限公司.河南省建筑地基基础勘察设计规范：DBJ 41/138—2014 [S].北京：中国建筑工业出版社，2014.

第7章 预制混凝土扩体桩水平加载试验研究

7.1 扩体桩水平加载模型试验

7.1.1 概述

不同于传统的劲性复合桩，扩体桩将预制混凝土管桩或型钢的水泥土外包裹材料改为水泥砂浆混合料、低强度等级混凝土、预制搅拌水泥土等固结体。这样的外包裹材料相对均一、材料强度相对较高。传统的劲性复合桩或者水泥土复合管桩水平承载特性已经有了大量的研究，而对扩体桩的水平载荷性能研究很少，尤其是水泥砂浆扩体桩。扩体材料对预制管桩水平承载力和变形特性的影响，水平荷载作用下扩体桩的设计计算方法都需要进一步研究。针对扩体桩的水平承载问题，本章通过足尺试验、数值模拟、理论分析，对水泥土扩体桩和水泥砂浆扩体桩的水平承载特性、设计计算方法进行研究，同时对水泥砂浆扩体桩的水平承载特性影响因素展开讨论。主要研究内容与研究成果包括：

（1）进行了水泥土扩体桩和水泥砂浆扩体桩的水平载荷足尺试验，分析了不同水平荷载作用下水泥土扩体桩和水泥砂浆扩体桩的水平承载特性。在相同条件下，水泥砂浆扩体桩较水泥土扩体桩水平临界荷载增加较大，水平极限荷载值差异较小。水泥土扩体桩临界荷载与极限荷载之间的安全储备较高，并且大于水泥砂浆扩体桩临界荷载与极限荷载之间的安全储备。

（2）通过分析扩体桩的桩身光纤数据发现，水泥砂浆扩体桩和水泥土扩体桩的芯桩最大弯矩点均出现在地面以下5倍管桩桩径处，相同水平荷载作用下，水泥砂浆扩体桩芯桩的桩身弯矩明显小于水泥土扩体桩。

（3）建立了水泥土扩体桩和水泥砂浆扩体桩水平受荷的数值计算模型，对比了桩体分别为弹性模型和塑性模型的水平承载特性，发现管桩采用混凝土塑性损伤模型，与足尺试验更吻合。

（4）通过有限元模拟分析了单一管桩的水平承载特性，在水平荷载作用下，单一管桩的桩身弯矩明显大于水泥土扩体桩和水泥砂浆扩体桩，水平极限承载力远低于扩体桩。预制管桩分别为PHC和PC管桩的水泥砂浆扩体桩，桩顶位移、桩身变形、桩身弯矩差别不大。芯桩不变，通过增加水泥砂浆扩体桩的外桩径能显著提高水平承载力。

（5）考虑水泥土和水泥砂浆扩体材料刚度作用，参考《水泥土复合管桩基础技术规程》JGJ/T 330—2014中的计算公式，得到了适用于水泥土扩体桩和水泥砂浆扩体桩的水平承载力计算方法。

本次水平试验采用足尺试验，足尺试验是指试件尺寸与实际对象一致，能真实、直观地反映实际对象的现实数据。本试验场地位于郑州大学土木工程学院岩土工程实验室外，分别浇筑 2 根水泥砂浆扩体和 2 根水泥土扩体桩。通过 2 根扩体桩对推进行水平加载，监测它们水平加载过程中的桩身受力、变形和位移，研究水泥土扩体桩和水泥砂浆扩体桩的水平承载性能。

7.1.2 试验场地工程地质条件

试验场地位于郑州市金水区，地貌单元区域上属黄河冲积泛滥平原区。现场地形无起伏，地貌单一，场地相对高程 100.00m，地面高层最大差为 0.0m 左右。

根据现场钻探、静力触探测试及土工试验结果等资料，勘探深度范围内均为第四纪全新世冲积形成的地层。勘察期间地下水位埋深约 11m，地下水的补给主要为大气降水，环境类别为 Ⅱ 类。

将勘察深度范围内的土层按其不同的成因、时代及物理力学性质差异划分为 6 个工程地质单元层，并各层特征分述如下：

（1）杂填土：层底埋深 0.5 ~ 1.2m，层底相对高程 98.80 ~ 99.50m，层厚 0.5 ~ 1.2m。杂色，稍湿，松散。以粉土为主，含植物根系，偶见砖块、混凝土块等建筑垃圾及三七灰土，力学性质不均，上部有约 20cm 水泥面层。

（2）粉土：层底埋深 1.9 ~ 3.2m，层底相对高程 96.80 ~ 98.10m，层厚 1.2 ~ 2.4m。黄褐色，稍湿，密实。干强度低，韧性低，摇振反应中等。含少量锈斑，偶见钙质结核，粒径 1.0~3.0cm，局部夹粉质黏土，可塑。

（3）粉土夹粉质黏土：层底埋深 5.9 ~ 6.5m，层底相对高程 93.50 ~ 94.10m，层厚 2.9~4.3m。黄褐色，稍湿~湿，密实。干强度低，韧性低，摇振反应中等。见锈斑及黑色斑块，偶见蜗牛壳碎片。局部为粉质黏土，灰黑色，可塑。

（4）粉土夹粉砂：层底埋深 8.5 ~ 9.0m，层底相对高程 91.00 ~ 91.42m，层厚 2.3~2.8m。黄褐色，密实，湿。干强度中等，韧性中等。含少量锈斑，有砂感。含少量钙质结核，粒径 0.5~2.0cm。

（5）粉土：层底埋深 10.9 ~ 11.4m，层底相对高程 88.60 ~ 89.10m，层厚 1.9~2.5m。黄褐色，密实，饱和。矿物成分以石英、长石为主。

（6）粉土：层底埋深 12.2 ~ 12.5m，层底相对高程 87.50 ~ 87.80m，层厚 1.1 ~ 1.6m。黄褐色，密实，湿。干强度中等，韧性中等。见少量锈斑，含大量钙质结核，粒径 2.0~5.0cm。

（7）粉砂：勘探深度内为揭穿。黄褐色，密实，饱和。矿物成分以石英、长石为主。

各土层参数如表 7.1 所示。典型地质剖面如图 7.1 所示。

试验场地各土层参数　　　　　　　　　　　　　　　　　　　　　表 7.1

土层名称	厚度（m）	重度 γ（kN/m³）	黏聚力 c（kPa）	内摩擦角 φ（°）	压缩模量（MPa）
杂填土	0.5 ~ 1.2	17.0	7.0	13.0	—
粉土	1.2 ~ 2.4	18.1	12.8	22.5	10.7

续表

土层名称	厚度（m）	重度 γ（kN/m³）	黏聚力 c（kPa）	内摩擦角 φ（°）	压缩模量（MPa）
粉土夹粉质黏土	2.9 ~ 4.3	19.0	13.5	21.0	7.1
粉土	2.3 ~ 2.8	17.4	8.5	23.6	13.0
粉土	1.9 ~ 2.5	18.2	14.0	25.0	14.5
粉土	1.1 ~ 2.6	19.7	15.8	22.1	14.0

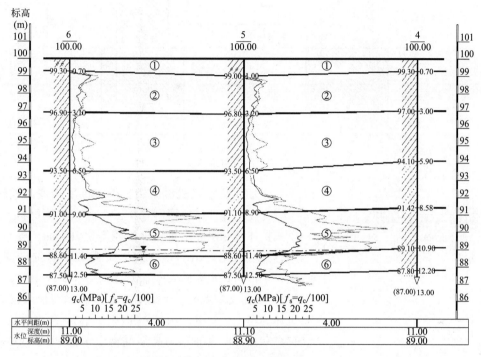

图 7.1 典型地质剖面

7.1.3 试验设计

7.1.3.1 试桩设计

1. 桩的设计与布置

水泥砂浆扩体桩和水泥土扩体桩各 2 根，试桩设计参数见表 7.2，因《建筑基桩检测技术规范》JGJ 106—2014[1] 要求，需刨除顶部 500mm 的水泥土，故预制管桩露出地面约 500mm，地面以下扩体桩长 6.5m。

试桩设计参数 表 7.2

试验类型	试桩桩号	试桩类型	桩长（m）	扩体桩外径（mm）	管桩型号
水平承载 试验	T-1、T-2	水泥土扩体桩	6.5	500	PHC300AB70-7
	S-1、S-2	水泥砂浆扩体桩	6.5	500	PHC300AB70-7

本次试验的水平加载方式为两桩互为反力桩对推，如图7.2所示。

万征[2]等用两桩对推方法进行了现场试验，试验结果良好。为了确保两组扩体桩在施加水平荷载时，互不影响。宋义仲[13]通过在桩周土埋设土压力盒，发现水泥土复合管桩单桩水平位移的影响范围为2.5倍桩径。故水泥土扩体桩和水泥砂浆扩体桩的间距取5倍桩径为2.5m，扩体桩试验平面布置见图7.3。

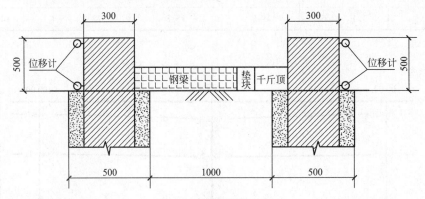

图7.2 两桩对推示意

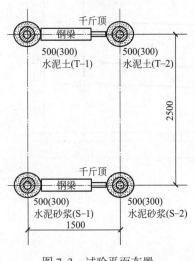

图7.3 试验平面布置

受场地及施工机械限制，扩体桩采用埋入式施工，工序为先钻孔、吊放预制管桩，再灌入扩体材料。水泥砂浆扩体桩和水泥土扩体桩桩径均为500mm，按照《通用硅酸盐水泥》GB 175—2007采用42.5普通硅酸盐水泥，扩体材料水泥砂浆中水泥、砂、水配合比为1:3:0.8，水泥土中水泥、土配比为1:4，水泥掺入量25%，土体为粉土。管桩采用《先张法预应力混凝土管桩》GB 13476—2009[14]预应力高强混凝土管桩PHC-300-AB-70-7，桩身混凝土强度等级C80，桩长为7m。

2. 桩身内力测试元件

为监测管桩受水平荷载时桩身的内力，研究人员通常采用在桩体表面贴应变片或者钢筋笼焊接、绑扎应力计。在之前的试验中发现，桩体表面的应变片在吊装管桩和灌注浆料的过程中存活率非常低，并且足尺试验尺寸较大时，线路杂乱；需要在管桩生产过程中预先将应力计焊接、绑扎在钢筋笼上，程序比较繁琐，相邻应力计之间的距离较大，无法测出连续应变，对桩体最大变形处的位置很难作出精确判断。

本次试验桩身应变监测采用分布式光纤传感技术。分布式光纤传感技术以普通光纤为传感和传输介质，无需其他外置传感器件且光纤纤细柔韧，易植入管桩体内或体表。施斌[15]、魏广庆[16]、陈文华[17]等及作者团队对分布式光纤在基坑工程和桩基工程中的检测有着成熟的经验。

本次试验采用BOTDA技术，其工作原理是分别从光纤两端注入脉冲光和连续光，制造布里渊放大效应，根据光信号布里渊频移与光纤温度和轴向应变之间的线性变化关系，如下式所示：

$$\Delta v_B = c_{vt} \cdot \Delta t + c_{v\varepsilon} \cdot \Delta \varepsilon \tag{7.1}$$

式中　Δv_B——布里渊频移量；

　　　c_{vt}——布里渊频移温度系数；

　　　$c_{v\varepsilon}$——布里渊频移应变系数；

　　　Δt——温度变化量；

　　　$\Delta \varepsilon$——应变变化量。

在基桩某一截面上，温度是相同的，则一组对称布置的分布式光缆在某一截面上量测到的应变差 $\Delta \varepsilon_{Di}$ 可按下式计算：

$$\Delta \varepsilon_{Di} = \frac{1}{c_{v\varepsilon}} \Delta v_{BDi} = \frac{1}{c_{v\varepsilon}} (\Delta v_{BDi,1} - \Delta v_{BDi,2}) \tag{7.2}$$

式中　$\Delta \varepsilon_{Di}$——某一截面上对称两点的应变差；

　　　Δv_{BDi}——某一截面上对称两点的布里渊频移量差。

当脉冲光由光纤的一端注入时，入射的脉冲光与光纤中的声学声子发生作用后产生布里渊散射，其中背向布里渊散射光沿着光纤返回到脉冲光的入射端。因此，由光纤沿线某一点返回的布里渊散射光到 BOTDA 的距离 Z 可按下式计算，根据 Z 值可对桩内各应变测试点进行定位。

$$Z = \frac{cT}{2n} \tag{7.3}$$

式中　c——真空中的光速；

　　　n——光纤的折射系数；

　　　T——发出脉冲光至接收到散射光的时间间隔。

传感光纤主要采用预先浇注、表面粘贴和开槽埋入三种方法植入到结构构件中。作为预制桩，特别是 PHC 管桩，制桩工艺复杂，无法将光纤浇注到其中，仅粘贴在桩表面的光纤极易在桩打入过程中与桩周土石摩擦脱离桩体，导致光纤的变形与桩体不同步，而采用开槽埋入光纤后再胶封的方法使光纤与桩体合为一体，大大提高了传感光纤的成活率。

对于桩径小于或等于 800mm 的预制桩应对称布设不少于 2 根传感光缆，桩径大于 800mm 的预制桩应对称布设不少于 4 根传感光缆，宜形成 U 形回路，图 7.4 为扩体桩光纤监测布置。

光纤刻槽安装的施工工序为：

1）刻槽和清理

用手持式切割机在预制管桩表面沿着预定标记的路线进行刻槽，刻槽的宽度和深度视所埋设的光纤粗细而定，以能将光纤完全埋入为准，刻槽完成后用清水和吹风机对槽内的灰尘进行清理，图 7.5 ~ 图 7.8 为刻槽过程。

2）布纤和粘贴

将植筋胶与凝固剂搅拌充分后抹入槽内，将光纤按入，使其与植筋胶和桩体充分接触，再用铲片对其表面的胶体抹平，抹平后旋转管桩至桩槽平面与地面垂直，使植筋胶与

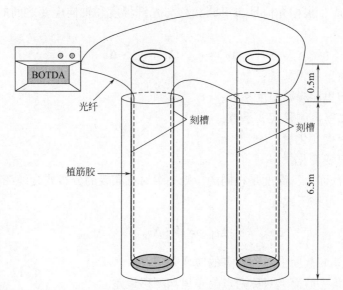

图 7.4　光纤监测布置

图 7.5　切割机刻槽

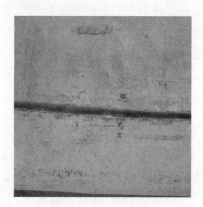

图 7.6　清理后的刻槽

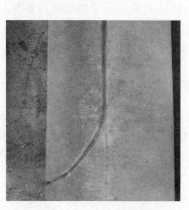

图 7.7　桩底处刻 U 形槽

图 7.8　刻槽桩全景

管桩充分接触没有空隙。同时，用胶带固定，防止植筋胶凝固之前，光纤突出管桩表面，半小时后胶体即可凝固成形，天气寒冷时可使用热风枪吹桩槽，加快胶水凝固，图 7.9、图 7.10 为布纤和植筋胶抹平。

3）光纤连接

在扩体桩养护完成开始加载前，需将管桩处的光纤包裹线剥开，露出光纤，与 BOT-DA 监测器的光纤连接，连接成功后用套管保护，防止脱断。由于水平荷载试验采用的是两桩对推加载方式，需要对一组试验的两根桩同时监测，故将两根桩的光纤接在一起形成一个闭环，在光纤连接时，需注意光纤连接处的光损不能大于 10dB，若大于 10dB 或未构成回路，应采用 BOTDR 光纤解调仪，图 7.11 为光纤连接过程。

图 7.9　布纤

图 7.10　植筋胶抹平

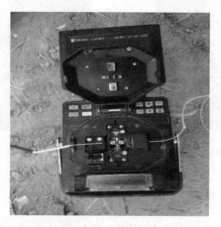

图 7.11　光纤连接

7.1.3.2　扩体桩施工

由于试验场地的局限性，大型施工机械无法进场，有别于施工现场扩体桩施工顺序：先往孔内注浆再插入管桩，本次试验中水泥土扩体桩和水泥砂浆扩体桩均采用埋入式施工方法，即先往孔内插入预制管桩再灌入浆料（图 7.12~图 7.14）。

(a) 钻孔   (b) 吊放管桩

(c) 灌浆   (d) 成桩

图 7.12 施工现场

图 7.13 杂填土清理   图 7.14 土方回填

7.1.4 水平加载试验方案

根据《建筑基桩检测技术规范》JGJ 106—2014 要求需将扩体桩顶部 500m 以上的水泥土切除，将千斤顶直接作用在管桩上。加载装置采用卧式千斤顶手动加载，通过量表读数来控制施加荷载的大小。在对桩体施加水平荷载（图 7.15）时，采用相邻两桩互为反力桩对推的方式，使用钢梁作为传力装置，将千斤顶作用力的延长线通过桩身轴线。为了在加载过程中测量扩体桩的水平位移，在扩体桩水平作用点的反侧对称点及上方 500mm 处安装位移计。

试验采用单向多循环水平加载，该方法用于模拟地震作用、风荷载、制动力等循环性荷载且试验所得承载力较为保守安全。

1）荷载分级

预估水泥土扩体桩最大承载力为100kN，共分为10级加载，分级荷载10kN；预估水泥砂浆扩体桩最大承载力150kN，分10级荷载，分级荷载15kN。

2）加载程序与位移观测

每级荷载施加后，恒载4min后测读水平位移，

图7.15 水平加载

然后卸载至零，停2min后测读残余水平位移，至此完成一个加卸载循环。如此循环5次，并采集最后一次循环的光纤光栅解调仪示数。再进行下一级荷载的试验加载。当水平位移接近或超过指定位移（取40mm）时，终止加载。

3）试验终止条件

《建筑基桩检测技术规范》JGJ 106—2014中规定水平荷载试验终止的条件为：

（1）恒定荷载作用下，桩的横向位移急剧增加，变位速率逐渐加快；

（2）达到试验所要求的最大荷载或最大位移，最大位移为40mm；

（3）桩身折断或出现较大裂缝。

7.1.5 扩体材料强度试验

将事先搅拌混合料时预留的水泥砂浆试块和水泥土试块在自然环境中养护28d，然后进行抗压强度试验（图7.16）。

图7.16 扩体材料试块

试验结果如表7.3所示。

边长100mm的水泥砂浆立方体试块无侧限抗压强度基本在10MPa左右，而水泥土的无侧限抗压强度为2.6MPa左右，水泥砂浆的无侧限强度约为水泥土的4倍。

扩体材料无侧限抗压强度　　　　　　　　　　　　　　　　表 7.3

试块	1	2	3	平均值(MPa)
水泥土	2.18	2.27	3.6	2.68
水泥砂浆	9.45	10.3	9.9	9.89

7.2　试验结果与分析

在水泥土扩体桩对推和水泥砂浆扩体桩对推的水平承载试验过程中，通过记录千斤顶施加的荷载、桩顶位移计读数、光纤数据，监测扩体桩在单向多循环测试方法下各级荷载的桩身应变和位移，在此基础上研究分析在水泥土和水泥砂浆两种扩体材料作用下 PHC 桩水平承载性状。

7.2.1　试验加载过程及现象描述

7.2.1.1　水泥土扩体桩

在实际加载过程中，水泥土扩体桩 T-1 桩和 T-2 桩分别在 130kN 和 120kN 位移超过 40mm，终止加载。

由图 7.17 可知，在水泥土扩体桩 T-1 桩和 T-2 桩对推的过程中，开始时，管桩与外扩体水泥土在水平力作用下共同移动，外扩体水泥土挤压桩周土。随着水平荷载增大，T-1 桩和 T-2 桩的预制管桩与外扩体材料水泥土均发生脱离，管桩桩侧法向位置以及受压区的水泥土产生裂缝。裂缝宽度随着施加荷载的增大而增大，至桩顶位移达成终止条件，裂缝最大宽度达到 20mm。由于管桩与受拉区的水泥土发生脱离，管桩作为主要承载体，因此水泥土受拉区并未产生裂缝。

(a) 扩体桩整体发生位移　　　　　　　　　　　(b) 管桩与水泥土脱离

图 7.17　水泥土扩体桩加载

图 7.18 显示水泥土扩体桩裂缝情况。

(a) 受拉区   (b) 受压区

图 7.18 水泥土扩体桩裂缝情况

7.2.1.2 水泥砂浆扩体桩

水泥砂浆扩体桩的预估极限承载力为 150kN，因水泥土扩体桩的实际承载力超出预估值，故将水泥砂浆扩体桩的预估值调整为 200kN，分 10 级加载，每级加载 20kN。在实际加载过程中，水泥砂浆扩体桩 S-1 桩和 S-2 桩分别在 140kN 和 120kN 位移超过 40mm，终止加载。

由图 7.19 可知，水泥砂浆扩体桩 S-1 桩和 S-2 桩在加载到 100kN 时，预制管桩与水泥砂浆材料没有脱离，均作为一个整体对桩周土进行挤压；加载到 118kN 时，S-1 桩发出一声闷响，千斤顶的水平荷载数值陡降到 110kN；继续加载到 120kN 稳定读数，在 120kN 第 2 个循环加载时，S-2 桩同样传出一声闷响，在 120kN 的第 4 个循环加载过程中，S-2 桩在传出四声闷响后，水泥砂浆突然裂开，管桩与水泥砂浆脱离，桩体破坏，S-1 桩有 2 条近似侧面法向的细裂缝和一条轴向受压侧裂缝；继续加载到 160kN，S-2 桩完全破坏且桩周土失去承载能力，S-1 桩管桩和水泥砂浆依旧未发生脱离。

图 7.19 水泥砂浆扩体桩加载

　　从图7.20、图7.21可以看出，S-2桩在120kN的第四个循环加载中发生开裂破坏，失去承载能力。裂缝以桩侧法向为界，主要分布在水泥砂浆扩体材料的受压区，受拉区桩体表面完好。水泥砂浆扩体材料在加载过程中受压开裂，并发出闷响，随着荷载的增加，裂缝增大并完全开裂。

图7.20　S-2水泥砂浆扩体桩开裂破坏

(a) 受压区　　　　　　　　　　　　　　　　(b) 受拉区

图7.21　S-1水泥砂浆扩体桩裂缝情况

7.2.2　试验结果及分析

7.2.2.1　水平承载力

　　在水泥土扩体桩加载到预估极限荷载100kN时，T-1桩和T-2桩的水平位移分别为20.08mm和21.04mm；继续加载到120kN时，T-2桩位移为45.81mm，T-1桩位移27.44mm；加载至130kN，T-1桩达到加载终止条件，位移为43.55mm，T-2桩因位移超过位移计量程没有读数。

水泥砂浆扩体桩 S-1 桩和 S-2 桩在 100kN 荷载时，桩顶水平位移分别达到 16.16mm 和 18.00mm；在荷载施加到 120kN 时，S-2 桩突然破坏，在对位移计进行重新调表后，测得位移陡升到 59mm，S-1 桩的位移为 25.76mm；继续加载到 140kN，S-2 桩位移超过 40mm，达到加载终止条件。水泥砂浆扩体桩荷载-位移曲线见图 7.22。

由图 7.22 发现，采用两桩对推方式进行水平加载，水泥土扩体桩在破坏荷载前，T-1 桩和 T-2 桩的桩头位移一致性较好，在荷载 60kN 时，两根桩均发生了位移突变，并且在 130kN 和 120kN 先后破坏，其余阶段位移增长较为稳定。水泥砂浆扩体桩的位移曲线整体平稳，在破坏荷载之前 S-1 桩和 S-2 桩的桩顶位移同样近乎一致。

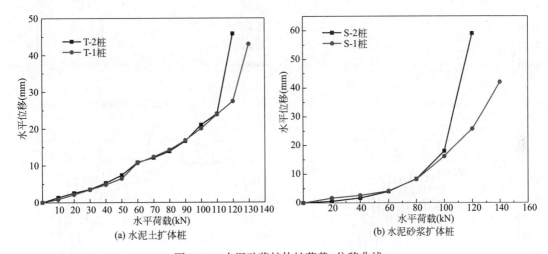

(a) 水泥土扩体桩   (b) 水泥砂浆扩体桩

图 7.22 水泥砂浆扩体桩荷载-位移曲线

图 7.23 为扩体桩的 $H-t-Y_0$ 曲线，图 7.24 为扩体桩的 $H-\Delta Y_0/\Delta H$ 曲线。

从图 7.24 可知，与传统的荷载-位移梯度曲线不同，水泥土扩体桩 T-1 桩和 T-2 桩的荷载-位移梯度曲线在水平荷载 60kN 后均出现了向下的反向拐点，单位荷载的水平位移增量随着荷载的增加反而出现了明显的下降。

结合试验现场的破坏形式分析，水泥土扩体桩的承载性状分为两阶段：

（1）在水平荷载 60kN 之前，水泥土扩体桩作为一个整体桩，桩周密实的粉土承受水平荷载，其荷载-位移梯度曲线较为稳定；当施加到 60kN 时，预制管桩与扩体水泥土开始发生脱离，位移在这一级荷载突然增大。

（2）在水平荷载 60kN 之后，水泥土扩体与桩周土开始共同承担水平荷载，由于水泥土的扩体和粘结作用，单位荷载的水平位移增量显著减小，并随着荷载的增加缓慢上升，在增加到 120kN 和 130kN 后，T-2 桩和 T-1 桩的水泥土和桩周土失去承载能力发生破坏。

分析原因主要有：

（1）本次试验水泥土中水泥掺量较高，强度较一般搅拌桩大，水泥土扩体桩位移较小时，可以整体受力。

（2）与水泥土扩体相比，管桩的破坏形式为延性破坏，是一个缓慢发展的过程；桩周土密实且与水泥土结合较好，水泥土开裂后，迫使管桩与水泥土脱离。

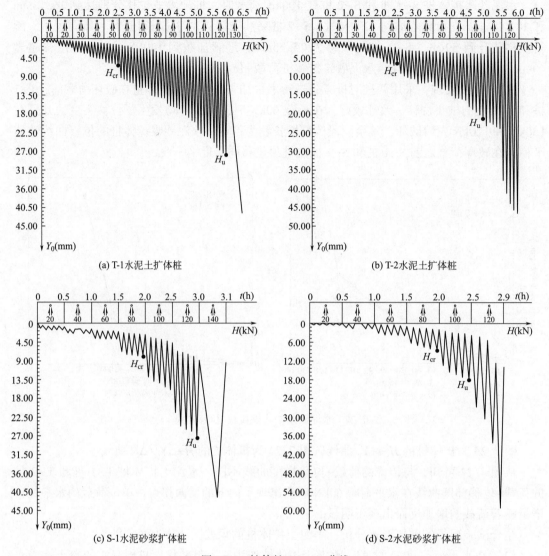

(a) T-1水泥土扩体桩

(b) T-2水泥土扩体桩

(c) S-1水泥砂浆扩体桩

(d) S-2水泥砂浆扩体桩

图 7.23 扩体桩 H-t-Y_0 曲线

根据《建筑基桩检测技术规范》JGJ 106—2014，单向多循环加载的单桩水平临界荷载可按下列方法综合确定：

（1）取 H-t-Y_0 曲线出现拐点的前一级水平荷载值；

（2）取 H-$\Delta Y_0/\Delta H$ 曲线第一拐点对应的水平荷载值。

因此，由图 7.23 和图 7.24 可知，T-1 桩和 T-2 桩的水平临界荷载为 50kN；S-1 桩和 S-2 桩的临界荷载为 80kN。

根据《建筑基桩检测技术规范》JGJ 106—2014，单向多循环加载的单桩水平极限荷载可按下列方法确定：

（1）取 H-t-Y_0 曲线发生明显陡降的前一级水平荷载值；

（2）取 H-$\Delta Y_0/\Delta H$ 曲线第二拐点对应的水平荷载值。

　　由于本次水泥土扩体桩出现了两阶段承载性状，荷载-位移梯度曲线在水平荷载 70kN 后，水泥土扩体桩依然能够稳定地承受荷载，故取最后一次拐点的水平荷载值作为水泥土扩体桩的水平极限荷载。由图 7.24 可知，T-1 桩的水平极限荷载为 120kN；T-2 桩的水平极限荷载为 100kN；从荷载-位移梯度曲线看，S-1 桩和 S-2 桩的极限荷载分别为 120kN 和 100kN。

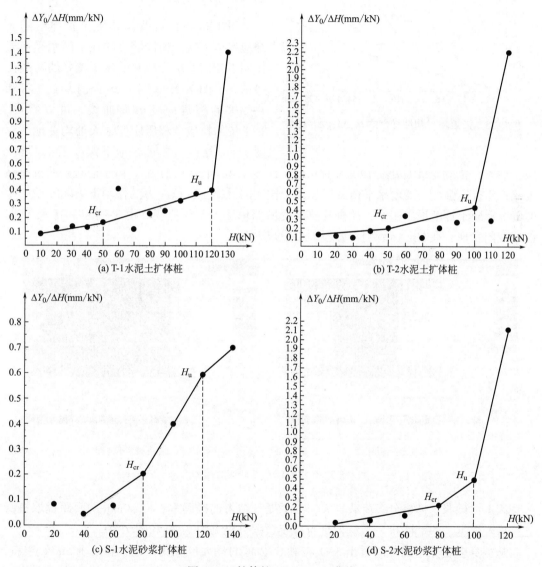

图 7.24　扩体桩 H-$\Delta Y_0/\Delta H$ 曲线

　　图 7.25 为东南大学张孟环[8] 在桩周土为含水率 30% 的粉质黏土时劲性复合桩的 H-$\Delta Y_0/\Delta H$ 曲线。由图可知，在达到临界荷载 132kN 后，荷载位移梯度点陡然上升，并在 198kN 时出现回落，劲性复合桩继续稳定承载，比较本章水泥土扩体桩的荷载-位移梯度曲线，荷载位移梯度点的分布与本次水泥土扩体桩的分布相似。

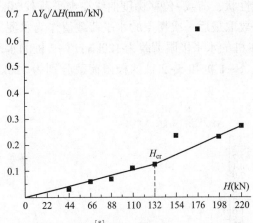

图 7.25　张孟环[8] 劲性复合桩 H-$\Delta Y_0/\Delta H$ 曲线

7.2.2.2　水平承载性状分析

根据预制桩身埋设的光纤，经过光纤光栅调解仪分析可得在受水平荷载作用时的桩身应变，并计算出不同荷载作用下的桩身弯矩，BOTDA 光纤实时监测如图 7.26 所示。

1. 桩身应变

以 100mm 间隔提取水泥土扩体桩的光纤应变值，应变值能够反映在不同水平荷载作用下预制管桩受拉和受压位置处的荷载传递情况。图 7.27 和图 7.28 分别为 T-1 桩和 T-2 桩的桩身应变分布曲线。可以看出，T-1 桩的拉应变和压应变最大处均在地下深度 1.4m 处；T-2 桩在地下深度 1.4m 处压应变最大，拉应变最大处在 120kN 时从地下深度 1.4m 上升到 1.2m。由于混凝土的抗拉强度远低于抗压强度，随着水平荷载增加，受拉侧的混凝土在拉应力的作用下破坏开始产生裂缝。混凝土逐渐退出工作，故桩身拉应变增加幅度大于压应变。由 T-1 桩和 T-2 桩的拉应变图发现，在 50kN 后的拉应变增加幅度变大。

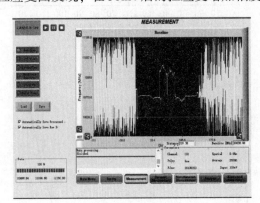

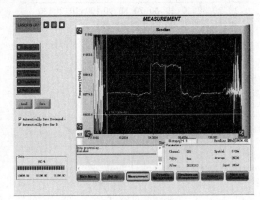

(a) 水泥土扩体桩　　　　　　　　　　　　　(b) 水泥砂浆扩体桩

图 7.26　BOTDA 光纤实时监测

因水泥砂浆扩体桩分级荷载较大，为了提升结果的准确率，以 50mm 的间距提取桩身光纤应变数据。S-1 桩和 S-2 桩的桩身应变数据分别见图 7.29 和图 7.30。

从桩身应变分布图可以看出 S-1 桩和 S-2 桩的最大拉应变在地下深度 1.5m 处左右，最大压应变出现在地下深度 1m 处左右。荷载 120kN 时，S-2 桩的拉应变在地面下深度 1.25～1.95m 之间不变。

2. 桩身截面弯矩

根据《基桩分布式光纤测试规程》T/CECS 622—2019[9]，桩体不同深度 z 处的弯矩 $M(z)$ 由式 (7.4) 计算，应测得的数据为管桩应变，故计算得到各级荷载作用下不同截面处扩体桩中管桩的弯矩值如图 7.31 所示。

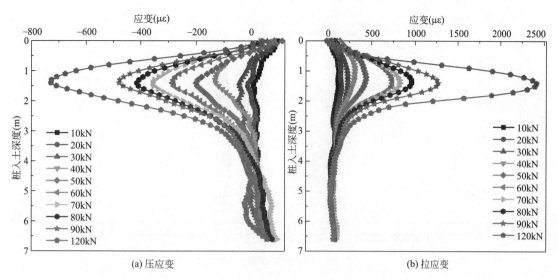

图 7.27 T-1 水泥土扩体桩应变

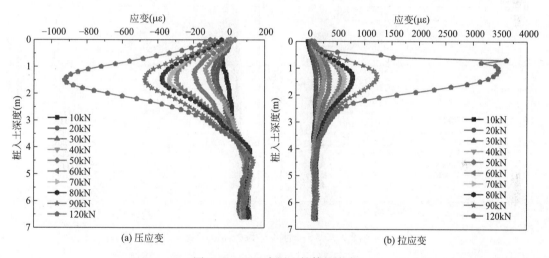

图 7.28 T-2 水泥土扩体桩应变

$$M(z) = \frac{\varepsilon_{\mathrm{a}}^{\mathrm{p}}(z) - \varepsilon_{\mathrm{b}}^{\mathrm{p}}(z)}{D} \cdot E(z) \cdot I(z) \qquad (7.4)$$

式中 $M(z)$ ——深度 z 处的弯矩（kN·m）；

        $\varepsilon_{\mathrm{a}}^{\mathrm{p}}(z)$ ——深度 z 处的受拉侧应变；

        $\varepsilon_{\mathrm{b}}^{\mathrm{p}}(z)$ ——深度 z 处的受压侧应变；

         D ——对称光缆布设间距（m）；

       $E(z)$ ——深度 z 处的管桩弹性模量（MPa）；

       $I(z)$ ——深度 z 处的管桩截面惯性矩（m⁴）。

    由图 7.31 可知，由于水泥土的扩体作用，水泥土扩体桩 T-1 桩和 T-2 桩中芯桩均没有出现明显的反弯点，最大弯矩点出现在地面以下 1.4m 左右，约为 5 倍的管桩桩径。在

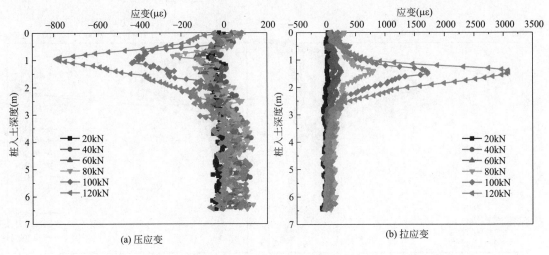

图 7.29   S-1 水泥砂浆扩体桩应变

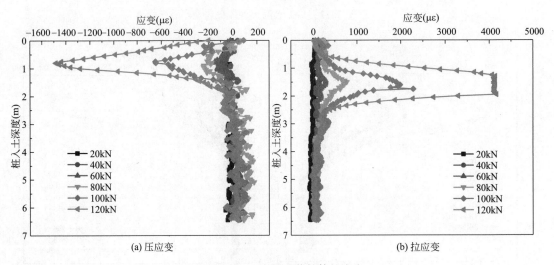

图 7.30   S-2 水泥砂浆扩体桩应变

临界荷载 50kN 时，T-1 桩和 T-2 桩芯桩的最大弯矩均出现在地面以下 1.4m 处，分别为 30.86kN·m 和 27.12kN·m。

根据《先张法预应力混凝土管桩》GB 13476—2009，本次试验采用的 PHC-AB300（70）-7，其抗裂弯矩 30kN·m，极限弯矩 50kN·m。

由于管桩桩芯的水泥土强度过低，抗拉强度可忽略不计，故 60kN 时预制管桩开始开裂，导致图 7.29（a）、（b）中水平荷载 60kN 的拉应变突然增大，最大弯矩也相应陡增。

水平荷载施加到 60kN 时，T-1 桩和 T-2 桩管桩的最大弯矩均出现在地面以下 1.4m 处，分别为 50.35kN·m 和 42.39kN·m。接近管桩极限弯矩 50kN·m。

在荷载 60kN 时管桩弯矩已经超出开裂弯矩，桩体开始损伤，由于水泥土的扩体作用以及延性破坏的模式，在预制管桩开裂的情况下，直到 120kN 和 130kN 才完全破坏，破坏荷载为管桩的 2 倍。

由图 7.32 可知，水泥砂浆扩体桩 S-1 桩和 S-2 桩的芯桩没有出现明显的反弯点，最大弯矩均出现在地下深度 1.45m 左右，约为预制管桩桩径的 5 倍。

水平荷载 60kN 时，S-1 桩和 S-2 桩芯桩的最大弯矩分别为 17.29kN·m 和 16.87kN·m，均出现在地下深度 1.45m 处；临界荷载 80kN 时，S-1 桩和 S-2 桩芯桩的最大弯矩分别为 43.77kN·m 和 43.6kN·m，出现在地下深度 1.4m 和 1.45m 处。

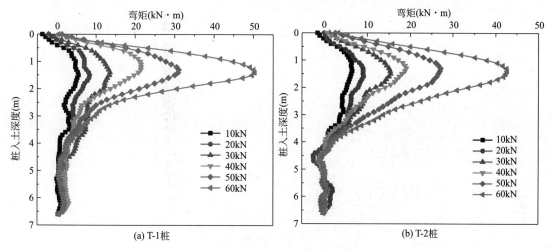

图 7.31　水泥土扩体桩芯桩弯矩

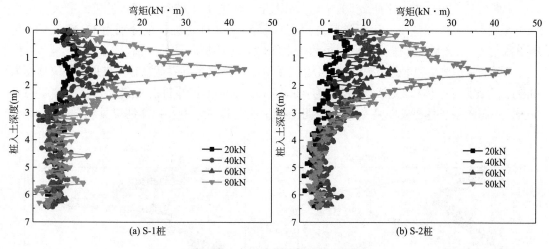

图 7.32　水泥砂浆扩体桩芯桩弯矩

7.2.3　不同材料扩体桩试验结果比较

从破坏形态看，水泥土扩体桩出现了管桩与水泥土脱离，水泥土裂缝随着荷载的增大逐渐增大至桩体失去承载能力的一个过程；而水泥砂浆扩体桩在加载过程中管桩与水泥砂浆没有脱离，在加载到极限荷载后，水泥砂浆突然开裂，桩体失去承载能力。

由图 7.33 可知，在扩体桩达到破坏荷载前，水泥砂浆扩体桩在各级荷载作用下，桩顶水平位移均小于水泥土扩体桩。桩顶水平位移为 8mm 左右时，水泥砂浆扩体桩和水泥土扩体桩分别达到各自临界荷载 50kN 和 80kN。在荷载 60kN 时，两种桩的位移差最大，水泥土扩体桩的桩顶位移为 10.7mm，水泥砂浆扩体桩为 4mm。在达到极限荷载时，水泥砂浆扩体桩和水泥土扩体桩的位移非常接近，T-1 桩和 S-1 桩在极限荷载 120kN 时，T-1 桩的位移为 27.44mm，S-1 桩的位移为 25.76mm；T-2 桩和 S-2 桩在极限荷载 100kN 时，T-2 桩的位移为 21.04mm，S-2 桩的位移为 18mm。

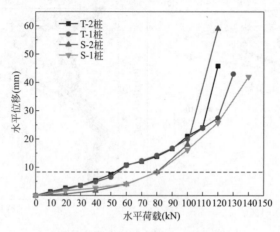

图 7.33　两种扩体桩位移对比

　　由图 7.34 可知，在水平荷载 60kN 时，水泥土扩体桩 T-1 桩和 T-2 桩芯桩的最大弯矩为 50.4kN·m 和 42.71kN·m；水泥砂浆复合 S-1 桩和 S-2 桩芯桩弯矩分别为 17.29kN·m 和 16.87kN·m，水泥土扩体桩芯桩弯矩约为水泥砂浆扩体桩芯桩的 3 倍。

　　水泥砂浆扩体桩和水泥土扩体桩在分别达到 80kN 和 50kN 临界荷载时（桩顶水平位移均为 8mm），水泥砂浆扩体桩芯桩最大弯矩为 43kN·m，水泥土扩体桩芯桩最大弯矩为 30kN·m 左右，水泥砂浆扩体桩芯桩弯矩大于水泥土扩体桩的芯桩弯矩，具体情况见图 7.35。

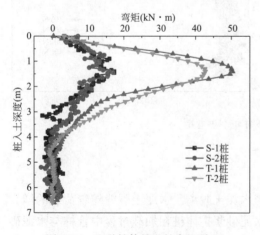

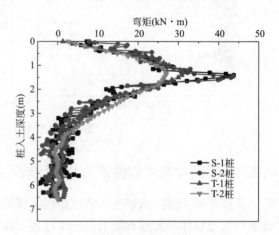

图 7.34　两种扩体桩芯桩弯矩对比　　　　　　　图 7.35　两种扩体桩芯桩弯矩对比
（水平荷载 60kN）　　　　　　　　　　　　　（桩顶水平位移 8mm）

7.3 扩体桩水平承载力计算方法研究

在常见的桩体水平承载力计算方法中，m 法广泛应用于我国的各种规范。m 法基于 Winkler 弹性地基模型和梁的挠曲理论，认为某一点的水平抗力等于该点处水平地基系数与此处桩体位移的乘积，水平地基系数随深度增加而线性增加，且地面处为零。本章参考现有规范，结合足尺试验情况，对扩体桩水平承载力的计算公式进行探讨，研究了水泥土扩体桩和水泥砂浆扩体桩水平承载特征值的折减系数。

7.3.1 桩的水平承载力计算方法

根据《水泥土复合管桩基础技术规程》JGJ/T 330—2014[10]，水泥土复合桩的单桩水平承载力特征值公式：

$$R_{ha} = 0.6 \frac{\alpha^3 EI}{\nu_x} \chi_{0a} \tag{7.5}$$

$$\alpha = \sqrt[5]{\frac{mb_0}{EI}} \tag{7.6}$$

$$b_0 = 0.9(1.5d + 0.5) \tag{7.7}$$

式中　α——桩的变形系数（1/m）；

　　　m——地基土水平抗力系数的比例系数（MN/m⁴），宜通过单桩水平静载试验确定，当无试验资料时，可按现行行业标准《建筑桩基技术规范》JGJ 94—2008[11] 规定的预制桩的地基土水平抗力系数的比例系数适当提高后采用；

　　　ν_x——桩顶水平位移系数，可按现行行业标准《建筑桩基技术规范》JGJ 94—2008 的有关规定取值；

　　　χ_{0a}——桩顶允许水平位移（mm）；

　　　EI——桩的抗弯刚度（MN·m²）。

桩的抗弯刚度按下式计算：

$$EI = 0.85E_p I_p \tag{7.8}$$

其中：

$$I_p = \frac{\pi(d^2 - d_c^2)}{64} \left[(d^2 + d_c^2) + 2(\alpha_E - 1)\rho_g d_0^2 \right] \tag{7.9}$$

式中　E_p——管桩混凝土弹性模量（MPa）；

　　　I_p——管桩混凝土换算截面面积（m⁴）；

　　　d_c——管桩内径（m）；

　　　d——管桩直径（m）；

　　　α_E——管桩钢筋弹性模量与混凝土弹性模量之比；

　　　ρ_g——管桩纵向预应力钢筋配筋率；

　　　d_0——管桩扣除保护层的直径（m）；

根据《建筑桩基技术规范》JGJ 94—2008，对于预制桩、刚桩、桩身配筋率不小于

0.65%的灌注桩的单桩水平承载力特征值公式：

$$R_{ha} = 0.75 \frac{\alpha^3 EI}{\nu_x} \chi_{0a} \tag{7.10}$$

式（7.10）中参数与式（7.5）相同。

7.3.2 水泥土扩体桩水平承载力计算方法

由上述内容可知，常见的规范在计算单桩水平承载力特征值时，通常对临界荷载或者地面水平位移10mm所对应的水平荷载进行折减，在前文的足尺试验结果中，水泥土扩体桩的临界荷载为50kN，地面水平位移10mm的水平荷载为60kN。结合水泥土扩体桩的破坏形式，保守取临界荷载作为水泥土扩体桩的计算值。下面结合式（7.5）和式（7.10）对水泥土扩体桩的水平承载力公式参数进行探讨。

1）折减系数

对比式（7.5）和式（7.10）发现，水泥土复合桩的水平承载力特征值折减系数为0.6，低于传统桩型的0.75。这是由于宋义仲[3] 在进行水泥土复合桩水平承载试验时发现，采用芯桩加载法，水泥土复合桩的极限荷载 H_u 为临界荷载 H_{cr} 的 1.18 ~ 1.20 倍，若采取0.75倍水平承载临界值作为特征值，则 H_u / H_{cr} 之比为 1.57 ~ 1.60 倍，单桩的水平承载力特征值的安全系数小于2，故将折减系数设为0.6后，安全系数为2，满足《建筑地基基础设计规范》GB 50007—2011 的要求。

由第7.2节试验结果可知，2 根水泥土扩体桩的临界荷载为50kN，极限荷载分别为100kN 和120kN，水泥土扩体桩的极限荷载 H_u 与临界荷载 H_{cr} 之比分别为 2 和2.4，达到甚至超过了安全系数2，故其折减系数可取1.0。

2）桩身刚度

相较于预制管桩，水泥土的强度非常低，黄晓亮[12] 计算的水泥土抗弯刚度 $(EI)_{cem}$ 与芯桩抗弯刚度 $(EI)_{con}$ 之比为 3.36%，水泥土的抗弯刚度对水泥土复合桩的抗弯刚度贡献非常小。因此在《水泥土复合管桩基础技术规程》JGJ/T 330—2014 中直接忽略了水泥土的作用，取管桩刚度作为水泥土复合桩的桩身刚度。

在本章足尺试验中，水泥土扩体桩的水泥土强度较大（抗压强度2MPa以上），水泥土扩体桩的水平承载出现两种承载性状：一是水泥土扩体桩作为整体变形，二是管桩与水泥土发生脱离，水泥土由桩体变为加固土体。根据试验加载现场情况，在临界荷载50kN时，管桩和水泥土作为整体共同参与工作，故水泥土扩体桩的刚度取管桩刚度与水泥土刚度的代数和：

$$EI = EI_{pp} + EI_{cs} \tag{7.11}$$

式中　EI_{pp}——预制管桩刚度；

　　　EI_{cs}——水泥土刚度。

水泥土刚度采用下式计算：

$$EI_{cs} = 0.85E_s I_s \tag{7.12}$$

式中　E_s——水泥土弹性模量；

　　　I_s——水泥土截面惯性矩。

根据《预应力混凝土管桩技术标准》JGJ/T 406—2017[13]，预应力管桩的刚度为：

$$EI_{pp} = 0.85E_c I_0 \tag{7.13}$$

$$I_0 = \frac{\pi}{64}(d^4 - d_1^4) + (\alpha_E - 1)A_{py}D_p^2 \tag{7.14}$$

式中　E_c——混凝土弹性模量；

　　　I_0——桩身换算弹性模量；

　　　d——管桩外径；

　　　d_1——管桩内径；

　　　α_E——钢筋弹性模量与混凝土弹性模量之比；

　　　A_{py}——全部纵向预应力钢棒的总截面面积；

　　　D_p——纵向预应力钢棒分布圆的直径。

3）计算宽度 b_0 和 m 值

传统水泥土复合桩的水泥土不均匀，强度得不到保证，因此被当作加固土体来进行计算，计算宽度 b_0 中的 d 取预制管桩的直径。由于这种方法将水泥土看作桩周土体，桩周土的强度和模量大幅提升，故《水泥土复合管桩基础技术规程》JGJ/T 330—2014 建议对 m 值按预制桩的 m 值适当提高后采用，东南大学李立业[14]、张孟环[8] 在这种计算方法的基础上分别根据大量现场试验数据和不同工况下的模拟对《建筑桩基技术规范》JGJ 94—2008 中预制桩的 m 值进行放大修正，拟合出适用于水泥土复合桩的 m_f 值。

水泥土扩体桩因水泥土强度较大且均匀（抗压强度2MPa以上），在达到临界荷载时，桩身完整性良好，故本方法中 b_0 按整体外桩径 d 计算。

根据《建筑基坑支护技术规范》JGJ 120—2012，m 值可按经验公式估算：

$$m = \frac{0.2\varphi^2 - \varphi + c}{\nu_b} \tag{7.15}$$

式中　c——土的黏聚力；

　　　φ——土的内摩擦角；

　　　ν_b——取 10mm。

足尺试验土层参数中，第一层土体为粉土，厚度约 2m 多，桩在受水平荷载作用时，主要影响土体深度为 2（$d+1$）m，在地面下 3m 左右，取第一层土体的 c 值、φ 值。根据式（7.15）计算得 m 值。

综上所述，水泥土扩体桩水平承载力设计值公式为：

$$R_h = \frac{\alpha^3 EI}{\nu_x}\chi_{0a} \tag{7.16}$$

水泥土扩体桩水平承载力特征值公式为：

$$R_{ha} = \frac{\alpha^3 EI}{\nu_x}\chi_{0a} \tag{7.17}$$

参照足尺试验数据，将式（7.11）、式（7.15）算得的刚度、m 值，以及整体外桩径500mm求得的 b_0 代入式（7.16），得水泥土扩体桩水平承载力设计值49.75kN，与临界荷载实测值50kN接近。

因此，通过提升水泥土刚度将水泥土扩体桩看作整体，计算宽度按整体外桩径计算，刚度取水泥土刚度与管桩刚度之和，m 值无需额外提高取值，求得的水泥土扩体桩水平承载力设计值与临界荷载吻合。

7.3.3 水泥砂浆扩体桩水平承载力计算方法

水泥砂浆扩体桩在达到破坏荷载前，作为整体受力，根据足尺试验，2根水泥砂浆扩体桩的水平临界荷载为80kN（地面水平位移8mm），极限荷载分别为100kN和120kN。水泥砂浆扩体桩的极限荷载分别为临界荷载的1.25倍和1.5倍，为使安全系数不小于2.0，故折减系数分别为0.625和0.75。保守取较小值0.625作为折减系数。

水泥砂浆扩体桩的水平承载力设计值公式与水泥土扩体桩相同［式（7.16）］，水泥砂浆扩体桩水平承载力特征值公式：

$$R_{ha} = 0.625 \frac{\alpha^3 EI}{\nu_x} \chi_{0a} \qquad (7.18)$$

$$EI = 0.85E_c I_0 + 0.85E_1 I_1 \qquad (7.19)$$

式中 EI ——水泥砂浆刚度与管桩刚度之和；

       E_1 ——水泥砂浆弹性模量；

       I_1 ——水泥砂浆截面惯性矩；

其余参数与水泥土扩体桩相同。将足尺试验水泥砂浆扩体桩参数代入式（7.16），得水平承载力设计值为85kN，与实测临界荷载80kN相差约6%。

与水泥土扩体桩计算过程相同，考虑了水泥砂浆刚度的水平承载力设计值与实测临界荷载值吻合度较高。

7.4 扩体桩水平加载工程试验

7.4.1 概述

为适应支护工程应用的需要，对扩体桩施工关键技术及其水平承载性能开展试验研究，共进行单桩、三桩、连续咬合五桩的现场试验。试验表明：复合管桩水平向承载力随着桩数的增多，桩间土拱效应发挥明显，承载力较单桩有显著增强；当桩间设置咬合素桩时，复合桩能够发挥更大的水平承载力。分析认为，管桩外包裹的水泥砂浆混合料不仅增加了迎土面受力面积，也通过增加与土的粘结强度和限制管桩受拉区开裂，提高了管桩的水平承载力，研究成果可供工程设计参考。

水泥砂浆混合料复合管桩，由钻孔后泵送水泥砂浆混合料与同心植入的预应力高强混凝土管桩（以下简称"管桩"）组合而形成，具有水泥土复合管桩的技术特点[15]，又具有能够发挥包裹材料本身强度的优势，同时施工现场无泥浆排放，具有施工速度快的优势。

水泥砂浆复合管桩与灌注桩、管桩、水泥土复合管桩等技术相比，可大量节省钢材、砂石等原材料，减少硫及 CO_2 排量，施工现场无泥浆排放污染、噪声污染与挤土效应，符合国家"四节一环保"政策，应用前景十分广阔。

目前，关于包裹材料影响管桩水平承载力的研究较少。万征、秋仁东[16] 通过分析某地区冲孔灌注桩水平静载试验结果，对桩侧、桩端后注浆技术在冲孔灌注桩承受水平荷载工况下的应用效果进行了试验研究，结果表明：冲孔灌注桩水平承载力特征值、临界值以及极限值主要取决于桩土之间的相互作用；通过比较单桩与后注浆单桩试验结果，后注浆桩基水平临界荷载提高了 25%，极限荷载提高了 14.3%；后注浆单桩桩侧土水平抗力系数的比例系数提高了 57%；对于双桩承台，后注浆承台实测值相对比于未注浆承台的计算值，其水平临界荷载值提高了 33.7%。翁雅谷、王欢、何奔、陈国兴[17] 通过现场全尺度水平加载试验来研究分析高压旋喷桩加固后灌注桩在软土中的水平静力加载性能，结果表明：将沿深度 5D 和 7.5D（D 为灌注桩桩径）范围内的土体进行高压旋喷桩加固后，灌注桩水平承载力分别提高了 2/3 和 1 倍，并且其桩身弯矩显著下降。王安辉、章定文、刘松玉等[18] 通过在水泥土搅拌桩中插入预制混凝土管桩（PHC 管桩），采用混凝土塑性损伤模型，利用 ABAQUS 软件建立了 SCP 桩–土共同作用三维数值分析模型，对比分析 SCP 桩和 PHC 管桩在水平荷载作用下的荷载–位移曲线、桩身位移与弯矩、桩侧土水平抗力等，得到桩周水泥土桩加固对 PHC 管桩水平承载特性的影响，研究了水泥土桩设计参数对 SCP 桩水平承载特性的影响规律，结果表明：水泥土桩加固后，PHC 管桩的水平极限承载力提高了 40%，桩身最大弯矩减少 20%。文献［19］针对深厚土层中后注浆超长灌注桩的水平承载问题，结合工程实例，研究了后注浆单桩水平承载规律。通过现场水平静载试验，实测得到了试桩桩顶位移、转角、残余变形与水平荷载的关系，分析了后注浆桩身内力及桩侧土抗力分布特点，比较了有无后注浆情况下的单桩临界水平承载力大小。结果表明：已有规范方法可以对后注浆单桩临界水平承载力、极限水平承载力给出合理的判定，水平加载条件下后注浆桩侧土体抗力比例系数与桩顶位移呈非线性关系，桩侧、桩端后注浆技术可显著提高灌注桩单桩临界水平承载力，较无后注浆桩体提高约 20%。文献［20］基于自主发明的基桩双向复合试验加载装置，通过足尺现场试验，研究了竖向与水平复合荷载作用下后注浆灌注桩的承载性能。结果表明：后注浆灌注桩在桩顶施加竖向荷载时，水平临界荷载 H_{cr} 和水平极限荷载 H_u 都有一定的提高，并且最大水平承载力优于同条件下未注浆灌注桩；水平荷载施加到破坏荷载值时，基桩的沉降增量与桩顶竖向荷载大小有直接关系，当竖向承载接近极限荷载时，复式后注浆灌注桩及未注浆灌注桩沉降量均增加较大，但未注浆灌注桩反应更加敏感，竖向位移变化量较复式注浆桩更大。文献［21］通过 4 组输变电工程为注浆灌注桩和后注浆灌注桩进行了水平静载荷试验，结果表明后注浆灌注桩水平承载力提高了 29%。

以上研究成果说明了混凝土桩周进行注浆或一定材料的包裹，可以提高其抗弯承载力，可供参考。本节通过现场试验，研究水泥砂浆混合料包裹预应力管桩形成的组合截面桩水平向承载机理，为该类桩在桩基工程、支护工程中的应用提供依据。

7.4.2 工程背景

拟建郑州市 107 辅道快速化工程（金水东路—商都路）段为双向八车道浅埋隧道形

式，拟设计标段为 K13+100～K13+178.6 段，位于莲湖路与 107 辅道交叉口南侧，场地自然地面整平至 85.9mm，基坑深度 9.95～11.02m。结合该工程，本次共进行两组 6 根复合管桩施工，试桩概况详见表 7.4。

现场试桩情况说明 表 7.4

试桩桩号	桩长(m)	桩径(mm)	管桩型号	备注
1	15.00	600	PRC-Ⅰ500AB100	长螺旋成孔灌浆后植入
2	15.00	600	PRC-Ⅰ500AB100	长螺旋成孔灌浆后植入
3	15.00	600	PRC-Ⅰ500AB100	长螺旋成孔灌浆后植入
4	15.00	800	PRC-Ⅰ500AB100	长螺旋成孔灌浆后植入
6	15.00	800	PRC-Ⅰ500AB100	长螺旋成孔灌浆后植入
8	15.00	800	PRC-Ⅰ500AB100	长螺旋成孔灌浆后植入

7.4.2.1　地质及地层概况

地层情况如下：

①杂填土（Q_4^{ml}），部分道路表层为柏油路面，厚约 30cm，下部为灰土垫层及人工回填粉土，含少量碎石、砖块等建筑垃圾，绿化带、施工区等场地主要为新近回填粉土，稍湿，结构松散，局部含碎砖块、混凝土块等建筑垃圾，力学性质不均匀。

②粉土夹粉砂（Q_4^{al}），地层呈褐黄色，稍湿，中密，干强度低，韧性低，无光泽，偶见黑色腐殖质斑点，局部夹粉砂，稍湿，稍密。

③粉土夹粉质黏土（Q_4^{al}），地层呈褐黄色～褐灰色，稍湿～湿，稍密～中密，干强度低，无光泽，偶见少量蜗牛壳碎片，局部夹粉质黏土，褐灰色，软塑。该层场地不连续分布，厚度 0.3～2.60m。

④粉土夹粉质黏土（Q_4^{al}），地层呈褐灰色，稍湿～湿，中密～密实，触摸有砂感，干强度低，韧性低，无光泽，偶见少量蜗牛壳碎片，夹粉质黏土，可塑，局部夹粉砂薄层，湿，中密。该层场区连续分布，厚度 2.2～7.0m。

④$_1$粉质黏土夹粉土（Q_4^{al}），地层呈褐灰色，可塑状，切面稍有光泽，干强度中等，韧性中等，偶见少量蜗牛壳碎片，局部夹粉土，湿，中密。该层为④层中的夹层，场地不连续分布，厚度 0.6～2.2m。

④$_2$粉土夹粉砂（Q_4^{al}），地层呈褐灰色，湿，密实，有砂感，干强度低，韧性低，无光泽，偶见少量蜗牛壳碎片，夹粉砂薄层，饱和，中密。该层场地不连续分布，厚度 1.3～4.0m。

⑤粉质黏土夹粉土（Q_4^{al}），地层呈褐灰色～灰黑色，局部灰黄色，软塑～可塑，切面有光泽，干强度中等，韧性中等，含较多腐殖质和蜗牛壳碎片，含少量钙质结核，局部夹粉土，湿，中密，局部存在淤泥质土夹层，流塑状。该层场地内连续分布，厚度 0.9～7.0m。

⑥细砂（Q_4^{al}），地层呈褐灰色，灰黄色，饱和，密实为主，主要矿物成分为石英、长石，偶见螺壳碎片，局部夹粉砂，饱和，密实。该层场地内连续均匀分布。厚度 7.2～13.8m。

7.4.2.2　水文地质概况

场地地下水类型可分为潜水及微承压水；施工期间全标段潜水水位埋深约为自然地面下 15m。

7.4.3 水泥砂浆混合料复合管桩施工工艺

7.4.3.1 施工工艺流程

复合桩钻孔植入施工工艺流程（图7.36）如下：

长螺旋钻孔机就位→钻孔→灌注混合料→提出钻杆→吊机配合插桩机管桩就位→高频振动插桩→施工完成。

7.4.3.2 施工要点

1. 施工装备

采用长螺旋成孔，水泥砂浆混合料采用混凝土泵送方式，植桩采用插桩机配合吊车，另配置推土铲车一台（图7.37）。

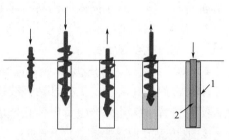

1—M15水泥砂浆混合料；2—预应力管桩

图7.36 复合桩钻孔植入施工工艺流程

2. 成孔质量控制

1）钻深测定。用测深绳（锤）或手提灯测量孔深及虚土厚度。虚土厚度等于钻孔深的差值。虚土厚度一般不应超过10cm。

2）孔径控制。钻进遇有含石块较多的土层或含水量较大的软塑黏土层时，必须防止钻杆晃动引起孔径扩大，致使孔壁附着扰动土和孔底增加回落土。

图7.37 施工现场

3）孔底土清理。钻到预定的深度后，必须在孔底处进行空转清土；然后停止转动，提钻杆，不得曲转钻杆。孔底的虚土厚度超过质量标准时，要分析原因，采取措施进行处理。进钻过程中散落在地面上的土，必须随时清除运走。

4）移动钻机到下一桩位。经过成孔检查后，应填好桩孔施工记录；然后盖好孔口盖板，并防止在盖板上行车或走人；最后再移走钻机到下一桩位。

3. 泵送砂浆及放置管桩

1）移走钻孔盖板，再次复查孔深、孔径、孔壁、垂直度及孔底虚土厚度。有不符合质量标准要求时，应处理合格后再进行下道工序。

2）成孔质量满足设计要求后，将钻杆放置设计标高，按设计要求泵送砂浆至设计标高，然后吊放管桩。吊放管桩时，要对准孔位，吊直扶稳，缓慢下沉，避免碰撞孔壁。管桩放到孔内，靠自重下沉至稳定后进行压桩作业，将管桩压至设计标高。压桩过程中要控制好桩身垂直度，防止插偏和插斜，保证压桩质量。

3）压桩过程中，对于未压至设计标高管桩可以待其余桩位压至设计标高后进行二次压桩，直至压桩至设计标高。

4）对于有地下水的地层区域，应在引孔至设计标高后泵送砂浆至设计标高。在饱和软土中长螺旋钻孔由于桩机提升钻杆线速度太快，泵混凝土量与钻杆提升速度不匹配，在钻杆提升过程中钻孔内产生负压使孔壁坍塌，导致堵死钻门或产生"砂塞"现象。

4. 管内钻孔取芯

施工完成后对预应力管桩空心内水泥砂浆混合料进行了取芯检查，如图 7.38 所示。芯样在距离桩底以上 3m 处，强度特征较好，土塞效应明显。

图 7.38 现场取样

7.4.4 水平承载力现场试验结果及分析

7.4.4.1 现场复合管桩布设

现场安排施工桩位置如图 7.39 所示。

现场试验共分三种情况，分别为：600mm 孔径内插 C60 级 PRC500 管桩，开裂剪力设计值为 268kN，抗剪承载力设计值为 237kN，开裂弯矩为 151kN·m，弯矩设计值为 263kN·m；800mm 孔径内插 PRC500 管桩；800mm 孔径内灌水泥砂浆素桩，水泥砂浆混合料强度为 M15。

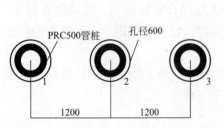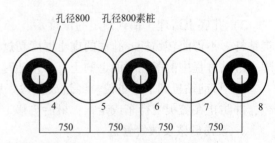

图 7.39 现场试桩施工平面布置

600mm 桩孔施工顺序为 1→3→2。

800mm 桩孔施工顺序为 4→8→6→5→7。其中 5 号桩与 7 号桩为素桩，直接灌注水泥砂浆混合料浆完成。

分别对复合管桩进行单桩水平向静载试验，三桩水平荷载试验，连续桩墙水平向静载试验。结果如表 7.5、图 7.40 所示。

水平试验数据汇总　　　　　　　　　　　　　　　　　表 7.5

试桩桩号	2 单桩							
荷载(kN)	0	100				150		200
本级位移(mm)	0	9.43				27.25		15.14
累计变形(mm)	0	9.43				36.68		51.82
试桩桩号	1、2、3 三桩整体							
荷载(kN)	0	120	180	240	300	360	420	480	540
本级位移(mm)	0	4.74	0.99	1.13	1.28	0.04	2.03	2.56	4.46
累计位移(mm)	0	4.74	5.73	6.86	8.14	8.18	10.21	12.77	17.23
试桩桩号	4、5、6、7、8 连续桩墙整体							
荷载(kN)	0	200	300	400	500	600	700	800	900
本级位移(mm)	0	0.86	1.03	0.96	1.22	1.14	3.89	9.79	13.26
累计变形(mm)	0	0.86	1.89	2.85	4.07	5.21	9.10	18.89	32.15

7.4.4.2　试验结果分析

由图 7.40 可知，桩径 600mm 复合桩单桩在累积位移为 9.43mm 时，达到开裂弯矩 151kN·m，水平承载力为 100kN；由三根复合单桩共同组成的单排复合桩群桩试验荷载-位移曲线为缓变形，累积位移为 10.00mm 时，水平承载力可取 420kN，平均单桩水平承载力为 140kN。同样，由图 7.40 可知，三根复合桩及止水桩共同组成的单排连续群桩的水平试验荷载-位移曲线为缓变形，取位移为 10.00mm，承载力为 720kN，不考虑水泥砂浆混合料水平承载力的作用，平均单桩承载力为 240kN，接近管桩抗剪承载力设计值 237kN。

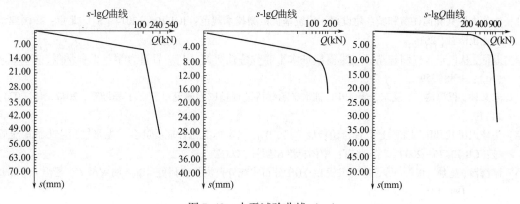

图 7.40　水平试验曲线（一）

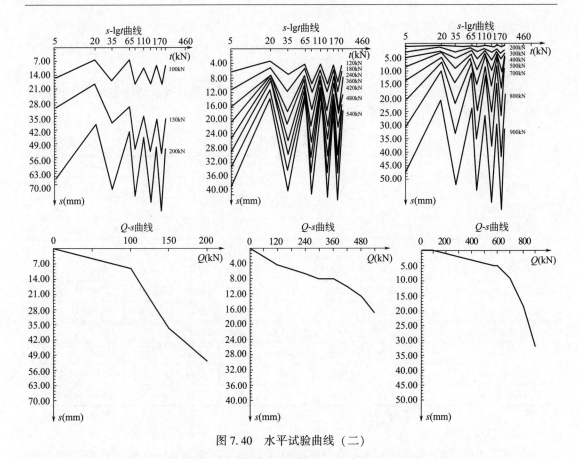

图 7.40 水平试验曲线（二）

由多根复合桩组成的排桩水平承载力大于各单根桩之和，说明一方面桩间的土拱效应发挥了一定作用，另一方面包裹的水泥砂浆混合料对管桩受拉区应力具有降低作用，限制了桩身开裂，从而提高了管桩水平承载力。包裹材料通过增加桩径更好地发挥排桩间土拱效应，通过增加桩径和提高桩侧抗剪强度，增加被动区阻抗宽度和深度[20]，提高了土体抗力，从而提高排桩水平承载力。

本章参考文献

[1] 中华人民共和国住房和城乡建设部. 建筑基桩检测技术规范：JGJ 106—2014 [S]. 北京：中国建筑工业出版社，2014.

[2] 万征，秋仁东. 桩侧桩端后注浆灌注桩水平静载特性研究 [J]. 岩石力学与工程学报，2015，34 (S1)：3588-3596.

[3] 宋义仲，程海涛，卜发东，等. PPC 桩水平承载机理现场试验研究 [J]. 工程勘察，2017，45 (07)：14-19.

[4] 中华人民共和国国家质量监督检验检疫总局，中国国家标准化管理委员会. 先张法预应力混凝土管桩：GB 13476—2009 [S]. 北京：中国标准出版社，2009.

[5] 隋海波，施斌，张丹，等. 基坑工程 BOTDR 分布式光纤监测技术研究 [J]. 防灾减灾工程学报，2008 (02)：184-191.

[6] 魏广庆，施斌，贾建勋，等. 分布式光纤传感技术在预制桩基桩内力测试中的应用 [J]. 岩土工程学

报, 2009, 31 (06): 911-916.

[7] 陈文华, 王群敏, 张永永. 分布式光纤传感技术在桩基水平载荷试验中的应用 [J]. 科技通报, 2016, 32 (08): 73-76.

[8] 张孟环. 劲性复合桩的水平承载特性及其实用计算方法 [D]. 南京: 东南大学, 2019.

[9] 中兵勘察设计研究院有限公司, 南京大学. 基桩分布式光纤测试规程: T/CECS 622—2019 [S]. 北京: 中国建筑工业出版社, 2019.

[10] 山东省建筑科学研究院, 中建八局第一建设有限公司. 水泥土复合管桩基础技术规程: JGJ/T 330—2014 [S]. 北京: 中国建筑工业出版社, 2014.

[11] 中华人民共和国住房和城乡建设部. 建筑桩基技术规范: JGJ 94—2008 [S]. 北京: 中国建筑工业出版社, 2008.

[12] 黄晓亮, 岳建伟, 李连东, 等. 组合桩地基土水平抗力系数的比例系数 m 的计算方法 [J]. 岩土工程学报, 2011, 33 (S2): 192-196.

[13] 中华人民共和国住房和城乡建设部. 预应力混凝土管桩技术标准: JGJ/T 406—2017 [S]. 北京: 中国建筑工业出版社, 2017.

[14] 李立业. 劲性复合桩承载特性研究 [D]. 南京: 东南大学, 2016.

[15] 宋义仲, 程海涛, 卜发东. 管桩水泥土复合基桩工程应用研究 [J]. 施工技术, 2012, 41 (360): 89-99.

[16] 万征, 秋仁东. 桩侧桩端后注浆灌注桩水平静载特性研究 [J]. 岩石力学与工程学报, 2015, 34 (S1): 3588-3596.

[17] 翁雅谷, 王欢, 何奔, 陈国兴. 高压旋喷桩加固后桩基水平静载原位试验研究 [J]. 公路交通技术, 2015 (05): 48-52.

[18] 王安辉, 章定文, 刘松玉, 等. 水平荷载下劲性复合管桩的承载特性研究 [J]. 中国矿业大学学报, 2018, 47 (04): 853-861.

[19] 李洪江, 童立元, 刘松玉, 等. 后注浆超长灌注桩水平承载特性现场试验研究 [J]. 建筑结构学报, 2016, 37 (06): 204-211.

[20] 郭院成, 张景伟, 周同和. 竖向与水平复合荷载作用下后注浆灌注桩承载性能试验研究 [J]. 世界地震工程, 2013, 29 (04): 38-45.

[21] 陈培, 苏荣臻, 姜宏玺. 输电线路后注浆灌注桩基础试验研究 [J]. 建筑科学, 2012, 28 (09): 60-63.

第8章　碎砖废玻璃混凝土扩体材料试验研究

8.1　概　　述

扩体桩作为新型桩，由预制芯桩和扩体材料组合而成，其各部分组成和施工工艺在很大程度上提高了桩的承载性能。传统的灌注桩质量问题多；预制桩由于施工时对环境的影响，应用范围受到限制。扩体桩能够解决上述两种桩各自的缺点，并且在施工过程中，通过预制桩的植入对周围的包裹材料产生挤压效应，能够使桩侧阻力有较大提升，进而提供更大的承载力。另外在生态环境保护和城镇化速度加快的背景要求下，如何不破坏环境并将城镇化中的建筑垃圾合理地吸纳处理、变废为宝，是值得探讨的问题。将碎砖应用到扩体桩的扩体材料中，不仅能够解决建筑垃圾处理问题，而且减少资源消耗，降低基础工程的造价。

从环境保护和扩体桩应用发展这两个大背景出发，以理论试验为基础，对建筑碎砖和废玻璃作为扩体桩的扩体材料进行了试验研究。对《根固混凝土桩技术规程》的研究编制、根固混凝土桩技术的推广应用及岩土工程节能减排具有重要的意义。主要的研究内容及成果如下：

（1）首先进行了材料的处理，对各种材料的基本性能进行测定，通过设立基准组，利用正交试验研究不同掺量碎砖、废玻璃、水胶比、硅灰对混凝土材料的强度、流动性、密度等性能的影响，发现不同配合比中各因素对混凝土性能影响的主次顺序，不同材料掺量对混凝土影响的规律性。

（2）以 C15 细石混凝土扩体材料性能为对照组，进行了 16 组配合比性能检测，以强度、流动性、表观密度为筛选条件，选出满足扩体材料要求的最优配合比 A3B3C1D4，即碎砖骨料掺量 75%、废玻璃骨料掺量 75%、水胶比 0.6、硅灰掺量 6%。

（3）进行扩体材料与土的界面强度研究，分析在不同法向荷载作用下和不同扩体材料与土界面的剪切强度，研究了抗剪强度发生软化的影响因素，并且发现碎砖废玻璃混凝土在剪切过程中抗剪强度发生了强化，推导出不同扩体材料与土的剪切强度公式，为新型绿色扩体材料在基坑工程中的应用提供了理论支持。

（4）对芯桩与不同扩体材料之间的粘结强度进行了测定，采用扩体桩模型，利用万能机及特制的新型构件进行对比研究，发现碎砖废玻璃混凝土扩体粘结强度与 C15 混凝土 28d 时粘结强度变化规律相同、粘结强度接近。

（5）利用 DIC 技术对（A3B3C1D4）碎砖废玻璃骨料混凝土、C15 混凝土、水泥土扩体桩在芯桩受到荷载作用时表面变形进行检测，得到材料各点的微应变云图（Exx）、初始与末期的水平距离变化云图（X）、各微分点位移（DX）云图，分析扩体表面随荷载增加时变形情况，研究芯桩发生位移时扩体材料的破坏过程，推测出可能发生的破坏模式，发现三者的破坏形式相同，表明碎砖废玻璃混凝土性能良好，可用于替代 C15 混凝土。

8.2 试验材料与试验方案设计

8.2.1 试验材料与配合比设计

8.2.1.1 碎砖及玻璃骨料

1）碎砖骨料

（1）所用的砖为楼房改造拆除的红黏土碎砖，如图 8.1 所示。

（2）采用的设备为小型锤式破碎机 200-300 型（图 8.2），其筛条间隙为 8mm。优点是能够满足制备碎砖骨料和玻璃骨料；缺点是由于破碎机不能将较小的颗粒筛出，在经过破碎机制备碎砖骨料时，破碎后的颗粒（图 8.3a）需要通过人工将较小的颗粒筛出，采用的筛子直径为 10 目，通过筛分得到碎砖骨料（图 8.3b）和砖粉（图 8.3c）。

图 8.1 红黏土碎砖

图 8.2 小型锤式破碎机 200-300 型

(a) 混合颗粒

(b) 碎砖骨料

(c) 砖粉

图 8.3 碎砖骨料筛分

2）玻璃骨料

（1）试验所用玻璃来自装修拆除的废玻璃（图 8.4），其中不包含钢化玻璃，在破碎之前需要将杂质进行筛检去除。

（2）在粉碎玻璃时，由于锤式破碎机效率高，在前期废玻璃破碎时仍然使用小型锤式破碎机 200-300 型（图 8.2）。根据文献 [1] 选取筛孔直径为 20 目的筛子进行筛分处理，其过程如图 8.5 所示，在通过 3~4 次循环后，得到满足试验要求的玻璃粒径，剩余少量的大粒径玻璃，通过采用 SMϕ500×500mm 型号的球磨机进行粉碎，粉碎时间为 7min。

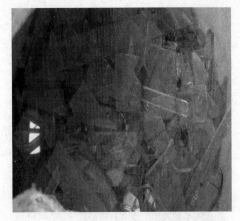

图 8.4　废玻璃

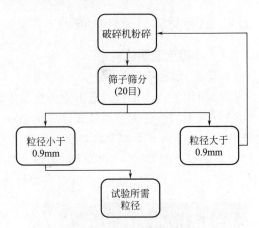

图 8.5　玻璃筛分流程

8.2.1.2　试验材料性能

（1）水泥

试验使用的水泥采用 42.5 普通硅酸盐水泥，水泥各项性能指标如表 8.1 所示，符合《通用硅酸盐水泥》GB 175—2007 规定的性能指标。

水泥各项性能指标　表 8.1

指标	单位	标准值	检测值	指标	单位	标准值	检测值
比表面积	%	≥300	353	烧失量	%	≤5.0	3
密度	kg/m³	—	3120	标准稠度用水量	%	—	25
初凝时间	min	≥45	113	氯离子	%	≤0.06	0.02
终凝时间	min	≤600	217	3d 抗折强度	MPa	≥3.5	6.5
煮沸安定性	—	合格	合格	28d 抗折强度	MPa	≥6.5	9.3
氧化镁	%	≤5.0	3.3	3d 抗压强度	MPa	≥17	30.6
三氧化硫	%	≤3.5	2.6	28d 抗压强度	MPa	≥42.5	57.5

（2）粗骨料

本试验采用的粗骨料可分为天然粗骨料与碎砖粗骨料，天然粗骨料为石灰石碎石。粗骨料主要包括制备芯桩（图 8.6a）、制备细石混凝土（图 8.6b）、制备再生混凝土的碎砖骨料（图 8.6c），细石和碎砖的粒径分布如图 8.7 所示，其中细石和碎砖小于 2mm 的占比分别为 1.2%、19.7%。

通过参照《建设用卵石、碎石》GB/T 14685—2011[2]、《混凝土用再生粗骨料》GB/T

25177—2010[3] 的标准试验步骤，对天然粗骨料以及由碎砖制备的碎砖粗骨料进行一些基本性能的检测。试验采用的骨料状态均为自然状态，其基本性能结果如表 8.2 所示。需要指出的是碎砖在 5min 时的吸水率达到了 24.7%，芯桩大粒径石子吸水率为 0.9%。

(a) 粗骨料　　　　　　　　(b) 细石粗骨料　　　　　　　　(c) 碎砖骨料

(d) 砂　　　　　　　　　　(e) 废玻璃

图 8.6　骨料

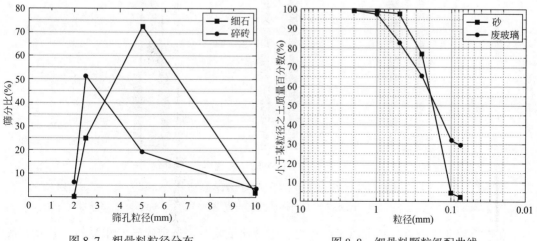

图 8.7　粗骨料粒径分布　　　　　　　图 8.8　细骨料颗粒级配曲线

粗、细骨料基本性能指标　　　　　　　　　　　　表 8.2

材料	自然堆积密度(kg/m^3)	振实堆积密度(kg/m^3)	含水率(%)	吸水率(24h)
细石	1528.4	1646.8	0.06	0.9%
碎砖	1021.6	1127.9	2.66	34.0%
砂	1496.5	1671.0	0.03	17.0%
废玻璃	1267.4	1648.9	0.03	11.6%

（3）细骨料

试验采用的细骨料为天然河砂（图 8.6d）和废玻璃（图 8.6e），属于中砂，通过参考《建设用砂》GB 14684—2011[4] 标准试验方法对其基本性能进行检测，各项指标如表 8.2 所示，两者的颗粒级配如图 8.8 所示，其中粒径小于 0.075mm 砂、废玻璃占比分别为 2.5%、29.4%。

（4）水

水：采用实验室内的自来水。满足《混凝土用水标准》JGJ 63—2006[5] 的相关规定。

（5）外加剂

减水剂采用聚羧酸高效减水剂，其掺量为胶凝材料的 1.8%，粉煤灰为 F 类二级粉煤灰，硅灰中二氧化硅的掺量为 96.74%，其他成分含量见表 8.3。

硅灰各成分含量　　　　　　　　　　　　表 8.3

组成	SiO_2	Al_2O_3	Fe_2O_3	MgO	CaO	Na_2O	pH 中性
含量(%)	96.74	0.32	0.08	0.10	0.11	0.99	

8.2.1.3　配合比设计

现有的扩体材料一般为水泥土、低强度等级混凝土、水泥砂浆，如图 8.9 所示。

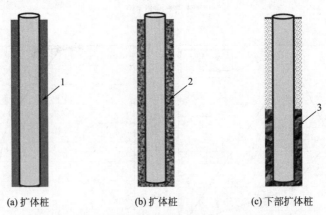

(a) 扩体桩　　　　　　(b) 扩体桩　　　　　　(c) 下部扩体桩

1—水泥土；2—细石混凝土或水泥砂浆混合料；3—水泥土或混凝土

图 8.9　不同扩体材料和扩体形式

在进行碎砖废玻璃骨料混凝土扩体材料配合比试验时，选定碎砖（粗骨料）掺量、废玻璃（细骨料）掺量、水胶比、硅灰掺量作为配合比试验中的影响参数，每个参数选择4个水平，如表8.4所示。其他材料用量取值如下：单方用水量取190kg、减水剂取0.116kg（凝胶掺量的1.8%）。根据正交试验方法，利用 $L_{16}(5^4)$ 设计四因素四水平正交表，得到16组不同的配合比设计。每组混凝土的单方用量如表8.5所示。

碎砖废玻璃扩体材料正交试验因素与水平　　　　　　　　　　表8.4

水平	因素			
	碎砖掺量（A）	废玻璃掺量（B）	水胶比（C）	硅灰掺量（D）
1	25%	25%	0.6	0%
2	50%	50%	0.65	2%
3	75%	75%	0.7	4%
4	100%	100%	0.75	6%

碎砖废玻璃扩体材料正交试验配合比设计（kg/m^3）　　　　　　表8.5

编号	正交设计	水	砖骨料	玻璃骨料	细石	砂	水泥	硅粉	粉煤灰	减水剂	水胶比
0	—	190	0	0	920	900	310	0	80.0	7.02	0.48
1	A1B1C1D1	190	230	225	690	675	248	0	69.0	7.02	0.60
2	A1B2C2D2	190	230	450	690	450	222	5.84	64.3	7.02	0.65
3	A1B3C3D3	190	230	675	690	225	201	10.85	60.0	7.02	0.70
4	A1B4C4D4	190	230	900	690	0	180	15.20	58.0	7.02	0.75
5	A2B1C2D3	190	460	225	460	675	217	11.70	64.30	7.02	0.65
6	A2B2C1D4	190	460	450	460	450	228	19.00	70.0	7.02	0.60
7	A2B3C4D1	190	460	675	460	225	195	0	58.0	7.02	0.75
8	A2B4C3D2	190	460	900	460	0	206	5.42	60.0	7.02	0.70
9	A3B1C3D4	190	690	225	230	675	192	19.28	58.0	7.02	0.75
10	A3B2C4D2	190	690	450	230	450	185	10.13	58.0	7.02	0.75
11	A3B3C1D2	190	690	675	230	225	241	6.33	70.0	7.02	0.60
12	A3B4C2D1	190	690	900	230	0	228	0	64.3	7.02	0.65
13	A4B1C4D2	190	920	225	0	675	193	5.07	56.0	7.02	0.75
14	A4B2C3D1	190	920	450	0	450	211	0	60.0	7.02	0.70
15	A4B3C2D4	190	920	675	0	225	210	17.53	64.3	7.02	0.65
16	A4B4C1D3	190	920	900	0	0	234	12.67	70.0	7.02	0.60

8.2.2　试验方案

试验主要包含四部分。

第一部分：碎砖废玻璃扩体材料的配合比设计试验主要参考《普通混凝土配合比设计规程》JGJ 155—2011[6]，其中基本力学性能试验主要参考《普通混凝土物理力学性能试验方法标准》GB/T 50081—2019[7] 由于试验变量与内容较多，详细内容将在第 8.3 节进行介绍。

第二部分：主要包括扩体材料与土界面剪切破坏的试验，主要参考《土工试验方法标准》GB/T 50123—2019。

第三部分：芯桩制作、采用新的方法进行了芯桩与三种不同包裹材料（碎砖废玻璃混凝土、C15 混凝土、水泥土）之间的粘结强度试验。

第四部分：结合 DIC 对扩体材料表面变形进行监控，分析扩体受力与形变特点。

8.2.2.1　混凝土强度试验方案

1. 立方体抗压强度试验

立方体抗压强度试验主要采用边长为 100mm 的立方体试块，在温度为 20±2℃、湿度不低于 95% 的养护室内养护。加载时修正系数为 0.95，每组包含 9 个试件，分别测定各组 3d、14d、28d 轴向抗压强度。本试验采用的是 3000kN 的电液伺服压力试验机，根据标准试验方法进行检测，在进行配合比设计试验时，立方体轴向抗压强度试验采用 0.5MPa/s，加载装置如图 8.10 所示。

图 8.10　抗压强度试验加载装置

2. 再生混凝土抗折强度试验

抗折强度试验采用的试件尺寸为 100mm× 100mm×400mm，每组试件为 3 块。试验在万能机上进行。按照试验标准进行弯曲性能及抗折强度试验。在试验过程中采用四点加载方式，底部两支座的跨度为试块高度的 3 倍，即 300mm。试验加载装置如图 8.11 所示。

试验结果处理，有：

$$f_t = \frac{FL}{bh^2} \tag{8.1}$$

式中　f_t——混凝土抗折强度（MPa），计算结果精确到 0.1MPa；

　　　F——试件破坏时的荷载（N）；

　　　L——支座间跨度（mm）；

　　　b——试件截面宽度（mm）；

　　　h——试件截面高度（mm）。

8.2.2.2　扩体材料与土界面抗剪强度试验方案

主要通过室内直剪试验来研究不同扩体材料与土接触面的力学特征，通过直剪试验，能够清晰地得到不同条件下的影响规律变化。试验使用直剪仪（图 8.12a），在进行接触面剪切试验时，首先需要进行土体试块的制作，主要使用工具如图 8.12（b）所示。在土体试块与 C15 混凝土试块、A3B3C1D4 碎砖废玻璃混凝土、水泥土试块制作完成后，使用保鲜膜将试块包裹，将其放到 20℃ 左右的室温内，在进行土和扩体材料接触面的剪切试验时，首先将下剪切盒内换成扩体试块，然后将土体试块装入到上剪切盒中。分别在法向压力为 50kPa、100kPa、200kPa、300kPa 时预压 2h，待土体变形稳定后再进行剪切试验。试验采用位移加载控制方式，剪切速率为 0.08mm/min，待压力表稳定后终止试验。

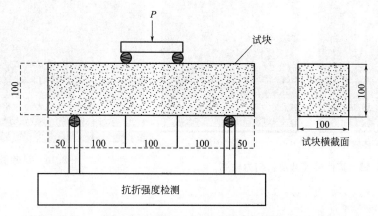

图 8.11　抗折强度试验加载装置

(a) 剪切仪及配重　　　　　　　　　(b) 土试块的制备

图 8.12　直剪试验设备

8.2.2.3　扩体材料与芯桩混凝土粘结强度试验方案

扩体桩主要由预制桩和扩体材料组成，本试验主要是通过一种新的方法对芯桩与 3 种扩体材料之间的粘结力进行测定。

首先进行扩体桩的制作，根据检测设备的尺寸限制，本试验总共制作了 5 个预制直径为 100mm，高为 350mm 的混凝土芯桩，如上所述浇筑了 5 个包裹材料高为 200mm、外径为 300mm 的扩体桩模型（图 8.13a），除了水泥土根固扩体桩模型外，每种扩体材料制作两个，分别研究其 7d 和 28d 的粘结性能。在模型扩体桩养护完成后，利用万能机对预制桩芯施加竖向荷载（图 8.13b），结合设计的底座（图 8.14）进行粘结力检测，相较于传统的"Z"形检测的方法，此构件进行桩芯与扩体材料之间粘结力检测更加贴近实际，更加方便，能够清晰地观测到加载各方向的形变及预制芯桩与扩体材料界面的破坏过程。

(a) 养护中的扩体桩模型　　　　(b) 粘结力检测

图 8.13　扩体桩模型及粘结力检测

图 8.14　试验底座

8.3　碎砖废玻璃骨料混凝土配合比试验

根据扩体桩对扩体材料强度、流动性、表观密度的要求，目前所使用的 C15 细石混凝土表观密度较大。水泥土虽然均匀性优于细石混凝土，但是其强度较低，另外由于水胶比过大的问题，会引起扩体材料的后期干裂和收缩，降低对扩体材料的挤密效应。本章在进行碎砖、废玻璃最适配合比研究时，以扩体材料的性能要求作为前提。本章主要利用 $L_{16}(5^4)$ 正交试验进行最优配合比的研究，考虑到在试验时降低水胶比、砖和玻璃骨料的掺入将影响原始混凝土的强度，因此以水胶比 0.45、减水剂掺量为 1.8% 的 C30 细石混凝土作为原始基准配合比。另外为解决碎砖骨料表面多孔隙、强度低、吸水率大的问题，通过包浆和利用附加用水量的方法对其进行处理。对不同掺量碎砖骨料、废玻璃骨料、水胶比、硅灰组成的混凝土（7d、14d、28d）强度、流动性、表观密度进行检测和理论分析，得出不同因素对混凝土性能影响的显著规律性，选出满足扩体材料要求的最适配合比。

8.3.1　碎砖废玻璃骨料混凝土配合比正交试验

众所周知，在混凝土设计中水胶比是重要的参数，其直接影响扩体材料的流动性、强度等工作性能。当水胶比增大时，可以明显降低混凝土的强度及和易性。对于传统的骨料由于自身密度较大，在增加水胶比、减小扩体材料强度时，容易产生骨料下沉离析，导致扩体包裹材料的不均匀，而碎砖骨料、玻璃骨料密度远小于传统的砂石骨料，并且在经过破碎机后形成的骨料颗粒多近似于球形，在水胶比较大的情况下，增加了扩体材料的施工性能，此外砖中含有大量的铝化物能够抑制玻璃产生碱硅酸反应发生。本试验以玻璃作为细骨料，粒径均小于 0.9mm，在搅拌时能够增加混凝土的流动性能研究[8]。随着碎砖骨料的增加会导致流动性下降[9]，本节通过加入不同比例的硅灰和其他外加剂来增加材料的流动性和工作性能，随着硅灰的加入也可抑制硅酸盐反应[10]，并且在一定掺量下能够使碎砖废玻璃骨料混凝土材料强度有所提高，节约水泥用量，降低造价。

因此在进行碎砖废玻璃骨料混凝土配合比试验时，通过对表 8.6 中 16 组配合比的性能进行检测，主要测定各组配合比的拌合物坍落度、表观密度，以及每组浇筑的 9 个边长为 100mm 的立方体试块和 3 个 100mm×100mm×400mm 长方体试块（7d、14d、28d）抗压强度、（28d）抗折强度，试验结果如表 8.6 所示。

正交试验结果　　　　　　　　　　　　　　　　　　　表 8.6

| 编号 | 因素 | | | | 抗压强度（MPa） | | | 抗折强度（MPa） | 坍落度 | 表观密度 |
	A	B	C	D	7d	14d	28d	28d	（mm）	（kg/m³）
0	0	0	0	0	21.2	26.1	31.1	4.6	230	2460
1	1	1	1	1	10.3	10.6	13.5	1.9	195	2238
2	1	2	2	2	8.1	12.5	14.4	1.7	200	2178
3	1	3	3	3	5.3	7.7	10.2	1.5	206	1975
4	1	4	4	4	7.5	9.1	13.2	1.4	203	1970
5	2	1	2	3	11.2	13.6	16.0	2.1	228	2078
6	2	2	1	4	10.9	12.4	16.6	2.7	209	2023
7	2	3	4	1	3.0	7.8	9.1	1.4	207	1921
8	2	4	3	2	5.4	6.4	7.6	1.5	218	1853
9	3	1	3	4	6.3	8.5	10.0	2.3	239	1985
10	3	2	4	3	4.6	5.9	6.4	1.6	245	1833
11	3	3	3	1	8.0	9.4	10.9	2.4	252	1895
12	3	4	2	1	5.5	6.9	7.3	2.2	230	1782
13	4	1	4	2	3.7	4.1	5.3	1.3	220	1890
14	4	2	2	3	3.5	4.2	5.1	1.5	240	1822
15	4	3	2	4	3.3	4.0	5.1	1.1	241	1778
16	4	4	1	3	5.7	8.1	9.0	2.1	228	1861

8.3.2　碎砖废玻璃骨料混凝土用于扩体材料性能分析

8.3.2.1　流动性

由表 8.6 可知，利用基准配合比进行正交试验，扩体材料流动性的最优掺量为 75%（碎砖骨料掺量）、75%（废玻璃骨料掺量）、0.6（水胶比）、2%（硅灰掺量），坍落度达到 252mm。在合适掺量下，由碎砖、废玻璃组成的扩体材料其流动性可接近或超过天然细石扩体材料。这说明由碎砖、废玻璃组成的扩体材料流动性可以满足根固桩扩体材料的设计要求。在配合比为 A3B3C1D2 时，其流动性达到最高的原因主要是各材料在不同掺量下存在过渡区，当碎砖和废玻璃掺量均达到 75% 时为两者的最适掺量。除水胶比和硅灰的影响外，主要是因为碎砖与细石骨料、废玻璃与砂骨料的粒径分布不同的影响，由第 2 章可知，砖骨料与天然细石骨料粒径大体上相似，但由于砖表面依附的细微颗粒，增加了小于2mm 的含量，玻璃经过粉碎处理后其粒径分布相对于砂较均匀，并且同砖骨料相似，微小颗粒的含量相较于砂占比较多。所以当砖与玻璃加入量小于最适掺量时，减小了细石与砂的含量，增加了微小颗粒的含量，增加了流动性。当超过合适值时，由于砖骨料继续增加，导致 2.5~5mm 的大颗粒含量增加，将减小扩体材料的流动性。因此由玻璃与砂粒径的结果可知，当碎砖骨料与废玻璃骨料超过最适掺量时，将导致扩体材料的流动性下降。

对不同配合比碎砖废玻璃扩体材料的流动性进行极差分析，结果见表 8.7。

正交试验流动性极差分析 表 8.7

因素	A	B	C	D
均值 1	201.00	220.50	221.00	218.00
均值 2	215.50	223.50	224.75	222.50
均值 3	241.50	226.50	225.75	226.75
均值 4	232.25	219.75	218.75	223.00
极差	40.50	6.75	7.00	8.75

由表 8.7 可知，对于不同配合比作用下的扩体材料的流动性，各因素影响的主次顺序为：碎砖骨料 > 硅灰 > 水胶比 > 废玻璃骨料。

根据极差分析的结果绘制因素-流动性趋势图（图 8.15）。可知，扩体材料的流动性随着各掺和料掺量的增加，流动性先增加后降低，B、C、D 三个因素对碎砖废玻璃扩体材料流动性的影响相对较为温和，流动性随着三者先缓慢增加，当达到最适值时流动性缓慢下降。流动性随着砖骨料（A 因素）含量的增加快速增长，当超过最佳值 75% 时流动性快速下降，出现这种情况的原因可能是在单方用水量不变的情况下，由于砖骨料采用附加用水量处理，在附加用水处理与搅拌过程中砖骨料发生吸水与析水反应，将导致流动性增加，当水胶比过大时，水泥用量减少较多，导致水泥砂浆的含量减小，增大了颗粒间的摩擦力，导致流动性先增大后减小。

砖骨料表面疏松多孔，通过 1/3 胶凝材料混合包浆后，硅灰由于粒径小、质地致密，能够填充砖骨料孔隙，并且硅灰中的 SiO_2 等硅酸盐玻璃体能够和水泥反应生成 C-S-H 凝胶增加骨料强度[11]，增加其流动性，并且经过包浆过后的碎砖粗骨料形状上接近球形，如图 8.16 所示。但是当硅灰掺量超过凝胶的 4% 时则会增加需水量，减小扩体材料的流动性。同理玻璃骨料中微小颗粒可以起到填充润滑作用。但是当玻璃细骨料掺量超过 75%时，增加了微小颗粒的量，需水量增加，从而减小了扩体材料的流动性。

方差分析结果如表 8.8 所示，砖骨料对扩体材料流动性的影响最为显著，玻璃细骨料、水胶比、硅灰影响并不显著。根据前面对砖骨料性能检测可知，砖骨料在前 5min 内吸水迅速，并且在包浆搅拌过程中，内部水分析出，导致拌合物的实际用水量增加，在合

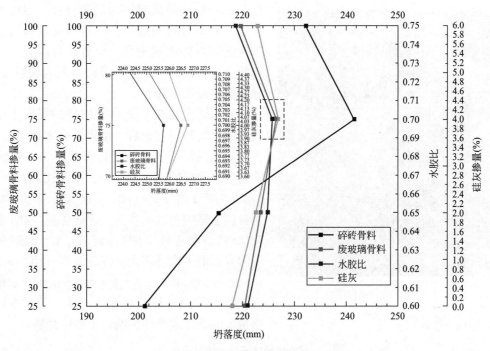

图 8.15 各因素不同掺量下流动性趋势

适的掺量下，将快速增加其流动性能。因此在后续进行最优配合比选定时，将砖骨料作为影响流动性的主要参考因素。本节中扩体材料流动性的最优配合比为 A3B3C3D3，即 75%（碎砖骨料）、75%（废玻璃骨料）、0.7（水胶比）、4%（硅灰）。

流动性试验结果方差分析   表 8.8

因素	偏差平方和	自由度	F 比	F 临界值	显著性
碎砖骨料	3869.188	3	3.629	3.490	＊＊
废玻璃骨料	114.188	3	0.107	3.490	＊
水胶比	127.688	3	0.120	3.490	＊
硅灰	154.188	3	0.145	3.490	＊
误差	4265.25	12			

注：＊＊代表显著，＊代表不显著。

8.3.2.2 抗压强度

从表 8.6 可以看出 28d 抗压强度的最适掺量为 50%（碎砖骨料）、50%（废玻璃骨料）、0.6（水胶比）、6%（硅灰）。抗压强度最高达到 16.6MPa，说明利用基准配合比作为基础组是可行的。在最适掺量下，利用碎砖、废玻璃制造的扩体材料能够满足扩体材料强度设计要求。配合比为 A2B2C1D4 时强度略高于 A2B1C2D3，两者强度相近的原因有两点，第一是碎砖与废玻璃骨料掺量加入增加了孔隙之间的填充，并且两者的质量小于天然材料，在填充时与天然骨料形成质量差，减小整体材料的重量，强度增加。第二是两者水胶比相对接近且较小，从而增加了水泥的含量，增加了强度，通过对比也可看出硅灰能够

图 8.16 砖骨料包浆

在一定程度上提高材料的后期强度。但随着砖骨料与玻璃骨料的加入，砖骨料的表观密度小于天然骨料的表观密度，导致砖骨料强度小于天然骨料的强度，从而随着砖骨料的大量加入，导致整体强度下降。

对碎砖废玻璃扩体材料组成的混凝土试块抗压强度进行极差分析，结果见表 8.9。通过对不同龄期的混凝土试块进行分析可知，对于 7d 强度各因素影响主次顺序为：水胶比>碎砖骨料（粗）>废玻璃骨料（细）>硅灰；对于 14d 强度各因素影响主次顺序为：碎砖骨料（粗）>水胶比>废玻璃骨料（细）>硅灰；对于 28d 强度各因素影响主次顺序为：碎砖骨料（粗）>水胶比>硅灰掺量>废玻璃骨料（细）。值得注意的是硅灰能够增加材料后期强度，并且其在本试验掺量下对 28d 强度的影响大于玻璃骨料。

正交试验抗压强度极差分析　　　　　　　　　　　　　　表 8.9

因素	龄期		
	7d	14d	28d
A	3.750	4.950	6.700
B	2.975	1.975	2.375
C	4.025	3.425	4.275
D	1.425	1.450	2.475

根据极差分析结果绘制各因素-抗压强度趋势如图 8.17 所示。由图 8.17（a）可知，各龄期抗压强度随着碎砖骨料掺量的增加逐渐降低。图 8.17（b）为废玻璃骨料掺量对各龄期抗压强度的影响，随着废玻璃骨料掺量的增加，强度先降低后增加，其转折点为废玻璃骨料掺量的 75%。图 8.17（c）为水胶比对抗压强度的影响，随着水胶比增加，抗压强度迅速下降，当水胶比达到 0.7 时，抗压强度接近最低点，再增大水胶比，抗压强度变化不明显。图 8.17（d）为硅灰掺量对扩体材料抗压强度的影响，硅灰掺量在 0~6% 之间时，随着硅灰掺量的增加，扩体材料试块的抗压强度呈上升趋势，并且掺量越多，材料 28d 强度增加越显著。从抗压强度随各因素变化可知，如果在满足扩体材料强度要求的情况下增加砖骨料和玻璃骨料的量，需要减小水胶比并增加硅灰。因此水胶比与硅灰的量选择 C1D4，即 0.6（水胶比）、6%（硅灰）。

方差分析结果如表 8.10 所示。由表中 F 比可知，其结果与极差分析结果是一致的，但是除去基准配合比这一组强度，进行的 16 组正交试验中，F 比均小于临界值，掺量变化对扩体材料抗压强度的影响并不显著。

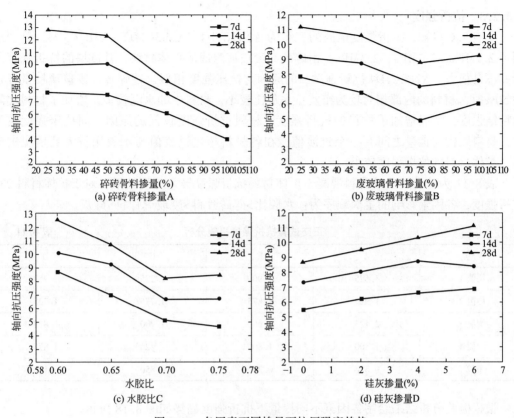

图 8.17 各因素不同掺量下抗压强度趋势

抗压强度试验结果方差分析　　　　　　　　　　　　　　　　　表 8.10

因素	龄期(d)	偏差平方和	自由度	F 比	F 临界值	显著性
A		36.292	3	1.438	3.49	*
B		18.827	3	0.746	3.49	*
C	7	41.247	3	1.635	3.49	*
D		4.562	3	0.181	3.49	*
误差		100.93	12			
A		65.835	3	2.236	3.49	*
B		10.335	3	0.351	3.49	*
C	14	36.935	3	1.254	3.49	*
D		4.685	3	0.159	3.49	*
误差		117.79	12			
A		120.892	3	2.441	3.49	*
B		14.942	3	0.302	3.49	*
C	28	48.557	3	0.981	3.49	*
D		13.697	3	0.277	3.49	*
误差		198.090	12			

注：＊代表不显著。

8.3.2.3　抗折强度

由表 8.6 可知，抗折强度最高的三组为 A2B2C1D4、A3B3C1D2、A3B1C3D4，分别达到了 2.7MPa、2.4MPa、2.3MPa，由碎砖、废玻璃组成的扩体材料，其试块的抗折强度差异并不是很大。A2B2C1D4 抗折强度高的原因与抗压强度相似，在碎砖、废玻璃掺量分别为 50% 时，材料的内部相对较为密实，水灰比较小，材料中的水泥较多，增加了材料之间的粘结强度，从而增加了材料的抗折强度。材料抗折强度较低的原因，同抗压强度也类似，材料取代与掺量之间有一个过渡值，在各材料超过过渡值与水胶比较大的情况出现时，扩体材料的抗折强度较小。

表 8.11 为碎砖废玻璃骨料混凝土扩体材料抗折强度极差分析结果，对于扩体材料 28d 抗折强度，各因素影响的主次顺序为：水胶比>碎砖骨料>废玻璃骨料>硅灰。

<table>
<tr><td colspan="5" align="center">正交试验抗折强度极差分析</td><td align="right">表 8.11</td></tr>
<tr><td>因素</td><td>A</td><td>B</td><td>C</td><td>D</td></tr>
<tr><td>均值 1</td><td>1.625</td><td>1.900</td><td>2.275</td><td>1.750</td></tr>
<tr><td>均值 2</td><td>1.925</td><td>1.875</td><td>1.775</td><td>1.725</td></tr>
<tr><td>均值 3</td><td>2.125</td><td>1.600</td><td>1.700</td><td>1.825</td></tr>
<tr><td>均值 4</td><td>1.500</td><td>1.800</td><td>1.425</td><td>1.875</td></tr>
<tr><td>极差</td><td>0.625</td><td>0.300</td><td>0.850</td><td>0.150</td></tr>
</table>

根据极差分析结果绘制各因素不同掺量下抗折强度趋势如图 8.18 所示。

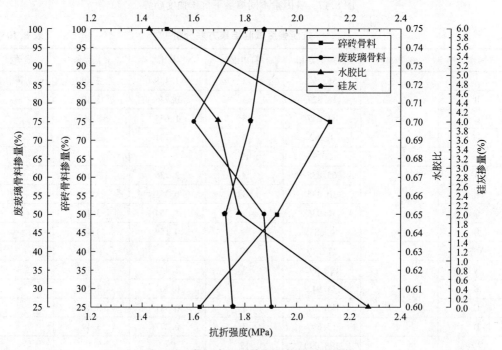

图 8.18　各因素不同掺量下抗折强度趋势

由图 8.18 可知, 在试验范围内扩体材料 28d 抗折强度随着水胶比的增大持续减小, 当水胶比在 0.65~0.7 之间时下降速度缓慢, 抗折强度最大达到 2.23MPa。随着碎砖掺量增加, 其强度先增大后减小, 强度最大时达到 2.13MPa。随着废玻璃掺量增加, 其抗折强度先减小后增大。抗折强度随着硅灰掺量的增加, 持续增大。可以看出在本试验硅灰掺量情况下, 随着硅灰掺量的增加, 抗折强度变化规律与抗压强度变化规律相似, 均能提高扩体材料的强度, 其原因同增加抗压强度的原理相似, 在增加材料流动性的同时, 硅灰由于粒径小, 能够填充砖骨料孔隙, 并且硅灰中的 SiO_2 等硅酸盐玻璃体能够和水泥反应生成 C-S-H 凝胶, 增加骨料强度。另外对于废玻璃骨料增加的情况, 抗折强度变化规律与抗压强度变化相似, 均是先减小而后稍微呈现增大的趋势。但随着碎砖骨料的增加, 抗折强度与抗压强度的变化并不相同, 变化规律与流动性的变化趋势相同, 原因是碎砖骨料各材料分布相对比较均匀, 并且 0.25~0.5mm 和小于 2mm 的含量相对较大, 可以理解为相对于细石来说, 随着碎砖骨料的增加, 大粒径石子的量逐渐减小, 小粒径（砖骨料）的含量增大, 增加了颗粒间的接触面积及咬合力, 最终起到了增大抗折强度的作用。水胶比的含量直接影响水泥的含量, 水胶比越大, 水泥含量相对越小, 骨料之间的粘结力也就越小, 这也是抗折强度随着水胶比增大而下降的原因。从图 8.18 得知, 各因素对抗折强度的影响均较小, 所以抗折强度配合比设计时不作为主要考虑因素。

进行方差分析, 从表 8.12 中可以看出各因素在本试验范围内对抗折强度的影响与对抗压强度相似, 均不显著, 分析其原因主要是水胶比比较大, 在设定的各材料范围内, 强度变化范围比较小, 显著性不易体现。

正交试验抗折强度方差分析 表 8.12

因素	偏差平方和	自由度	F 比	F 临界值	显著性
碎砖骨料	0.967	3	1.405	3.490	*
废玻璃骨料	0.222	3	0.323	3.490	*
水胶比	1.507	3	2.190	3.490	*
硅灰	0.057	3	0.083	3.490	*
误差	2.750	12			

注: *代表不显著。

8.3.2.4 表观密度

根据桩扩体材料的要求, 在保证扩体材料强度、流动性满足要求的情况下, 应尽可能地降低材料的表观密度, 来保证根固桩在施工以及后期使用过程中扩体材料的均匀性。传统的细石混凝土与水泥土表观密度相对较大。由表 8.8 可知, 在正交试验中, 随着碎砖骨料与废玻璃骨料掺量增加, 扩体材料立方体试块的表观密度逐渐降低, 在最适配合比下的表观密度仅为 1778kg/m³, 碎砖掺量为 100%、废玻璃掺量为 75%、水胶比为 0.65、硅灰掺量为 6%。在合适的掺量下, 由碎砖、废玻璃组成的根固桩扩体材料表观密度远小于传统的细石混凝土与水泥土。在配合比为 A4B3C2D4（碎砖掺量为 75%、废玻璃掺量为 75%、水胶比为 0.6、硅灰掺量 6%）时, 其表观密度达到最小, 根据第 2 章各材料的自然密度与振实密度可知, 其表观密度较小的原因有三: 其一, 碎砖骨料、废玻璃骨料表观密度小于传统细石骨料与砂；其二，水胶比较大时，水泥等凝胶材料的量较少，也降低了材料的重量；其三，当硅灰掺量增加时降低了水泥、粉煤灰的使用量，硅灰的密度远小于粉煤灰和水泥，所以在加入硅灰的同时，材料的表观密度也将有所降低。本组配合比表观密度最小，其抗压强度并不满足要求，因此需要对各材料表观密度影响规律进行分析，以总结出满足根固桩扩体材料要求的最适配合比。

由表 8.13 可知，各因素对扩体材料表观密度的影响主次顺序为：碎砖骨料>废玻璃骨料>水胶比>硅灰。

正交试验表观密度极差分析 表 8.13

因素	A	B	C	D
均值 1	2090.25	2047.75	2014.25	1940.75
均值 2	1968.75	1964.00	1954.00	1964.00
均值 3	1883.75	1902.25	1908.75	1936.75
均值 4	1837.75	1866.50	1903.50	1939.00
极差	252.50	181.25	110.75	27.25

根据极差分析结果绘制各因素不同掺量下表观密度趋势如图 8.19 所示。

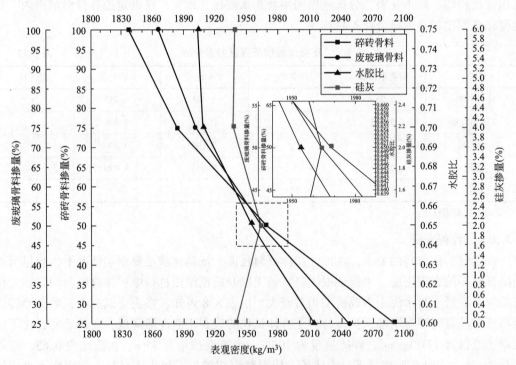

图 8.19 各因素不同掺量下表观密度趋势

由图 8.19 可以看出在试验范围内，扩体材料试件的表观密度随着碎砖骨料、废玻璃骨料、水胶比三者值的增加持续降低，随着碎砖骨料的增加，其表观密度下降速度最快，废玻璃骨料对材料表观密度的影响类似于砖骨料，其根本原因是碎砖骨料、废玻璃骨料单位体积的重量均小于天然的砂石骨料，随着二者掺量的增加，天然骨料的含量逐渐减少，试块的表观密度下降。当水胶比增大时，导致胶凝材料使用量减小，从而降低了试块的表观密度。硅灰属于一种轻质材料，但是掺量较少，因此对材料表观密度的影响并不大，因此不作为重点考虑。需要注意的是，根据表8.6可知，在表观密度相对较低时，其强度是不能够满足扩体材料强度要求的，因此扩体材料在选择表观密度配合比时应考虑满足扩体材料强度和流动性的要求。

由极差分析可以得到各因素对表观密度影响的主次顺序（表8.14），通过 F 比可以得出各因素对材料影响的显著性，由于正交试验结果范围较小，显著性不宜体现，但从 F 比可以看出，各因素对扩体材料表观密度影响大小与影响主次顺序相同，均是碎砖骨料>废玻璃骨料>水胶比>硅灰。

正交试验表观密度方差分析 表 8.14

因素	偏差平方和	自由度	F 比	F 临界值	显著性
碎砖骨料	152872.750	3	2.358	3.490	*
废玻璃骨料	79363.250	3	1.224	3.490	*
水胶比	26421.250	3	0.407	3.490	*
硅灰	722.250	3	0.011	3.490	*
误差	259379.500	12	—	—	—

注：* 代表不显著。

8.3.3 最优配合比

通过上述对碎砖、废玻璃组成的扩体材料的正交试验，得到了各组的试验结果，并通过极差分析、各因素掺量对材料不同性能影响的趋势图、方差分析，得到了不同因素在不同掺量下对扩体材料流动性、强度、表观密度的影响规律。本节通过上述正交试验得到的规律与 C15 细石混凝土扩体结合对比分析，得到本试验最优配合比。C15 细石混凝土配合比如表 8.15 所示。

C15 细石混凝土配合比和基本性能 表 8.15

32.5 水泥 (kg/m³)	中砂 (kg/m³)	石子 (kg/m³)	水 (kg/m³)	粉煤灰 (kg/m³)	减水剂 (kg/m³)	强度(MPa)			流动性 (mm)	表观密度 (kg/m³)
						7d	14d	28d		
367	760.2	839	215	157.3	3.15	11.8	15.5	17.3	202	2310

扩体材料首先需要在保证强度满足要求的情况（大于 10MPa）下尽可能大地提高流动性，流动性直接影响施工的难易程度以及扩体材料均匀性，而这些问题对于根固扩体桩前期施工效率和后期的质量保障都是非常重要的。满足强度要求的有 8 组配合比 A1B1C1D1、A1B2C2D2、A1B3C3D3、A1B4C4D4、A2B1C2D3、A2B2C1D4、A3B1C3D4、A3B3C1D2，而在这 8 组配合比中流动性最好的为 A3B3C1D2，其强度和坍落度分别为 10.9MPa、252mm。

在满足强度要求下，表观密度最小的三组为 A1B3C3D3、A1B4C4D4、A3B3C1D2，其中最小的依然为 A3B3C1D2，为进一步减少凝胶中水泥的使用量，从抗压强度趋势图中分析可以通过增加硅灰掺量至 6%，增加硅灰后，可以增加碎砖废玻璃扩体材料的后期抗压强度，同时降低水泥的使用量。不仅降低了扩体材料的经济成本，而且提高了材料的强度，因此通过上述分析总结确定 A3B3C1D4 为本试验的最优配合比，即 75%（碎砖骨料）、75%（废玻璃骨料）、0.6（水胶比）、6%（硅灰），这也是满足强度要求废玻璃掺量、碎砖掺量最大的情况，也更"绿色"。

通过对最优配合比 A3B3C1D4 组成的根固桩扩体进行制备，其单位立方体用量及检测结果如表 8.16、表 8.17 所示。

A3B3C1D4 配合比及用量　　　　　　　　　表 8.16

项目	水	碎砖骨料	废玻璃骨料	细石	砂	水泥	硅粉	粉煤灰	减水剂	水胶比
配合比	1	3.63	3.55	1.21	1.18	1.26	0.03	0.37	0.037	0.6
每立方米用量（kg）	190	690	675	230	225	228	19	70	7.02	—

A3B3C1D4 最优配合比检测结果　　　　　　　　　表 8.17

强度（MPa）			流动性（mm）	表观密度（kg/m³）
7d	14d	28d		
7.26	11.20	13.80	248	1820

注：附加用水后的检测结果。

由表 8.17 结果得知通过正交试验得到的最优配合比满足扩体材料性能要求，并且更为绿色、经济。

8.3.4　经济与社会效益分析

本小节对工程中利用 A3B3C1D4 碎砖废玻璃骨料混凝土（碎砖骨料 75%、废玻璃骨料 75%、水胶比 0.6、硅灰 6%）与 C15 混凝土经济与社会效益进行对比分析，具体内容如下。

1）经济效益

由表 8.2、表 8.15、表 8.18 可知，在使用 C15 混凝土扩体材料时，每立方米需要细石和砂的量分别为 839kg、760.2kg，其成本分别为 109.79 元、81.28 元。在使用最佳配合比 A3B3C1D4 碎砖废玻璃骨料混凝土时，每立方米需要细石、砂、碎砖、废玻璃的量分别为 230kg、225kg、690kg、675kg，其成本分别为 30 元、24.06 元、0 元、74.25 元，其中碎砖作为建筑垃圾，加工效率高、费用较低，因此可忽略。从 C15 混凝土和碎砖废玻璃骨料混凝土单位立方体粗细骨料的用量和成本对比分析，可以发现在使用 A3B3C1D4 碎砖废玻璃骨料混凝土时，单位立方体扩体材料能够节约费用 62.76 元。除此之外，在使用碎砖废玻璃骨料混凝土时可能减少建筑垃圾清理转运的费用。

粗细骨料单价　　　　　　　　　　　　　　表 8.18

骨料名称	细石	砂	玻璃	碎砖	锤式破碎机
单价	200 元/m³	240 元/m³	110 元/t	—	2.5 元/h

注：小型锤式破碎机 200-300 型工作效率为 2t/h。

2）社会效益

A3B3C1D4 碎砖废玻璃混凝土扩体材料所带来的社会效益主要是生态环境和有限资源两方面，传统的 C15 混凝土扩体材料在使用时，需要通过破坏环境来得到砂石，通过重型运输设备运到施工现场或材料加工场，这样对生态环境造成了严重破坏。但是在使用碎砖废玻璃混凝土扩体材料时，能够减少开山采石、挖河取砂、运输中产生的碳排放带来的环境污染，并且解决了建筑垃圾随意填埋堆积所带来的地下环境污染，能够促进资源的再利用，保护了有限资源和绿水青山。

8.4　扩体与土界面抗剪强度试验

8.4.1　试件设计与制作

（1）土试块使用的为粉土，其含水率和干密度分别为 7.02%、1.75g/cm³，在制备过程中为了保证各试块的一致性，通过控制每个试块压实的重量在 112g，在制作完成后通过保鲜膜包裹编号，其目的是防止水分蒸发流失。

（2）在扩体试块制作过程中，为了保证关于扩体材料试验性能的一致性，直剪试验试块材料与模型桩材料一起搅拌，通过利用 $\phi61.8 \times 20$mm 的模具浇筑成型。脱模后同样进行保鲜膜包裹养护，在养护 28d 后进行强度检测，强度达到要求后进行剪切试验。C15 细石混凝土与 A3B3C1D4 碎砖废玻璃混凝土扩体材料配合比和性质见 8.3 节，水泥土的配合比和性能见表 8.19。

水泥土的配合比和性能　　　　　　　　　　表 8.19

42.5 水泥 (kg/m³)	细砂 (kg/m³)	粉煤灰 (kg/m³)	黄土 (kg/m³)	水 (kg/m³)	强度（MPa）			流动性 (mm)	表观密度 (kg/m³)
					7d	14d	28d		
100	500	300	200	600	2.6	2.83	3.17	>248	2270

（3）本试验直剪仪采用应变控制式直剪仪（图 8.20），包括剪切盒、垂直加压框架、负荷传感器或测力计及推动机构等，其技术条件应符合现行国家标准《岩土工程仪器基本参数及通用技术条件》GB/T 15406 的规定。

在试验过后剪应力计算时，应按照下式计算：

$$\tau = \frac{CR}{A_0} \times 10 \tag{8.2}$$

式中　τ——剪应力（kPa）；

　　　C——测力计率定系数（N/0.01mm），本试验取 1.805；

R——测力计读数（0.01mm）；

A_0——试样初始的面积（cm^2）。

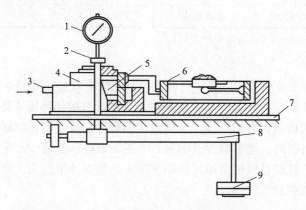

1—垂直变形百分表；2—垂直加压框架；3—推动座；4—剪切盒；5—试样；
6—测力计；7—台板；8—杠杆；9—砝码

图 8.20　直剪仪结构示意

8.4.2　不同法向荷载扩体-土界面强度试验

剪应力与剪切位移曲线反映扩体材料与土界面试验中的力学和变形特性，本节主要分析不同扩体材料接触面和不同法向荷载对剪切力-剪切位移、剪切强度的影响，具体的内容和试验结果如下。

通过不同扩体材料试块与粉土接触面的直剪试验，得到相同级配条件下，不同的法向荷载作用下接触面剪应力-剪切位移曲线如图 8.21~图 8.23 所示。

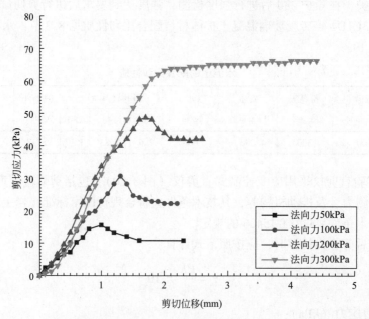

图 8.21　C15 混凝土扩体材料在不同荷载作用下剪切应力-剪切位移曲线

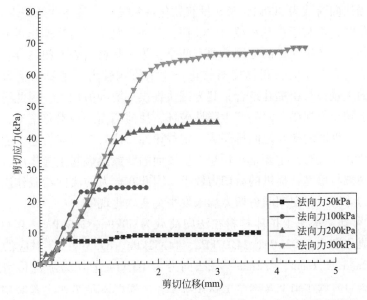

图 8.22 水泥土扩体材料在不同荷载作用下剪切应力-剪切位移曲线

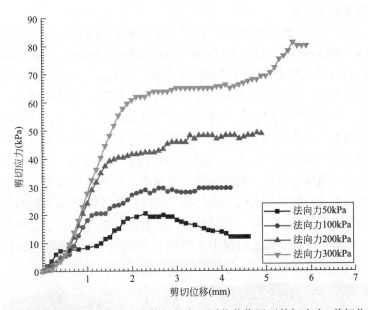

图 8.23 碎砖废玻璃骨料混凝土扩体材料在不同荷载作用下剪切应力-剪切位移曲线

由图 8.21 可知，C15 混凝土扩体材料与土接触面剪切初期表现为弹性阶段，剪切应力随着剪切位移呈线性增长。当法向荷载从 50kPa 增大到 300kPa 时，其剪切模量呈现增大趋势，对应的剪切力峰值分别为 15.64kPa、30.69kPa、48.74kPa、66.18kPa，达到剪切峰值所需的剪切位移分别为 1.0mm、1.3mm、1.7mm、4.0mm。当剪切应力达到最大后进入弹塑性阶段，法向荷载为 50kPa、100kPa、200kPa 时，C15 混凝土扩体材料剪切应力-剪切位移曲线有明显的转折点，剪切应力随剪切位移呈减小的应力软化，当应力软化过后曲线趋于平稳。特别指出的是，当法向荷载为 50kPa 与法向力为 100kPa、200kPa 相比软化较为温和，当法向荷载为300kPa时并没有软化现象发生，整体曲线表现为双曲线型。

当出现软化时，不利于桩基承载力的发挥，其使得侧摩阻力快速越过峰值，达到并维持在一个残余强度，产生这样的原因主要有两个：第一是材料表面粗糙度；第二是法向荷载的影响。当法向力较小时，粗糙度对软化产生的影响较大，主要是因为当法向力较小时，土试块上的土颗粒与粗糙孔结合，其为试块提供主要的剪切力。因此当荷载达到其全部极限力时，土颗粒与粗糙孔之间产生脆性破坏，使剪切面出现滑移变形，导致剪切力下降，当滑移过后，界面的颗粒之间排序成一定规律性，使后期剪切力趋于稳定，形成软化发生。当法向荷载较大时，主要是土颗粒与扩体面的摩擦接触起主导作用，并且粗糙孔的数量有限，土颗粒与粗糙孔提供的剪切力较小，因此在较大的法向荷载作用下，从开始弹性阶段到后期的剪切力稳定期间剪切力均未发生突变软化现象。

由图8.22可知，水泥土扩体材料在法向荷载为50kPa、100kPa、200kPa、300kPa时的剪切强度峰值分别为9.03kPa、24.07kPa、44.52kPa、67.39kPa，对应的剪切位移分别为2.2mm、1.2mm、2.6mm、4.2mm，在法向力为100kPa剪切力随位移增加最快。对于水泥土在不同法向荷载作用下并未产生软化现象，主要原因是水泥土表面相对较为均匀光滑，在剪切过程中主要是面与面之间的摩擦，随着剪切位移发生，接触面的颗粒之间趋于稳定，呈现剪切力不变现象。

由图8.23可知，碎砖废玻璃骨料混凝土与土接触面剪切应力在法向荷载为50kPa、100kPa、200kPa、300kPa时，最大剪切强度分别为19.86kPa、29.48kPa、49.04kPa、81.23kPa，对应的剪切位移分别为2.7mm、2.6mm、4.8mm、5.6mm。从图中可以看出，只有在法向荷载为50kPa时表现出了漫长的软化阶段，随着法向荷载增加，剪切强度的软化阶段消失，这主要由于特殊材料砖、玻璃强度和形状的原因导致，碎砖废玻璃骨料混凝土粗糙度介于水泥土与C15混凝土之间。当法向力较小时，粗糙度起主要作用，因此出现软化现象。又因为砖与玻璃强度较小，当达到一定的剪切强度时，碎砖与玻璃骨料破坏，玻璃骨料中含有棱状椭球形颗粒，破坏后增加接触面之间颗粒的摩擦（图8.24），因此延长了软化的时间。当法向荷载较大时，面与面之间的摩擦接触提供主要的剪切力，加上玻璃颗粒的特点当剪切面发生位移时，将增加其接触面的剪切力，并且法向力越大，剪切强度提高越明显。根固扩体桩在施工过程中产生积土效应，积土效应将增加界面之间法向受力，进而增加碎砖废玻璃骨料混凝土根固扩体桩的侧阻力和承载力。

(a) 粉土试块　　　　　　　　(b) 碎砖废玻璃骨料混凝土扩体试块

图8.24　碎砖废玻璃骨料混凝土与土剪切面破坏

由图 8.21~图 8.23，通过对不同扩体材料试块与土之间的剪切结果可以得出，同种扩体材料在不同的法向荷载作用下，剪切破坏形式并不相同，破坏强度差异性较大，同种材料随着法向压力的增加，剪切强度越来越大。对于 C15 混凝土界面，法向力对软化程度影响并不大，当法向力小于 200kPa 时，界面剪切软化一直存在，不利于扩体桩承载力的发挥，分析原因主要是界面粗糙度大和砂粒较为圆滑，并且材料强度较高，混凝土试块材料颗粒之间粘结力较大，原始界面在较小法向荷载作用下不易发生改变。水泥土与土界面在发生剪切破坏时，在任何法向荷载作用下均未发生软化，作为根固扩体桩扩体材料时，承载力发挥得比较充分。碎砖废玻璃骨料混凝土与土之间的界面剪切破坏过程中，当法向力在 50kPa 时，剪切表现形式与 C15 混凝土相似，均发生软化，当法向力在 100~300kPa 时，剪切形式与水泥土相似。

8.4.3 不同材料扩体−土界面强度的分析

通过对比相同法向荷载作用下的不同扩体材料的剪切特性，分析扩体材料对界面强度的影响，以及各自的剪切特性，得到相同的法向荷载作用下接触面剪应力−剪切位移曲线如图 8.25~图 8.28 所示。

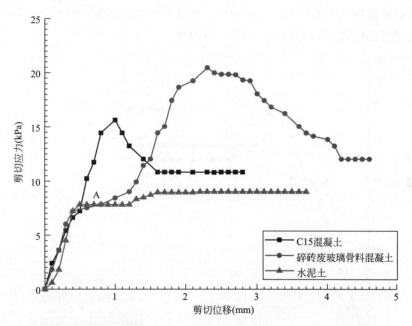

图 8.25 法向荷载 50kPa 时不同扩体材料的剪切应力−剪切位移曲线

从图 8.25 可以看出，在法向力为 50kPa 时，C15 混凝土、碎砖废玻璃骨料混凝土、水泥土扩体桩试块与土之间的界面剪切强度各不相同，其中碎砖废玻璃骨料混凝土试块与土之间的剪切强度最大，C15 混凝土与土之间的剪切强度次之，水泥土与土界面剪切强度最小，分别为 15.64kPa、19.86kPa、9.03kPa，并且 C15 混凝土扩体试块与碎砖废玻璃骨料混凝土扩体试块在剪切过程中发生了软化现象。从图中的碎砖废玻璃骨料混凝土与 C15 混凝土界面的剪切应力−剪切位移曲线对比可以发现，C15 混凝土剪切应力随剪切位移的增长较快，剪切强度较小，碎砖废玻璃骨料混凝土软化过程较为漫长，软化曲率较大，并且碎砖废玻璃骨料混凝土与土发生剪切破坏过程中，剪切强度在 A 处有硬化趋势，主要是因为界面在发生微小位移后混凝土试块中的玻璃发生破坏，由于玻璃颗粒的形状特点，增加了界面之间的摩擦力，同理增加了界面的剪切强度。在软化过程中玻璃骨料也降低了软化强度降低的速度。

从图 8.26 可以看出，在法向荷载为 100kPa 时，C15 混凝土和碎砖废玻璃骨料混凝土界面剪切强度相近，分别为 30.69kPa、29.48kPa，水泥土剪切强度最小，为 24.07kPa。同法向力为 50kPa 时一样，C15 混凝土界面剪切力增长最为迅速，碎砖废玻璃骨料混凝土同样在 B 点出现了硬化的趋势，并且消除了软化阶段，原因在于发生位移后，玻璃骨料发生破坏，从而增加了剪切强度。

如图 8.27 所示，当法向荷载为 200kPa 时，三者界面剪切强度进一步接近，剪切强度分别为 48.74kPa、49.04kPa、44.52kPa。可以发现，碎砖废玻璃骨料混凝土剪切强度出现硬化趋势过程进一步推迟和延长，另外 C15 混凝土仍然出现软化阶段，但是碎砖废玻璃骨料混凝土与土之间的界面软化消除。

如图 8.28 所示，当法向荷载为 300kPa 时，碎砖废玻璃骨料混凝土剪切强度为81.23kPa，远大于 C15 混凝土和水泥土的剪切强度 66.18kPa、67.39kPa，三种扩体材料试块在与土的界面剪切中均未发生软化现象，并且在碎砖废玻璃骨料混凝土与土之间的剪切强度硬化增长的过渡点 D 的持续时间进一步增加。

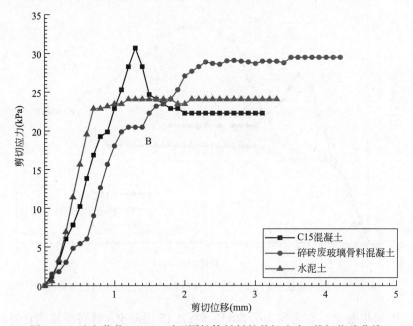

图 8.26　法向荷载 100kPa 时不同扩体材料的剪切应力–剪切位移曲线

由图 8.25~图 8.28 可知，在相同法向荷载作用下，A3B3C1D4 碎砖废玻璃骨料混凝土与土界面之间的剪切强度高于或与 C15 混凝土相近，并且远大于水泥土与土之间的剪切强度，是因为存在剪应力再增强阶段，并且剪应力硬化增长的过渡区随着法向应力的增加而加长，过渡发生的位置由表 8.20 可知，在法向荷载较小时硬化增长发生的位置较早

（36%），在法向荷载 100~300kPa 时，硬化增长发生的位置较晚，一般发生在总荷载的 69%~79%。在根固扩体桩施工时，积土效应提供扩体材料的法向荷载，根据根固扩体桩的承载力来判断硬化增强的起始位置，也可以根据硬化增强的位置来计算出积土效应产生的法向力区间范围，并且法向荷载的产生，将使得碎砖废玻璃骨料混凝土扩体材料与土的极限界面强度大于 C15 混凝土扩体材料和水泥土扩体材料。

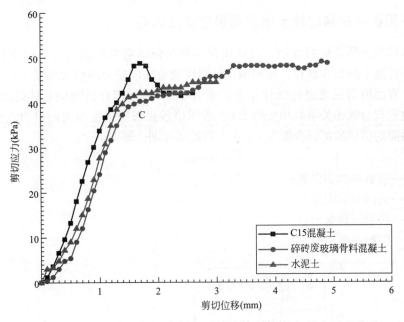

图 8.27 法向荷载 200kPa 时不同扩体材料的剪切应力–剪切位移曲线

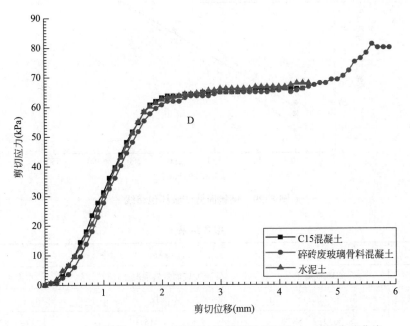

图 8.28 法向荷载 300kPa 时不同扩体材料的剪切应力–剪切位移曲线

碎砖废玻璃骨料混凝土与土界面强度硬化发生点　　　　表 8.20

法向荷载(kPa)	50	100	200	300
剪切力(kPa)	7.22	20.46	39.10	61.97
发生点(相对于总荷载,%)	36	69	79	76

8.4.4 不同扩体材料的桩土接触面强度参数比较

通过扩体与土两试块的剪切,得到接触面剪切强度对应的法向应力的变化如图 8.29 所示。从中得到不同扩体材料,接触面剪切强度随着法向应力的增大而增大,对不同扩体材料的桩土界面剪切强度进行线性拟合,表 8.21 所示为拟合过程中具体的数值及误差。通过计算得到拟合的相关系数均接近 1.0,表明接触面剪切强度与法向应力之间线性关系显著,接触面的剪切破坏符合摩尔-库仑剪切破坏准则,即:

$$\tau_{\mathrm{f}} = \sigma \tan\varphi + c \tag{8.3}$$

式中　τ_{f}——接触面剪切强度;

σ——法向施加的应力;

c——接触面黏聚力;

φ——接触面摩擦角。

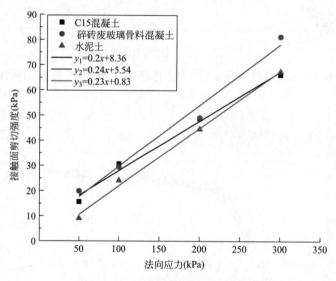

图 8.29　接触面剪切破坏包络线

拟合结果　　　　表 8.21

方程	$y = a + bx$		
绘图	C15 混凝土	碎砖废玻璃骨料混凝土	水泥土
权重	不加权		
截距	8.3639±2.78879	5.5439±4.3151	0.8322±1.82177

续表

斜率	0.19661±0.01478	0.24221±0.02286	0.22821±0.00965
残差平方和	16.1005	38.5469	6.8706
皮尔逊相关系数 r	0.9944	0.9912	0.9982
R^2(COD)	0.9888	0.9825	0.9964
调整后 R^2	0.9832	0.9737	0.9947

通过线性拟合得到线性公式：

$$y_1 = 0.20x_1 + 8.36$$
$$y_2 = 0.24x_2 + 5.54 \tag{8.4}$$
$$y_3 = 0.23x_3 + 0.83$$

由式（8.4）得到：

$$\tau_1 = \sigma_1 \tan(11°18') + 8.36$$
$$\tau_2 = \sigma_2 \tan(13°29') + 5.54 \tag{8.5}$$
$$\tau_3 = \sigma_3 \tan(12°57') + 0.83$$

式中 x_1、x_2、x_3、σ_1、σ_2、σ_3——界面法向应力；

y_1、y_2、y_3、τ_1、τ_2、τ_3——界面剪切强度。

通过对式（8.4）、式（8.5）与图8.29综合分析可以看出，不同材料对接触面的摩擦角影响较小，其值在11°18′和13°29′之间，其中碎砖废玻璃骨料混凝土内摩擦角最大，表明其随法向应力增加，剪切强度增加最快，水泥土次之，C15混凝土最小；并且在法向应力接近零时，水泥土的剪切强度约等于0，其主要因为水泥土表面较为光滑。相应地当桩产生挤压效应时，碎砖废玻璃骨料混凝土扩体材料侧阻提高最为明显，水泥土扩体材料次之，C15混凝土扩体材料侧阻随着法向应力的增加提高较小。

8.4.5 碎砖废玻璃骨料混凝土与芯桩粘结强度试验

关于不同龄期材料之间的粘结力检测，常用的方法为"Z"形法，这种方法可以直接测定立体平面之间的粘结力，但是桩芯与扩体材料之间属于曲面环抱连接，传统的"Z"形法对曲面的测定有一定的缺陷。本节利用新的方法分别对养护龄期为7d、28d时不同扩体材料与桩芯的最大粘结强度进行试验和分析，并且总结了不同养护龄期对不同扩体材料粘结力和桩芯位移之间关系的影响，对不同扩体材料破坏面进行对比分析。

8.4.5.1 试验模型

1）模型设计

在根固扩体桩模型尺寸设计时，对尺寸的影响因素主要有两个：第一个是加压设备的影响，由于加压设备的空间尺寸有限，因此需要限制材料的大体尺寸；第二个是扩体材料的影响，为尽可能地防止扩体材料底部压碎破坏对粘结力的影响，需要对扩体材料的尺寸进行计算设计。主要的设计步骤如下：

（1）对桩芯及扩体材料不同龄期的强度进行测定，得到桩芯和扩体材料强度 $f_{a(7)}$、

$f_{a(28)}$ 和 $f_{b(7)}$、$f_{b(28)}$。

（2）由于扩体材料 7d 的强度最小，因此计算扩体材料最优半径时按照扩体材料 7d 的强度代入下述公式进行计算：

$$\pi R_1^2 f_{a(28)} \leqslant \pi f_{b(7)} (R_2^2 - R_1^2) \tag{8.6}$$

式中 R_1——根固扩体桩内芯半径；

R_2——扩体材料半径；

$f_{a(28)}$——根固扩体桩内芯 28d 强度；

$f_{b(7)}$——扩体材料 7d 强度。

根据上述公式可确定包裹材料的最小半径，关于水泥土扩体材料在 7d 时的强度较低，在试验时扩体材料底部容易压碎，因此本节主要研究养护天数为 7d 的 C15 混凝土、碎砖废玻璃骨料混凝土与桩芯界面之间的粘结规律；养护天数为 28d 的 C15 混凝土、碎砖废玻璃骨料混凝土、水泥土扩体材料与桩芯界面之间的粘结规律。其中在 7d 时 C15 混凝土强度高于碎砖废玻璃骨料混凝土，因此在确定龄期在 7d 的最小扩体半径时，按照碎砖废玻璃骨料混凝土强度来确定，根据表 8.21 和式（8.6）确定最小半径为 137.86mm，为设计方便，扩体材料的最小半径取 150mm。为了防止扩体材料底部发生压碎破坏，将扩体材料底部设计 20mm 厚的钢环来加固扩体材料的破坏，使粘结力的测定不受扩体材料底部压碎影响。桩芯和扩体的高度主要受设备竖向空间的影响，设备允许芯桩长度要小于 430mm，因此本试验芯桩高度为 330mm，扩体高度为 200mm，剩余竖向空间进行设备加载量调试及构件的预压。

2）模型制备

在进行构件的制备过程中，主要包括两部分，第一为模具的制作，第二为构件的浇筑与养护。

（1）根固扩体桩内芯的模具主要采用（内径 $d_1 = 100\text{mm}$、高 $h_1 = 330\text{mm}$）UPVC 管和厚度为 20mm 铜板制作，如图 8.30 所示，铜板主要作为根固扩体桩内芯的桩帽，防止在受压时导致桩内芯的破坏。

(a) 脱模养护 (b) 浇筑 (c) 脱模养护

图 8.30 桩芯的制作

（2）根固扩体桩扩体材料的模具主要采用内径 $d_2 = 300\text{mm}$、高 $h_2 = 24\text{cm}$ 的 PVC 管和厚度为 20mm 的同心圆钢板底，扩体材料高度 200mm，如图 8.31 所示。其主要目的是保护扩体材料，使测定的粘结力更为准确，减小扩体材料的破坏。

(a) 模具　　　　(b) 浇筑(A3B3C1D4)　　(c) 脱模养护

图 8.31　扩体的制作

（3）试件的浇筑。在浇筑之前需要将模型进行封胶处理，其目的主要是防止浇筑时水分流失，降低材料的水胶比。C15 混凝土、碎砖废玻璃骨料混凝土、水泥土三种扩体材料的配合比按照表 8.16、表 8.17、表 8.19 进行浇筑。浇筑过后每组取 9 个试样，分别测定其各龄期的强度，各龄期的强度如表 8.22 所示。

扩体材料各龄期的强度（MPa）　　　　　　　　　　　　　表 8.22

龄期	7d	14d	28d
水泥土强度	2.36	2.72	3.15
碎砖废玻璃骨料混凝土强度	7.30	11.18	12.60
C15 混凝土强度	11.00	16.43	17.95
桩芯强度	53.60	57.93	62.80

（4）本辅助构件的作用是为桩芯和扩体材料提供竖向的剪切力，并且为扩体材料提供支撑力，如图 8.32 所示。构件主要包括五部分，分别是上顶、下底、空心圆通壁、加劲肋、观察孔，具体的构件尺寸详见图 8.33。

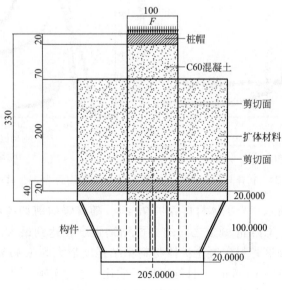

图 8.32　模型

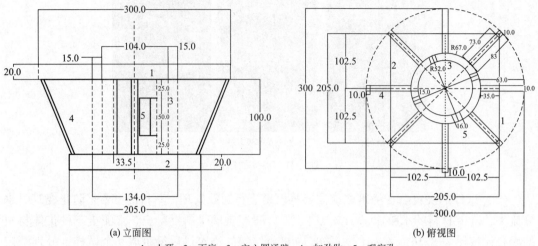

(a) 立面图   (b) 俯视图

1—上顶；2—下底；3—空心圆通壁；4—加劲肋；5—观察孔

图 8.33　构件尺寸（mm）

8.4.5.2　不同龄期下粘结强度的变化

在进行试验时需要将桩芯顶部铺设 2cm 厚的砂垫层，然后以 0.01mm/s 加载速度对上垫层和构件进行预压，当加载量达到 1kN 时停止预压，再利用水准仪对土垫层平整度进行检查。这一步能够为桩顶提供水平面和加载过渡区，并且在此过程中能够消除构件之间的孔隙，使粘结力与位移之间的结果更加准确。预压过后，按照 8.2 节扩体材料与桩芯粘结力研究方案对 7d、28d 扩体材料进行试验，并得到下列结果。

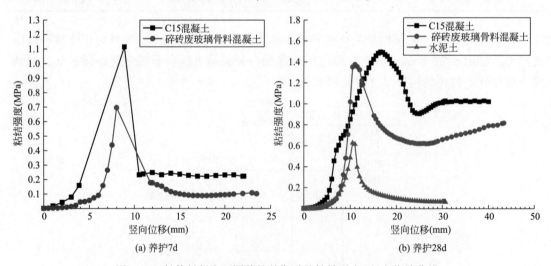

(a) 养护7d   (b) 养护28d

图 8.34　扩体材料在不同养护龄期时的粘结强度-竖向位移曲线

如图 8.34（a）所示，当扩体材料养护 7d 时，随着竖向剪切荷载的施加，桩芯与碎砖废玻璃骨料混凝土、C15 混凝土之间的界面粘结强度在达到最大之后缓慢下降，其中 C15 混凝土、碎砖废玻璃骨料混凝土扩体材料粘结强度最大为 1.115MPa、0.696MPa，所对应的位移分别为 8.87mm、8mm，且均出现了软化。发生软化后 C15 混凝土、碎砖废玻璃骨料混凝土扩体材料粘结强度稳定在 0.243MPa、0.094MPa。同理由图 8.34（b）可知，当扩体材料养护 28d 时，桩芯与扩体材料之间的粘结力变化规律相似，均发生了软化，且 C15 混凝土、碎砖废玻璃骨料混凝土、水泥土的最大粘结强度分别为 1.495MPa、1.376MPa、0.627MPa，对应的剪切位移分别为 16.5mm、11.0mm、10.5mm，软化过后，粘结强度分别稳定在 1.019MPa、0.814MPa、0.065MPa。

在 7d、28d 时，C15 混凝土扩体材料粘结强度均高于碎砖废玻璃骨料混凝土，且水泥土扩体材料与桩芯的粘结强度是最小的，引起这种情况的主要原因与水胶比的大小有关，当水泥含量多时，可增加材料的胶结性能，从而增加界面的粘结强度。关于最大粘结强度随养护时间的变化，C15 混凝土扩体材料 28d 时的粘结强度是 7d 时的 1.340 倍，增加了 0.38MPa，对于碎砖废玻璃骨料混凝土 28d 时的粘结强度是 7d 时的 1.944 倍，增加了 0.68MPa。由此可以看出，碎砖废玻璃骨料混凝土扩体材料在养护时间内的粘结强度增长速度远高于 C15 混凝土扩体材料，并且水灰比为 0.83 的碎砖废玻璃骨料混凝土 28d 粘结强度与水灰比为 0.67 的 C15 混凝土相近，仅相差 0.119MPa。

8.4.5.3　扩体桩芯桩–扩体界面破坏模式

根固扩体桩在受力时，由于扩体材料的强度远小于桩芯的强度，因此在桩顶受到荷载时，主要荷载由桩芯来承担。另外随着荷载增加，界面的粘结强度首先增加，然后发生软化下降，最后趋于稳定。本小节结合根固扩体桩的受荷特点对根固扩体桩桩芯–扩体破坏模式进行分析说明。

1）扩体材料养护 7d

（1）养护 7d 的 C15 混凝土、碎砖废玻璃骨料混凝土扩体材料在粘结力试验过程中的变化规律相同。首先，在试验前期，界面粘结强度随着竖向位移增加逐渐增加，只发生了界面之间的相对位移；其次，当粘结强度达到最大时突然下降，从扩体材料底部桩芯界面处产生近似对称裂缝并向外延伸，如图 8.35（a）所示，随着竖向荷载继续增加，剪切强度继续下降，底部裂缝向扩体侧面延伸，如图 8.35（b）所示，直至界面抗剪强度趋于稳定，裂缝不再延伸。由于桩芯强度较高，因此在此过程中未产生裂缝破坏。

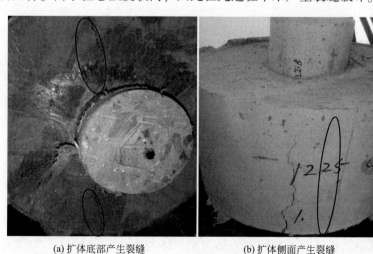

(a)扩体底部产生裂缝　　　　　　　(b)扩体侧面产生裂缝

图 8.35　扩体桩模型受荷破坏过程

（2）图 8.36 所示裂缝破坏面，可以看出两种扩体材料的破坏面裂缝产生的原因相同，均是粗骨料与凝胶被剪断，导致扩体材料蔓延破坏，说明粗骨料强度决定着扩体裂缝延展的长度和速度。

(a) C15混凝土　　　　　　　　(b) 碎砖废玻璃骨料混凝土

图 8.36　两种扩体材料的剪切破坏面

2）扩体材料养护 28d

养护 28d 的 C15 混凝土、碎砖废玻璃骨料混凝土、水泥土扩体材料在粘结力试验过程中，仅发生了桩芯-扩体之间的剪切位移，扩体均未破坏。主要原因有三点：（1）对于 C15 混凝土、碎砖废玻璃骨料混凝土扩体材料，养护 28d 时强度远大于 7d 时的强度，因此在加载时减小了扩体材料产生裂缝的可能。（2）扩体材料底部钢板加厚的作用，钢板能使荷载分布更加均匀，减小集中力导致的破坏。（3）由于在养护过程中，水泥土浅层容易失水收缩，导致粘结强度降低，使水泥土扩体所受荷载未到达产生裂缝的强度。当在粘结强度试验时，扩体材料未发生裂缝和破坏，所测得的粘结强度排除了其他因素的影响，结果更为准确。

8.4.6　界面强度的匹配性分析

根固扩体桩实际受荷过程涉及桩芯-扩体、扩体-土界面强度问题，在上述试验中，我们发现不同的扩体材料在不同的界面中产生的强度是不同的。当扩体-土界面侧阻较高，并且与桩芯-扩体粘结力接近时，不会发生粘结力破坏，本节通过对不同扩体材料产生的粘结强度和剪切强度匹配性进行分析说明。

以制作的根固扩体桩模型为例，已知各界面半径和高度，计算出桩芯-扩体、扩体-土界面面积分别为 0.0628m²、0.1884m²，结合粘结强度和剪切强度，计算出各界面阻力，如图 8.37 所示。从图中可以看出水泥土两界面的强度差别最小。在受到荷载作用时，水泥土桩芯-扩体之间粘结力破坏的可能性最大，需要进行验算。碎砖废玻璃混凝土扩体、C15 混凝土扩体与芯桩粘结力远大于扩体与土，一般情况下无需进行界面强度验算。

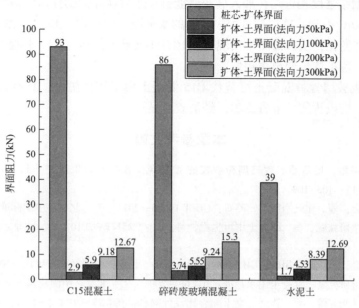

图 8.37　各材料界面阻力

8.5　结　　论

从根固扩体桩和环境保护两大背景出发，以正交试验、理论分析、模型试验、DIC 技术作为研究手段，进行了碎砖、废玻璃用于扩体桩扩体材料的试验研究。主要结论如下：

（1）碎砖粗骨料通过包浆与 5min 的附加用水处理后，在搅拌过程中和易性较好。通过正交试验发现，四种因素中对流动性的影响程度依次为：碎砖骨料掺量、硅灰、水胶比、废玻璃骨料掺量，各材料对抗压强度影响的主次顺序为碎砖骨料、水胶比、硅灰、玻璃骨料，对表观密度影响的主次顺序为碎砖骨料、废玻璃骨料、水胶比、硅灰。抗压强度变化相对较小。

（2）对 16 组配合比的材料性能分别进行检测，对比分析得到碎砖骨料掺量为 75%、废玻璃骨料掺量为 75%、水胶比为 0.6、硅灰掺量为 2% 在满足强度要求下流动性最好，且表观密度相对最小。为进一步增加材料后期强度，减少水泥用量，增加硅灰掺量至 D4（6%），经过检测后发现 A3B3C1D4（碎砖骨料掺量为 75%、废玻璃骨料掺量为 75%、水胶比为 0.6、硅灰掺量 6%）的状态下除了强度略低于传统的 C15 混凝土外，其余检测性能均优于 C15 混凝土，此外碎砖废玻璃扩体材料能大幅度降低工程造价，保护环境。

（3）在不同扩体材料界面剪切试验过程中，剪切强度发生软化主要是因为法向应力和界面粗糙度。法向力较小时，扩体界面粗糙度影响较大；法向力较大时，主要是面与面之间的作用提供剪切力。另外 A3B3C1D4 碎砖废玻璃骨料混凝土在剪切过程中产生微小位移后，由于部分棱状玻璃细骨料的剥离增加了界面的剪切强度，使剪切强度产生了硬化趋势，并且降低了软化速率。

（4）扩体材料与芯桩的粘结力试验中，水泥土的粘结力最小，碎砖废玻璃骨料混凝土与 C15 混凝土粘结强度相近。在加入硅灰后能够提高后期养护试件内的粘结强度。

（5）利用 DIC 得到芯桩加载过程中扩体的水平微应变云图（Exx）、水平距离的变化、各微分点的位移变化，从各云图中发现 A3B3C1D4 混凝土扩体与 C15 混凝土扩体微应变不均匀程度较大，各扩体形变规律相似。

（6）碎砖废玻璃骨料混凝土可替代 C15 混凝土用于扩体桩中，具有良好的性能，可吸纳建筑垃圾，变废为宝，节省资源，经济效益显著。

本章参考文献

[1] 饶美娟，邓灵敏，杨贺菲 . 含玻璃粉砂浆的 ASR 风险及抑制效果研究 [J]. 长江科学院院报，2015，32（11）：105-109.

[2] 中国砂石协会，等 . 建设用卵石、碎石：GB/T 14685—2011 [S]. 北京：中国标准出版社，2011.

[3] 中国建筑科学研究院，等 . 混凝土用再生粗骨料：GB/T 25177—2010 [S]. 北京：中国标准出版社，2010.

[4] 中国砂石协会，等 . 建设用砂：GB 14684—2011 [S]. 北京：中国标准出版社，2011.

[5] 中国建筑科学研究院，混凝土用水标准：JGJ 63—2006 [S]. 北京：中国建筑工业出版社，2006.

[6] 中国建筑科学研究院，等 . 普通混凝土配合比设计规程：JGJ 55—2011 [S]. 北京：中国建筑工业出版社，2011.

[7] 中国建筑科学研究院 . 普通混凝土力学性能试验方法标准：GB/T 50081—2002 [S]. 北京：中国建筑工业出版社，2002.

[8] 薛丽皎，郭光玲，林友军 . 废玻璃细骨料再生混凝土的性能研究 [J]. 陕西理工大学学报（自然科学版），2019，35（05）：39-44.

[9] 王显利，陈少清，毕明丽 . 废砖细骨料砂浆的制备与基本性能的研究 [J]. 长春工程学院学报（自然科学版），2017，18（01）：30-33，41.

[10] 范晓鹏 . 硅灰对混凝土性能的影响研究 [J]. 科技风，2019（24）：115.

[11] 郭文华 . 硅灰对再生混凝土性能影响的研究 [J]. 山西建筑，2020，46（13）：84-86.

第9章　根固桩与扩体桩技术理论发展及展望

9.1　概　　述

根固桩与扩体桩技术是在传统桩基理论与灌注桩、预制桩技术基础上引入新的工程理论发展而来，是近年来桩基工程领域众多创新技术的一个分支，但其应用的广泛性和适用性是其他技术难以比拟的。

理论创新的思维属于还原创新，主要体现在以下方面：

（1）充分认识桩土界面的力学性能，桩侧阻力在不同材料接触中的表现，可能为"摩擦阻力"、抗剪强度、粘结强度。

（2）充分理解桩侧阻力的物理性质，即桩侧阻力不仅随界面强度发生变化，而且可能随桩土相对位移发生软化，并且这种变化在桩身的不同部位和不同土层中不一致。

（3）充分认识桩端土层压缩量或"刺入量"大小，不仅显示桩端阻力的发挥程度，而且影响桩侧阻力的发挥。

（4）充分认识到"细而长"的超长桩并不能充分发挥材料效能达到经济性目的，因为在相同桩顶荷载作用下，桩身压缩量远大于"短而粗"的桩，从而可能因桩侧阻力软化效应丧失一部分承载力。

（5）充分认识到桩端土体加固的措施和效果对桩侧阻力特别是桩端"成拱区"范围内桩侧阻力的增强作用，以及限制桩端土体压缩变形或"刺入量"对沉降量控制的作用。

（6）充分认识到下部扩体桩受拉时，扩体上部存在前端阻力，以及对扩径段桩侧阻力具有"增强"作用。

郑州国贸中心 PHC 桩长 20.0m，直径 0.4m，进行了两组不同状态下 6 根桩单桩承载力现场试验，其中一组在预制桩打入预定深度后向上拔出 100mm 形成所谓"空底虚土"。试验分析结果如表 9.1 所示。"空底"桩单桩承载力及桩侧阻力远小于"实底"桩。

某工程桩侧阻力试验结果　　　　　　　　　　　　表 9.1

桩端土层	试验条件	极限承载力（kN）	平均极限侧阻力（kPa）	极限端阻力（kPa）
密实细砂	空底	650	26	0
	实底	2567	53	9910

技术创新思维为集成创新，依赖于现代桩工设备与材料的发展，表现在以下方面：

（1）对混凝土灌注桩，需要"把根固住"。重点在于底部注浆，解决好桩底沉渣固化、虚土压密。此外，随注浆压力的增加部分浆液沿桩侧向上发展是必然的，因此，无需专门设置桩侧注浆装置，可大量节省注浆耗材。注浆量计算时，将桩侧耗浆量一并计入桩底即可。

图9.1为郑州三环快速路航海路立交试验桩桩身应力测试结果，测试采用分布式光纤。试验桩直径1.2m，桩长38m，其中1号桩为非注浆桩，3号桩为桩底注浆根固桩，4号桩、5号桩为桩侧注浆后再桩底注浆。三根桩总注浆量相同，具体内容参见第2章。

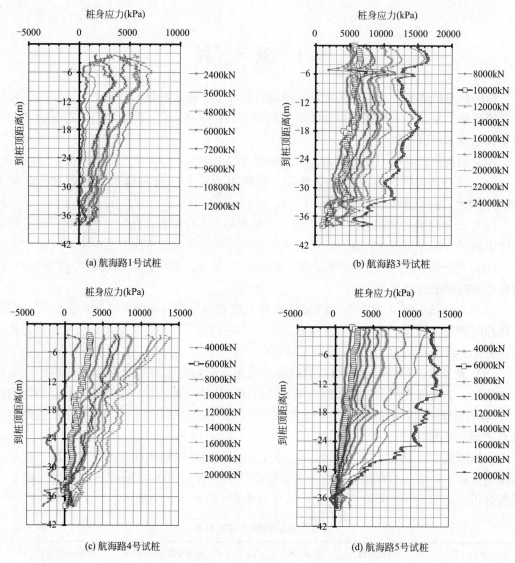

图9.1 郑州三环快速路航海路立交试验桩桩身应力

从图中可以看出，桩底注浆根固桩桩身应力呈梯形分布，桩底应力较大，桩端阻力较未注浆桩大，也比桩侧注浆后再桩底注浆的4号、5号桩发挥充分。需要说明的是桩身应力与桩径变化相关，图9.2为4根桩混凝土浇筑前采用孔径仪测得的桩孔直径随深度变化的分布图，图中显示桩端附近桩径在1200~1300mm之间，对数据的影响较小。

以上表明，仅在桩底进行注浆的灌注桩，能够较好地发挥桩端阻力，同时使桩侧阻力保持相当高的水平。

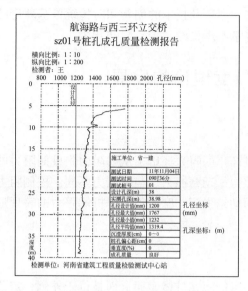

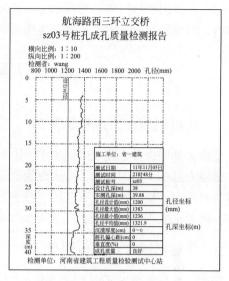

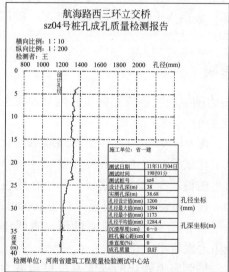

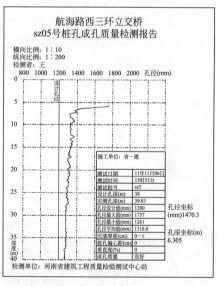

图 9.2　郑州三环快速路航海路立交试验桩孔径测量结果

（2）对混凝土预制桩，许多情况下需要解决打入困难的问题。引孔后打入可能引起孔壁松弛或塌孔问题，影响施工质量。提出扩体桩的概念，即考虑更大直径的引孔，过程中孔内灌浆形成细石混凝土或水泥土、水泥砂浆混合料桩体，再植入预制桩。这样，一方面解决了预制桩施工打入困难的问题；另一方面形成挤密后的扩体，将桩体界面从预制混凝土-土界面转变为水泥土-土，或水泥砂浆-土，或细石混凝土-土界面，可大大提高桩土界面强度和桩侧阻力。

（3）引入压力型锚杆、囊式锚杆技术方法，将预应力混凝土预制桩设计为桩身压力型下部扩体桩，解决了预制桩用于抗拔时的裂缝控制问题，也解决了囊式锚杆前期受压变形问题以及与基础连接的耐久性问题。

综上，根固桩与扩体桩的技术与理论发展，离不开技术的创新和对传统桩基理论的深入理解，需要回到荷载传递、承载作用机制等基本理论的"原点"再出发。

9.2 桩土界面强度理论的发展

9.2.1 从桩侧摩阻力到桩侧阻力

传统桩基理论及工程技术标准中，土对桩产生的阻力经历了从摩阻力到桩侧阻力的变化。摩阻力是一个物理概念，可表现为静摩擦力、动摩擦力。与摩阻力不同，桩侧阻力可表现为摩擦力、桩土界面抗剪强度、桩土界面粘结强度。摩擦阻力是桩侧阻力的表现形式之一，两者不能等同。

9.2.2 从粘结强度到抗剪强度

当桩土界面粘结强度较大时，桩土破坏面可能不在桩体表面，而是位于外侧一定范围内形成剪切面，不表现为桩侧表面抗剪强度破坏，表现为土体沿竖向剪切破坏，破坏范围有所扩大，这是扩体桩可能的破坏模式。

9.2.3 桩侧阻力软化现象及对承载力的影响

桩侧阻力软化现象指当桩身某一截面处侧阻力随竖向荷载或竖向位移增加而发生下降的现象。一般发生在上部一定范围及中部软弱土层中。

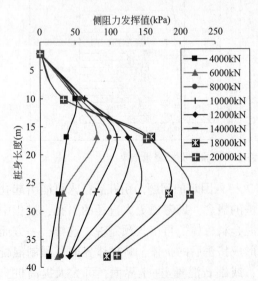

图 9.3 郑州航海路立交桩基试验
不同荷载作用下桩侧阻力发挥情况

图 9.3 为郑州三环快速路航海路立交桩基工程试桩，未进行桩底注浆灌注桩，桩侧阻力随桩顶荷载变化曲线，其中在距桩顶约 10m 处，桩侧阻力在桩顶荷载为 20000kN 时，小于桩顶荷载 4000kN 时的值，表明该处桩侧阻力发生了软化现象。

桩侧阻力软化的程度及单桩承载力的影响取决于根固条件、桩长、桩身压缩量，以及软化位置的土层条件。根固桩的理论之一，就是采取措施延迟这种软化的发生，同时使中下部特别是成拱区桩的桩侧阻力得到充分发挥。试验资料表明，该区域位于密实砂土层时，桩侧阻力可达 300kPa 以上。

图 9.4 为郑州千玺广场桩基工程试验 4 号、5 号桩侧阻力分析结果，图 9.5 为典型地质剖面。

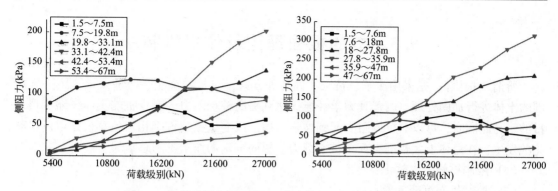

图 9.4　郑州千玺广场 4 号、5 号试桩（d = 1000mm、L = 67m）

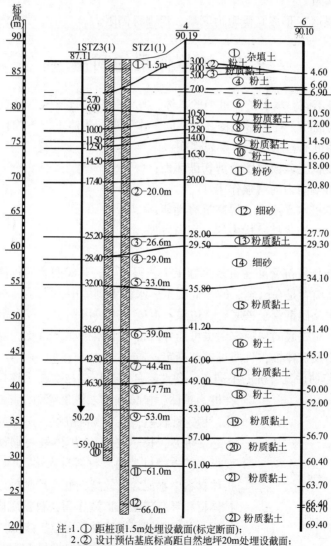

注：1. ① 距桩顶1.5m处埋设截面（标定断面）；
　　2. ② 设计预估基底标高距自然地坪20m处埋设截面；
　　3. ⑩ ⑫ 距桩底1.0m处埋设截面；
　　4. ③④⑤⑥⑦⑧⑨⑪ 为主要土层界面处埋设截面；
　　5. 自然地坪高程为±0.00。

图 9.5　郑州千玺广场典型地质剖面

9.3　桩的根固理论及作用机制

所谓"根固"，是采用注浆、挤压、锤击等方式，对桩端虚土、沉渣及上、下一定范围的土体进行加固处理，改善其力学性能，达到提高桩端阻力、减少桩端土体压缩变形的目的。与此同时，可以对桩侧阻力起到增强作用，或通过控制桩土相对位移，延迟侧阻软化的发生，在总体上大幅度提高单桩承载力。根固理论的作用机制总结如下：

（1）限制桩侧阻力软化；

（2）控制桩端沉降变形；

（3）保证桩端阻力；

（4）在"成拱区"形成高侧阻力区域，增强桩侧阻力。

9.4　扩体作用的利用

与劲性复合桩不同，本书扩体桩中的扩体，具有较高的抗压强度和抗剪强度，较好的剪切变形刚度，与混凝土桩能形成良好的共同工作效果。扩体不仅作为预制桩顺利地穿越通道，其辅助作用也不容忽视，主要表现在：

（1）扩体改变桩土界面强度及剪切破坏面；

（2）扩体对桩端阻力的增强作用；

（3）增加预制桩水平刚度，提高抗震性能；

（4）促进预制桩在支挡结构中的应用与发展。

需要指出：

（1）扩体桩与传统沉管灌注桩复打施工工艺很相似，其实两者对桩侧阻力和桩端阻力的影响有所不同，前者是在已施工的素混凝土、水泥土桩体中植入预制桩，后者是在已施工的灌注桩中再次反插钢管至桩底后，边灌入混凝土边拔出钢管，拔出钢管的过程对桩周土体的扰动较大，对桩底的抽吸作用也可能导致桩端土体扰动，因此，复打工艺形成的沉管灌注桩承载力不及扩体桩，且质量不够稳定。

（2）扩体桩与劲性复合桩的不同点。劲性复合桩采用就地水泥土搅拌桩或高压喷射搅拌桩为扩体，扩体强度、模量等力学指标随土层变化而变化，稳定性较差，且对预制桩进入桩端的要求不严格（有短芯、等芯、长芯之分）；扩体桩要求预制桩着底有严格要求，扩体材料为均质材料且大多采用全置换施工方式，扩体材料中水泥含量较高，植入预制桩过程中对未凝固的扩体材料具有挤密、扩散作用，对桩底虚土有压密、挤密作用，并且能够保持这种作用至扩体材料凝固形成强度。

如图9.6所示，扩体对桩端阻力的增强作用不仅体现在对桩端土体，而且体现在成拱区域的扩展上，形成的高水平侧阻区域远大于其预制芯桩。

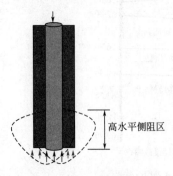

高水平侧阻区

图9.6　扩体对桩端阻力的
增强作用

9.5 技术展望

9.5.1 预制混凝土桩产品

目前，预制混凝土桩大多采用预应力管桩，有 PC、PHC、PTC 等；预应力方桩、预应力空心方桩。随着单桩承载力对桩身强度要求越来越高，超高强 PHC、钢管混凝土 SC 桩等均可作为扩体桩芯桩。此外，各种形式的竹节桩、变径桩等均可大显身手，用于抗压或抗拔桩基工程中。

根据施工要求、土层条件、受力状况，不同类型桩进行上下组合使用，也应该成为常态。如图 9.7 所示，某堤岸加固采用预制桩上下组合使用，中间桩节采用抗弯承载力较高的 PRC 桩，上节采用 PHC 桩。

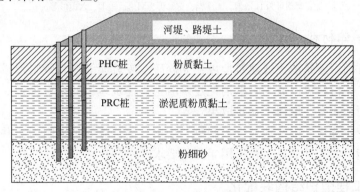

图 9.7 某堤岸加固上下组合桩设计方案

对于高烈度抗震设防区，有些情况也可以采用这种组合方案，不同的是上节桩一般采用抗震性能更好的 PRC 桩或 SC 桩。

9.5.2 后插筋根固混凝土灌注桩

在长螺旋下部扩体混凝土桩的基础上，采用后插技术将桩底注浆管随钢筋笼插入桩底土中，在混凝土凝固后进行桩底注浆根固（图 9.8）。

该桩型适用于能够采用长螺旋施工或进行扩体施工的土层，不产生泥浆，施工速度快，单桩承载力高，具有较好的市场竞争力。目前，国内大扭矩长螺旋钻机的施工能力为最大直径 1.5m，最大桩长可达 40m。

9.5.3 预制型钢及钢管扩体桩

目前，国内扩体桩技术主要用于桩基工程，少量用于基坑支护工程。随着国家节能减排政策不断推进，型钢及钢管形成的根固桩、扩体桩将成为未来发展方向（图 9.9）。

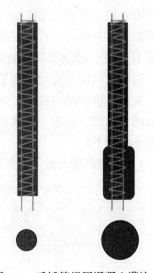

图 9.8 后插筋根固混凝土灌注桩

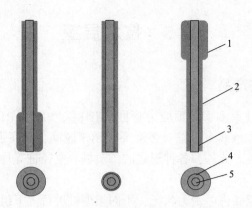

1—上部或下部扩体；2—桩身扩体；3—钢管混凝土芯桩；4—钢管；5—填芯混凝土或灌浆料

图9.9 钢管扩体桩

注：型钢可为H型钢、工字钢，钢管可为圆形、矩形、六边形等。

9.5.4 绿色扩体材料

扩体材料可利用建筑渣土或建筑垃圾，如碎砖、废玻璃等作为骨料形成的低强度等级混凝土，因此扩体材料可以成为吸纳消耗建筑渣土、建筑垃圾的良好渠道。目前，作者已经开展了这方面的研究，取得了初步成果。

扩体材料应能够最大限度地减少预制桩、型钢、钢管等的植入阻力，并与之形成良好的共同工作性能，耐久性满足工程使用年限的要求。

9.5.5 基坑工程围护结构装配化

随着国家建筑工业化的推进，各种装配式围护结构应运而生，但在设计理论、预制产品、施工装备、精细化施工等方面与先进国家尚有一定差距。国外基坑工程围护结构采用预制壁体桩、型钢水泥土搅拌桩墙、预制连续墙等已有几十年的历史，近年来国内引进日本的渠式切割水泥土连续墙技术，引进德国的铣削式水泥土连续墙技术等，自主研发的预制混凝土组合排桩、预制混凝土波浪桩、预制混凝土板桩、预制混凝土空心板桩、预制混凝土H形桩、预制混凝土桩板、可回收钢管桩、可回收钢板-型钢、预制混凝土连续墙等，对围护结构装配化起到了一定的推动作用。

装配式围护结构技术先进、质量可靠、不产生或少产生扬尘污染，可实现绿色施工，今后随着国家、行业、团体相关技术标准的出台，将进入全面推广应用阶段。装配式支护主要形式如下：

1）预制混凝土地下连续墙、壁体桩墙、连续板桩（图9.10~图9.12）

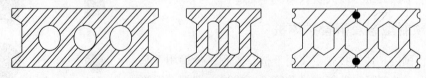

图9.10 预制混凝土地下连续墙

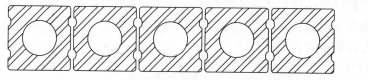

图 9.11 预制混凝土壁体桩墙

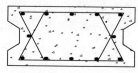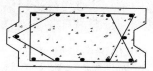

(a) 矩形板桩

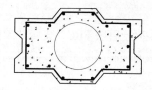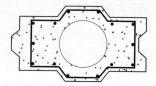

(b) 空心板桩

图 9.12 预制混凝土连续板桩

2）预制型钢、钢管桩与钢板桩的组合

包括 H 型钢、工字钢、钢管与钢板桩形成的组合截面支护，型钢与钢板形成的支护等，如图 9.13~图 9.15 所示。

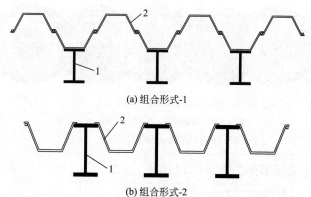

(a) 组合形式-1

(b) 组合形式-2

1—型钢；2—钢板桩

图 9.13 组合钢板桩（型钢与钢板桩组合）

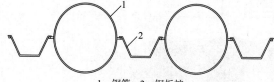

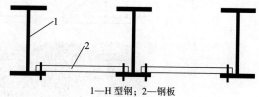

1—钢管；2—钢板桩

图 9.14 组合钢板桩（钢管与钢板桩组合）

1—H 型钢；2—钢板

图 9.15 型钢与钢板支护

扩体桩作为基坑工程围护结构有其独特的技术效果，一方面可以形成支护、帷幕一体化围护结构，另一方面可实现装配化施工，对钢管扩体桩或型钢扩体桩可以实现钢管、型钢的回收再利用。主要应用形式如下。

1）支护-帷幕一体化

以混凝土预制桩与水泥土咬合桩、水泥土连续墙，形成的支护帷幕一体化技术（图9.16）。

(a) 咬合式帷幕与支护一体化　　　　　　(b) 水泥土连续墙与支护一体化

1—预制混凝土空心桩；2—素桩；3—混凝土预制桩；4—水泥土连续墙

图9.16　支护帷幕一体化围护结构示意

其中预制桩还可以采用：

（1）预制混凝土管桩，包括混合配筋预应力混凝土管桩PRC、先张法预应力混凝土钢绞线管桩SHRC、预制高强钢管混凝土管桩SC等环形截面预制混凝土桩，如图9.17所示。

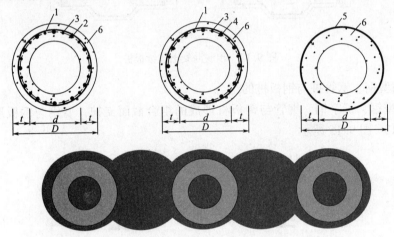

1—螺旋筋；2—预应力主筋（预应力钢棒）；3—非预应力主筋；

4—预应力主筋（钢绞线）；5—钢管；6—高强混凝土

图9.17　PRC管桩、SHRC管桩、SC管桩

（2）预制混凝土工字形桩，如图9.18所示。

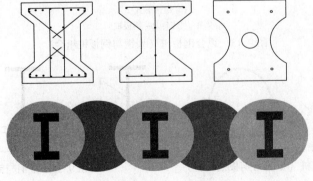

图9.18　工字形桩

（3）预制混凝土方桩、矩形桩、空心方桩、箱形空心桩，如图9.19~图9.22所示。

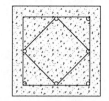

图9.19 预制混凝土方桩

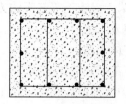

图9.20 预制混凝土矩形桩

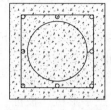

图9.21 空心方桩

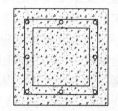

图9.22 箱形空心桩

2）型钢桩、钢管桩与扩体桩的组合

扩体钢管采用构件连接形成支护帷幕一体化，如图9.23所示。

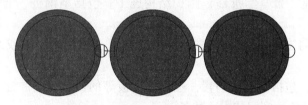

图9.23 钢管扩体支护帷幕一体化

扩体桩与钢管桩连续咬合形成支护帷幕一体化，如图9.24所示。

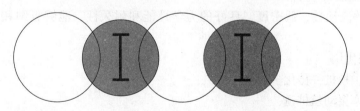

图9.24 扩体桩与钢管桩连续咬合支护帷幕一体化

以上技术的发展对推动我国基坑工程装配化的科技进步，提升基坑工程安全施工技术水平、推动产业融合、节能减排具有重要意义。

9.5.6 理论与技术研究展望

1）桩基工程设计理论方面

（1）不同根固条件单桩承载力计算理论；

（2）群桩共同工作机制与沉降计算理论；

（3）桩-扩体共同工作；

（4）群桩抗震性能与抗震设计理论。

2）桩基工程施工工艺工法方面

（1）植入工法；

（2）扩体工法；

（3）下部扩体施工工法。

3）围护结构设计理论与施工技术方面

适合工业化生产和现场装配式施工的预制混凝土、预制钢-混凝土组合结构与帷幕形成一体化的施工技术及相应的内力、变形设计计算方法。不同类型装配式围护结构施工、安装技术与工艺，验收标准的确定。包括：

（1）连续式混凝土围护结构（帷幕一体化）施工。包括预制混凝土地下连续墙、预制混凝土咬合板桩、预制混凝土壁体桩墙、型钢-钢板桩、钢管-钢板桩等。

（2）间隔式混凝土（钢-混凝土组合）围护结构（帷幕一体化）施工。包括水泥土桩、水泥土连续墙、咬合水泥土桩等内插各种管桩、方桩、工字形桩、板桩、钢管混凝土桩等。

（3）连续式型钢组合围护结构施工。包括型钢-钢板桩、钢管-钢板桩、型钢-型钢桩等组合结构等。围护结构植入法施工与帷幕形成一体化的工艺及相应的材料试验研究。

（4）型钢-钢板（聚氨酯帷幕）围护结构施工。包括型钢桩、钢管桩、钢管混凝土桩等。

（5）围护结构与支撑锚杆连接施工。包括混凝土腰梁、型钢或组合型钢腰梁、托架等。

（6）回收技术，包括型钢、钢管、板桩、钢板等的回收，空腔注浆，基坑回填施工等。支护结构构件回收再利用技术、装备。

（7）扩体桩在港湾工程、水利工程、护岸工程、边坡工程的应用。

4）扩体、桩体新材料

具有良好的流动性、低密度、良好的力学性能和耐久性，能够吸纳和消耗渣土或废弃物。

5）设备现代化

（1）成孔、植桩一体化多功能打桩机；

（2）大功率振动植桩锤；

（3）能实现可视化、自动化、无人值守的"智能无人打桩机"。

附　　录

附录 A　极限桩侧阻力标准值

A. 0. 1　依据土层状态确定时，根固桩极限桩侧阻力标准值可按表 A. 0. 1 选用。

极限桩侧阻力标准值　　　　　　　　　表 A. 0. 1

土的名称	土的状态		q_{sik}(kPa)
填土	—		20~28
淤泥	—		12~18
淤泥质土	—		20~28
黏性土	流塑	$I_L>1$	21~38
	软塑	$0.75<I_L \leqslant 1$	38~53
	可塑	$0.50<I_L \leqslant 0.75$	53~68
	硬可塑	$0.25<I_L \leqslant 0.50$	68~84
红黏土	$0.7<a_w \leqslant 1$		12~30
	$0.5<a_w \leqslant 0.7$		30~70
粉土	稍密	$e>0.9$	24~42
	中密	$0.75 \leqslant e \leqslant 0.9$	42~62
	密实	$e<0.75$	62~82
粉细砂	稍密	$10<N \leqslant 15$	22~46
	中密	$15<N \leqslant 30$	46~64
	密实	$N>30$	64~86
中砂	中密	$15<N \leqslant 30$	53~72
	密实	$N>30$	72~94
粗砂	中密	$15<N \leqslant 30$	74~95
	密实	$N>30$	95~116

注:1. 其他土层条件下桩侧阻力宜通过多种原位测试结果结合类似工程经验确定；

　　2. 表中极限桩侧阻力标准值数据可以通过内插计算；

　　3. 当标准贯入击数大于表中上限时，极限桩侧阻力标准值应取上限值。

A. 0. 2 采用标准贯入结果确定时，极限桩侧阻力标准值，可按表 A. 0. 2 选用。

极限桩侧阻力标准值　　　　　　　　　　　　　　　　　表 A. 0. 2

土的类别	土(岩)层平均标准贯入实测击数(击)	q_{sik}(kPa)
淤泥	<1~3	10~16
淤泥质土	3~5	18~26
黏性土	5~10	20~30
	10~15	30~50
	15~30	50~80
	30~50	80~100
粉土	5~10	20~40
	10~15	40~60
	15~30	60~80
	30~50	80~100
粉细砂	5~10	20~40
	10~15	40~60
	15~30	60~90
	30~50	90~110
中砂	10~15	40~60
	15~30	60~90
	30~50	90~110

注：1. 实测击数为非杆长修正值；
    2. 宜按实际标贯击数内插计算极限桩侧阻力标准值；
    3. 其他土层条件下桩侧阻力宜通过多种原位测试结果结合类似工程经验确定。

附录 B　扩体桩桩端阻力设计参数

B. 0. 1 扩体桩极限桩端阻力标准值可按表 B. 0. 1 选用。

静压或锤击法极限桩端阻力标准值（kPa）　　　　　　　　表 B. 0. 1

标贯击数	强风化软质岩 $N>50$ 强风化硬质岩 $N>70$		全风化软质岩 $30<N\leqslant50$ 全风化硬质岩 $40<N\leqslant70$		$15<N\leqslant40$ 中密~密实砂土	$4<N\leqslant40$ 可塑~坚硬黏性土		$6<N\leqslant27$ 中密~密实粉土	
入土深度(m)	硬质岩	软质岩	硬质岩	软质岩	中密、密实 15~40	硬塑、坚硬 15~40	可塑、硬可塑 4~15	密实 12~27	中密 6~12
<9	7000~9000	6000~7500	5000~6500	4000~5000	4000~7500	2500~3800	850~2300	1500~2600	950~1700
9~16					5500~9500	3800~5500	1400~3300	2100~3000	1400~2100

续表

标贯击数	强风化软质岩 $N>50$ 强风化硬质岩 $N>70$		全风化软质岩 $30<N\leqslant50$ 全风化硬质岩 $40<N\leqslant70$		$15<N\leqslant40$ 中密~密实砂土	$4<N\leqslant40$ 可塑~坚硬黏性土		$6<N\leqslant27$ 中密~密实粉土	
入土深度（m）	硬质岩	软质岩	硬质岩	软质岩	中密、密实 15~40	硬塑、坚硬 15~40	可塑、硬可塑 4~15	密实 12~27	中密 6~12
16~30	9000~11000	7500~9000	6500~8000	5000~6000	6500~10000	5500~6000	1900~3600	2700~3600	1900~2700
>30					7500~11000	6000~6800	2300~4400	3600~4400	2500~3400

注：表中数据可以内插。

B.0.2 桩端阻力系数可按下列方法确定：

1）当预制桩桩底标高接近扩体材料底部距离不大于 0.5m 时，桩端阻力系数可取 0.5~0.8，高频振动植入可取较低值，静压或锤击可取高值；

2）当预制桩桩底标高等于或低于扩体材料底标高时，桩端阻力系数可按下式计算：

$$\beta_p = \frac{E_p A_p + E_s (A_D - A_p)}{E_p A_D} \tag{B.0.2}$$

式中 β_p ——桩端阻力系数；

A_D ——扩体桩截面面积；

A_p ——预制桩外径计算得到的截面面积；

E_p ——预制桩弹性模量；

E_s ——扩体弹性模量，水泥土可取无侧限抗压强度的 100~150 倍。

附录 C 抗拔桩锚固粘结强度

C.0.1 抗拔桩采用桩身压力型模式时，锚固段注浆固结体与预应力管桩内壁的粘结强度取值，可按表 C.0.1 取值。

注浆锚固体与预应力管桩内壁间粘结强度标准值（kPa）　　　表 C.0.1

管桩类别	管桩桩身混凝土等级	f_m
PC、PTC	C60	600~900
PHC	C80~C120	900~1200

注：1. 表中数据适用于水泥浆或水泥砂浆强度等级为 M30 及以上；
　　2. 内壁废浆附着较厚时，粘结强度取表中下限值。

C.0.2 受拉钢筋与注浆固结体间粘结强度标准值，宜按表 C.0.2 选用。

钢筋、钢绞线与锚固注浆体间的粘结强度标准值（MPa）　　　表 C.0.2

锚杆筋体类型	水泥浆或水泥砂浆	
	M30	M35
螺纹钢筋	2.40	2.70

续表

锚杆筋体类型	水泥浆或水泥砂浆	
	M30	M35
钢绞线	2.95	3.40

注：1. 当采用两根钢筋点焊成束的做法时，应乘以 0.85 的折减系数；
　　2. 当采用三根钢筋点焊成束的做法时，应乘以 0.70 的折减系数；
　　3. 成束钢筋的根数不应超过 3 根；
　　4. 当锚固段钢筋和注浆材料采用特殊设计，应经试验验证锚固效果。

C.0.3 预制桩与包裹材料粘结强度标准值，可按表 C.0.3 取值。

预应力管桩与包裹材料粘结强度标准值（kPa）　　表 C.0.3

预制桩类别	包裹材料及强度	标准值
PC、PHC	水泥砂浆混合料	1200~1500
	预拌水泥土混合料	800~1200
	细石混凝土	1500~2000
	就地搅拌水泥土	$(0.10~0.15)f_{cuk}$

注：1. 表中预制桩为型钢时，数据可适当提高；
　　2. 预制桩为竹节桩、变径节桩时，粘结强度取表中上限值。

附录 D　扩体取样检验要点

D.0.1　扩体采用钻芯法取样检测时，钻孔深度及取芯时龄期应满足设计的要求。钻芯数可按现行行业标准《建筑基桩检测技术规范》JGJ 106 的有关规定执行。

D.0.2　钻芯取样宜采用液压操纵的高速钻机，并配备相应的水泵、孔口管、扩孔器、卡簧、扶正稳定器及可捞取松软渣样的钻具。宜采用双管单动或更有利于提高芯样采取率的钻具，严禁使用单管单动钻具。钻杆应顺直，钻杆直径宜为 50mm。

D.0.3　钻取芯样钻机应根据灌浆固结体设计强度选用合适的薄壁合金刚钻头或金刚石钻头。钻孔取芯的取芯率不宜低于 85%。芯样试件的锯切，应具有冷却系统和夹紧牢固的装置；芯样试件端面的补平器和磨平机应满足芯样制作的要求。

D.0.4　钻孔深度应满足设计要求。钻取的芯样应由上而下按回次顺序放进芯样箱中，芯样牌上应清晰标明回次数、深度。

D.0.5　当浆体质量评价满足设计要求时，应从钻芯孔孔底往上用水泥浆回灌封孔；当浆体质量评价不满足设计要求时，应封存钻芯孔，留待处理。

D.0.6　试验抗压试件直径不宜小于 50mm，试件的高径比宜为 1：1；抗压芯样应进行密封，避免晾晒。试验机宜采用高精度小型压力机，试验机额定压力不宜大于预估压力的 5 倍。

D.0.7　芯样试件抗压强度应按下式计算确定：

$$f_{cu} = \frac{4P}{\pi d^2}$$

(D.0.7)

式中　f_{cu}——芯样试件抗压强度（MPa），精确至 0.01MPa；

　　　　P——芯样试件抗压试验测得的破坏荷载（N）；

　　　　d——芯样试件的平均直径（mm）。

D. 0. 8　灌浆体芯样试件抗压强度检测值的确定可按现行行业标准《建筑基桩检测技术规范》JGJ 106 的有关规定执行。

D. 0. 9　灌浆体均匀性宜按单桩并根据现场灌浆体芯样特征等进行综合评价。灌浆体均匀性评价标准应按表 D. 0. 9 规定执行。

灌浆体均匀性评价标准　　　　　　　　　　　　表 D. 0. 9

灌浆体均匀性描述	芯样特征
均匀性良好	芯样连续、完整、坚硬，呈柱状
均匀性一般	芯样基本完整，坚硬，呈柱状，部分呈块状
均匀性差	芯样胶结一般，呈柱状，块状，局部松散

D. 0. 10　检测报告应包括下列内容：

（1）委托方名称，工程名称、地点，建设、勘察、设计、监理和施工单位，桩基设计施工要求，检测目的，检测依据，检测数量，检测日期。

（2）地层条件描述。

（3）检测桩数、钻孔数量、开孔位置，架空高度、取芯进尺、灌浆体进尺、持力层进尺、总进尺，试件组数、试件个数、圆锥动力触探或标准贯入试验结果。

（4）受检桩的桩型、尺寸、桩号、桩位、桩顶标高、固结体材料等相关施工记录。

（5）钻芯设备，检测过程描述。

（6）受检桩的检测数据，实测与计算分析曲线、表格和汇总结果。

（7）芯样单轴抗压强度试验结果。

（8）芯样彩色照片。

（9）异常情况说明。

（10）与检测要求相应的检测结论。